Mathematische Appetithäppchen

Über den Autor

Martin Erickson (1963–2013) wurde in Detroit, Michigan geboren. Im Jahr 1985 schloss er die University of Michigan mit Auszeichnung ab und erhielt dort 1987 den Doktortitel. Er war Professor für Mathematik an der Truman State University in Kirksville, Missouri. Er hat mehrere renommierte Bücher über Mathematik geschrieben, darunter *Aha! Solutions* (MAA) und *Introduction to Number Theory* (mit Anthony Vazzana, CRC Press). Er war Mitglied der Mathematical Association of America und der American Mathematical Society.

Martin Erickson

Mathematische Appetithäppchen

Faszinierende Bilder. Packende Formeln. Reizvolle Sätze.

Aus dem Englischen übersetzt
von Roland Girgensohn

MAA
The Mathematical Association of America

Springer Spektrum

Martin Erickson

ISBN 978-3-662-45458-9 ISBN 978-3-662-45459-6 (eBook)
DOI 10.1007/978-3-662-45459-6

Die Deutsche Nationalbibliothek verzeichnet diese Publikation in der Deutschen Nationalbibliografie; detaillierte bibliografische Daten sind im Internet über http://dnb.d-nb.de abrufbar.

Springer Spektrum
Übersetzung der amerikanischen Ausgabe: Beautiful Mathematics von Martin Erickson, erschienen bei

Planung: Dr. Andreas Rüdinger

Gedruckt auf säurefreiem und chlorfrei gebleichtem Papier.

Springer-Verlag GmbH Berlin Heidelberg ist Teil der Fachverlagsgruppe Springer Science+Business Media
(www.springer.com)

Für Rodman Doll,
meinen Mentor in Mathematik,
als ich Schüler auf der Highschool war.

Vorwort

> Warum sind Zahlen schön? Das ist wie die Frage, warum Beethovens Neunte schön sei. Wenn Sie das nicht selbst erkennen, kann es Ihnen niemand erklären. Ich weiß, dass Zahlen Schönheit besitzen. Wenn sie nicht schön sind, dann ist überhaupt nichts schön.
> PAUL ERDŐS (1913–1996)

In diesem Buch geht es um die Schönheit mathematischer Konzepte und Schöpfungen.

Manche Menschen betrachten die Mathematik als die Sprache der Natur, für andere ist sie ein abstraktes Spiel mit Symbolen und Regeln. Wieder andere glauben, sie bestehe ganz aus Berechnungen. Platon setzte die Mathematik mit „dem Guten“ gleich. Ich selbst gehe an die Mathematik heran wie an eine Kunstform, wie an Malerei, Bildhauerei oder Musik. Während der Künstler mit handfesten Materialien arbeitet, besteht der Werkstoff des Mathematikers aus Zahlen, Formen und abstrakten Strukturen. In der Mathematik gibt es wie in der Kunst Restriktionen. Die stärkste davon ist die, dass mathematische Ergebnisse wahr sein müssen; andere sind Prägnanz und Eleganz. Wie in den anderen Künsten auch besitzen mathematische Gedankengänge einen ästhetischen Reiz, den diejenigen zu schätzen wissen, die bereit sind, sich damit zu beschäftigen.

Ich hoffe, meine Leser mit diesem Buch für die Schönheit der Mathematik zu begeistern. Ich werde mathematische Themen aus den Kategorien Wörter, Bilder, Formeln, Sätze, Beweise, Lösungen und ungelöste Probleme präsentieren. Wir gehen von den komplexen Zahlen zu arithmetischen Progressionen, von der Alkuin-Folge zur Zetafunktion und von Hyperwürfeln zur Unendlichkeit hoch zwei.

Für wen ist dieses Buch geschrieben? Ich bin der Meinung, dass jede mathematisch gesinnte Person etwas Neues darin finden kann. Insbesondere empfehle ich es Gymnasiasten sowie Studenten oder Studentinnen, wenn sie einen Ansporn für das Studium der Mathematik benötigen; denn Schönheit ist eine hervorragende Motivation. Ebenso empfehle ich es professionellen Mathematikern, da wir immer wieder neue Beispiele für mathematische Schönheit brauchen, um sie an andere weitergeben zu können. Innerhalb jeden Kapitels setzen die Themen zunehmend mehr Vorwissen voraus. Ein Thema, das zunächst noch zu fortgeschritten für einen

Leser oder eine Leserin zu Beginn der Ausbildung sein mag, wird zugänglicher, wenn das mathematische Studium weiter voranschreitet. Zudem enthält ein Kapitel als Hintergrundmaterial mathematische Definitionen und Sätze, während ein weiteres Kapitel herausfordernde Übungsaufgaben mit Lösungen anbietet, um die Leser beim weiteren Lernen zu unterstützen.

Ich danke den Menschen, die dieses Buch freundlicherweise mit Vorschlägen unterstützt haben: Roland Bacher, Donald Bindner, Robert Cacioppo, Robert Dobrow, Shalom Eliahou, Ravi Fernando, Suren Fernando, David Garth, Joe Hemmeter, Daniel Jordan, Ken Price, Khang Tran, Vincent Vatter und Anthony Vazzana. Vielen Dank auch an diejenigen, die zum Verlagsbereich der Mathematical Association of America gehören, insbesondere Gerald Alexanderson, Don Albers, Carol Baxter, Rebecca Elmo, Frank Farris, Beverly Ruedi und die anonymen Testleser, für ihre Hilfe dabei, dass dieses Buch entstehen konnte.

Inhaltsverzeichnis

1 Fantasievolle Wörter

> Mathematiker zu sein ist nicht möglich, wenn man nicht zugleich im Herzen ein Poet ist.
> SOFJA KOWALEWSKAJA (1850–1891)

Die Objekte der Mathematik können faszinierende Namen haben. Mathematische Wörter bezeichnen Zahlen, Strukturen, logische Konzepte. Manche entstammen der Alltagssprache, werden aber auf spezielle Objekte angewendet, zum Beispiel Baum, Gruppe, Körper, Menge, Ring, Verband oder Würfel. Andere sind ungewöhnlich, etwa Holomorphie, Involution, Kosekans, Polyeder oder Quindezillion. Wieder andere haben einen seltsamen Klang: differenzierbare Mannigfaltigkeit, harmonische Funktion, total unzusammenhängender Raum, verdrehtes Sphärenbündel, um nur einige zu nennen. Auch in Gedichten tauchen mathematische Wörter auf ([19]). Lassen Sie uns also einige davon genauer ansehen.

1.1 Lemniskate

Wir beginnen mit der Lemniskate, einer Kurve, die wie die Zahl Acht[1] geformt ist (Abb. 1.1). In [46] erfahren wir, dass ihr Name von dem griechischen Wort *lemniskos* abstammt. Das waren Bänder, mit denen Girlanden am Kopf befestigt wurden, benannt nach der Insel Lemnos, auf der sie getragen wurden. Zufällig endet das Wort Lemniskate mit „skate“, dem englischen Wort für Eislaufen, und mit etwas Übung und Geschick kann man auf dem Eis eine Acht laufen. In der Folge „Figure Eight“ der amerikanischen Zeichentrickserie *Schoolhouse Rock!* wird eine Lemniskate dargestellt. Im Song dazu bezeichnet die Jazzsängerin Blossom Dearie (1926–2009) die Acht als „Doppel-Vier“ – vermutlich der Ursprung des Wortes „Acht“ in den indoeuropäischen Sprachen. In dem Trickfilm stellt sich ein Mädchen vor, wie sie auf dem Eis eine Acht läuft, welche sich dann in das Unendlichkeitssymbol ∞ verwandelt.

[1] Eine andere Kurve, die sogenannte Acht-Kurve, ähnelt vielleicht der Zahl Acht noch mehr; aber wir bleiben bei der Lemniskate, da sie so elegant ist.

M. Erickson, *Mathematische Appetithäppchen*, DOI 10.1007/978-3-662-45459-6_1

Abb. 1.1 Eine Lemniskate

Wie in Abb. 1.2 kann eine Lemniskate im xy-Koordinatensystem mithilfe der Parameterdarstellung

$$x = \frac{\cos t}{1 + \sin^2 t},$$

$$y = \frac{\sin t \cos t}{1 + \sin^2 t}, \quad -\infty < t < \infty,$$

definiert werden. Wenn sich der Parameter t entlang der reellen Zahlengeraden bewegt, fährt der Punkt (x, y) die Lemniskate unendlich oft nach, wobei er die rechte Keule gegen und die linke Keule im Uhrzeigersinn durchläuft.

Woher kommt die Parametergleichung der Lemniskate? Eine Möglichkeit zur Konstruktion einer Lemniskate besteht darin, eine Hyperbel am Kreis zu spiegeln. In Abb. 1.3 sehen wir, dass die Hyperbel

$$x^2 - y^2 = 1$$

und die Lemniskate zueinander invers bezüglich der Spiegelung am Einheitskreis sind. Jeder Punkt der Hyperbel wird durch ein Geradenstück mit dem Ursprung verbunden; der Schnittpunkt mit der Lemniskate ist markiert. Die Länge der Strecke vom Ursprung bis zur Lemniskate ist der Kehrwert des Abstandes zwischen Ursprung und Ausgangspunkt auf der Hyperbel. Der Punkt, bei dem die Lemniskate sich selber kreuzt, wird dabei dem unendlich fernen Punkt auf der Hyperbel zugeordnet.

Ein Punkt (x, y) hat zum Ursprung den Abstand $\sqrt{x^2 + y^2}$. Um den Punkt auf der Lemniskate zu finden, der dem Punkt (x, y) auf der Hyperbel zugeordnet ist, führen wir die Transformation

$$(x, y) \mapsto \left(\frac{x}{x^2 + y^2}, \frac{y}{x^2 + y^2} \right)$$

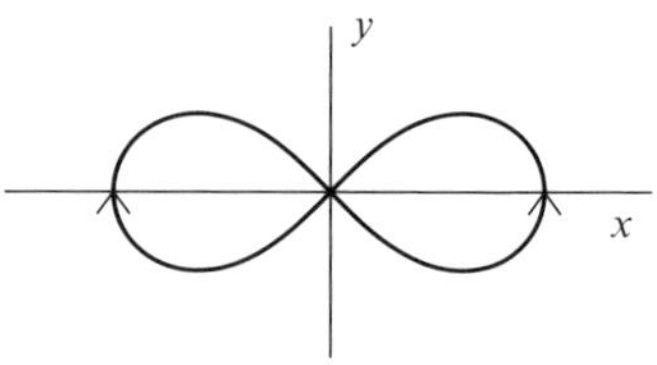

Abb. 1.2 Graph der Lemniskate

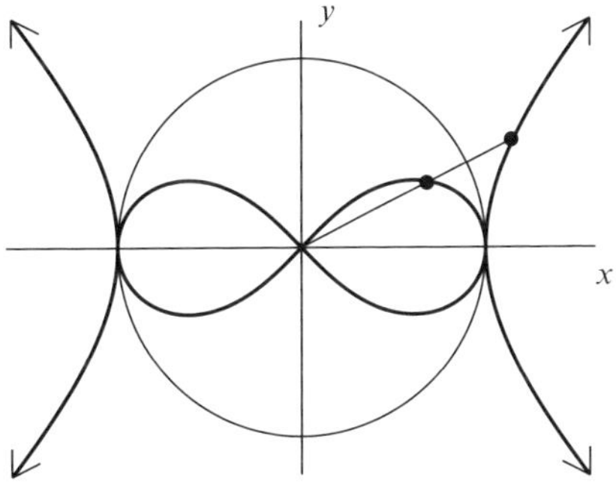

Abb. 1.3 Eine Lemniskate und eine Hyperbel als Inverse am Kreis

durch. Damit wird die Gleichung für die Hyperbel in eine Gleichung für die Lemniskate überführt, nämlich

$$\left(x^2 + y^2\right)^2 = x^2 - y^2 .$$

Wenn wir nun mit der Parametergleichung für die Hyperbel beginnen,

$$x = \sec t ,$$
$$y = \tan t, \quad -\infty < t < \infty ,$$

dann erhalten wir mit derselben Transformation die Parametergleichung für die Lemniskate.

1.2 Zentilliarde

Was ist die größte Zahl, der man noch einen Namen geben kann? Eine Million sind 10^3 Tausend. Eine Milliarde sind 10^6 Tausend. Eine Billion sind 10^9 Tausend. Als größte Zahl wird in Verzeichnissen von Zahlennamen üblicherweise die *Zentilliarde* aufgeführt; das ist eine 1, gefolgt von 200 Dreiergruppen von Nullen, wiederum gefolgt von weiteren drei Nullen, also 10^{600} Tausend oder

$$10^{603} .$$

Eine Zentilliarde ist wesentlich größer als ein *Googol*, ein künstliches Wort für 10^{100}, aber wesentlich kleiner als ein *Googolplex*, definiert als eine 1 gefolgt von einem Googol Nullen.

Wenn Sie zwanzig Euro und vier Cent in 1-Cent-Münzen haben, dann halten Sie in gewisser Weise auch eine Zentilliarde in Ihrer Hand. Denn die Anzahl der Möglichkeiten, eine Teilmenge aus allen Münzen zu wählen, beträgt 2^{2004}, und das sind ungefähr 1,8 Zentilliarden.

1.3 Goldener Schnitt

Abbildung 1.4 zeigt ein *goldenes Rechteck*. Wenn wir an seiner kürzeren Seite ein Quadrat entfernen, dann hat das verbliebene Rechteck dieselben Seitenverhältnisse wie das ursprüngliche Rechteck. Der *goldene Schnitt* ist

$$\frac{y}{x} = \frac{x}{y-x} \,.$$

Durch Umformung erhalten wir

$$\frac{y}{x} = \frac{1}{\frac{y}{x} - 1}$$

oder

$$\left(\frac{y}{x}\right)^2 - \frac{y}{x} = 1 \,.$$

Mit quadratischer Ergänzung ergibt sich

$$\left(\frac{y}{x} - \frac{1}{2}\right)^2 = \frac{5}{4} \,,$$

also

$$\frac{y}{x} - \frac{1}{2} = \pm\frac{\sqrt{5}}{2}$$

und damit

$$\frac{y}{x} = \frac{1 \pm \sqrt{5}}{2} \,.$$

Wegen $y/x > 1$ ist das positive Vorzeichen zu wählen. Demnach hat der goldene Schnitt, bezeichnet mit ϕ, den Wert

$$\phi = \frac{1+\sqrt{5}}{2} \approx 1{,}618\ldots$$

Eine *rationale Zahl* ist ein Bruch aus zwei ganzen Zahlen, beispielsweise $4/7$ oder $2/1$. Eine *irrationale Zahl* ist eine reelle Zahl, die nicht rational ist. Der golde-

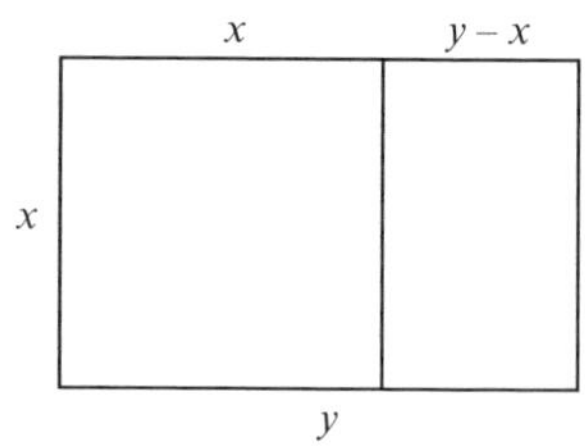

Abb. 1.4 Das goldene Rechteck

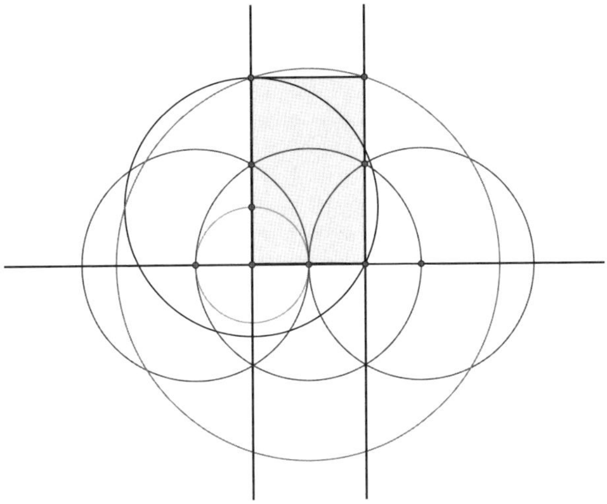

Abb. 1.5 Konstruktion des goldenen Rechtecks

ne Schnitt ist eine irrationale Zahl. Denn wenn ϕ rational wäre, dann könnten wir $\phi = y/x$ mit natürlichen Zahlen x und y schreiben. Wie wir in Abb. 1.4 schon gesehen haben, ist ϕ auch gleich $x/(y-x)$. Das ist eine Darstellung von ϕ als ein Quotient zweier kleinerer natürlicher Zahlen. Diesen Prozess könnten wir wiederholen und so ϕ als Bruch von immer kleineren Paaren natürlicher Zahlen darstellen. Doch damit würden wir eine unendliche streng monoton fallende Folge von natürlichen Zahlen erhalten, was unmöglich ist. Demnach ist ϕ irrational.

In der euklidischen Geometrie können wir eine Gerade durch zwei beliebige Punkte, einen Kreis mit beliebigem Mittelpunkt durch jeden vorgegebenen Punkt und die Schnittpunkte zweier gegebener Geraden, einer Gerade und eines Kreises und zweier Kreise konstruieren. Abbildung 1.5 zeigt eine Konstruktion des goldenen Rechtecks mithilfe von vier Geraden und sechs Kreisen.

Mehr über den goldenen Schnitt erfahren Sie in dem wunderbaren Buch [52].

1.4 Borromäische Ringe

Abb. 1.6 zeigt drei ineinandergefügte Ringe, die sogenannten *Borromäischen Ringe*, benannt nach der italienischen Familie Borromeo, in deren Wappen sie abgebildet waren. Alle drei Ringe sind untrennbar ineinander verschlungen, doch wenn wir einen von ihnen entfernen, dann lösen sich auch die anderen beiden.

Borromäische Ringe existieren in der abstrakten Vorstellung, jedoch nicht in der Realität, denn sie können nicht in der Form dreier Kreise im dreidimensionalen euklidischen Raum dargestellt werden, selbst dann nicht, wenn beliebige Radien erlaubt sind. Das Problem ist, dass sich drei starre Kreise nicht in der erforderlichen Weise über- und untereinander verflechten lassen. Einen Beweis finden Sie in [31]. Allerdings hat der Bildhauer John Robinson gezeigt, dass eine solche verschränkte Anordnung möglich ist, wenn drei Quadrate oder gleichseitige Dreiecke anstelle der Kreise verwendet werden.

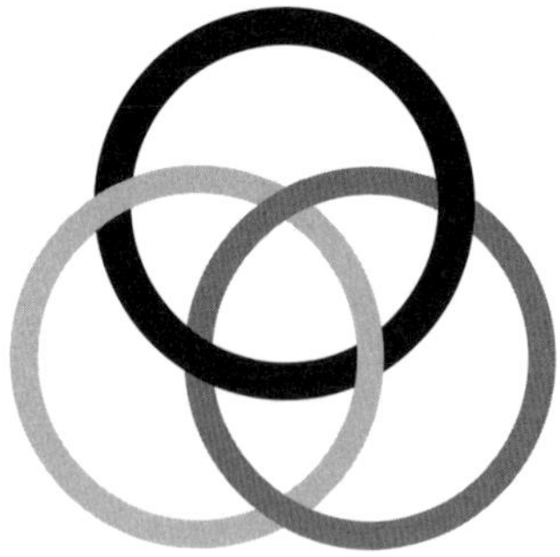

Abb. 1.6 Borromäische Ringe

1.5 Sieb des Eratosthenes

Eine *Primzahl* ist eine natürliche Zahl größer als 1, die keine positiven Teiler außer der 1 und sich selbst hat. Beispielsweise ist die 13 eine Primzahl, die 10 jedoch nicht, da sie durch 2 und durch 5 teilbar ist. Es gibt unendlich viele Primzahlen, wie schon in den *Elementen* von Euklid gezeigt wurde. Jede natürliche Zahl größer als 1 ist das eindeutige Produkt von Primzahlen; das ist der Fundamentalsatz der Arithmetik.

Das *Sieb des Eratosthenes*, erfunden von Eratosthenes von Kyrene (etwa 276–195 v. Chr.), ist ein Algorithmus, der alle Primzahlen bis zu einer gegebenen Zahl auflistet, indem echte Vielfache bereits identifizierter Primzahlen eliminiert werden. Abbildung 1.7 zeigt das Ergebnis, wenn das Sieb des Eratosthenes auf die Zahlen von 2 bis 400 angewendet wird.

In dem Bild repräsentieren die Kästchen die Zahlen von 2 bis 400, von links nach rechts und von oben nach unten gelesen. Helle Kästchen stehen für Primzahlen und

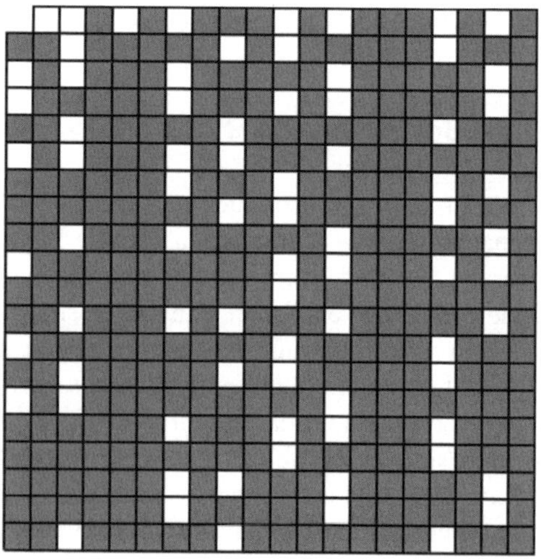

Abb. 1.7 Sieb des Eratosthenes

schattierte Kästchen für zusammengesetzte (also nicht prime) Zahlen. Zu Beginn des Algorithmus sind alle Kästchen hell. Dann werden alle echten Vielfachen der ersten Primzahl (2) schattiert (da sie durch 2 teilbar und damit zusammengesetzt sind). Die nächste unschattierte Zahl, 3, ist eine Primzahl, und ihre echten Vielfachen werden schattiert. Die nächste unschattierte Zahl ist die Primzahl 5, und ihre echten Vielfachen werden schattiert. Dies wird für alle Primzahlen bis zur 19 fortgesetzt (alle in der ersten Zeile des Zahlenquadrats). Wir müssen die Vielfachen der Primzahlen 2, 3, 5, 7, 11, 13, 17 und 19 heraussieben; 19 ist dann die größte Primzahl mit einem Quadrat kleiner als 400. Jede zusammengesetzte Zahl bis 400 muss durch eine dieser Primzahlen teilbar sein.

1.6 Transversale aus Primzahlen

Es sei p eine Primzahl. Die Zahlen von 1 bis p^2 seien in einem quadratischen $(p \times p)$-Raster angeordnet (der Größe nach von links nach rechts und von oben nach unten). Lässt sich dann darin stets eine Auswahl von p Primzahlen finden, von denen keine zwei in derselben Zeile oder Spalte stehen? Für $p = 2, 3$ und 5 gibt es jeweils genau eine Lösung. Abbildung 1.8 zeigt ein Beispiel für $p = 11$.

Eine *Transversale* in einem $(n \times n)$-Raster ist eine Auswahl von n Feldern des Rasters, von denen sich keine zwei in derselben Zeile oder Spalte befinden. Wir stellen also die Frage, ob es in unserem $(p \times p)$-Raster eine Transversale aus Primzahlen gibt.

Adrien-Marie Legendre (1752–1833) vermutete, dass es zwischen zwei aufeinanderfolgenden Quadratzahlen N^2 und $(N + 1)^2$ stets mindestens eine Primzahl gibt. Diese Vermutung ist noch offen. Sie ist eine notwendige Bedingung für unser Problem, da in der letzten Zeile des Rasters mindestens eine Primzahl stehen muss. Gibt es vielleicht eine Primzahl p, für welche die Antwort auf unsere Frage „nein" lautet?

1	2	3	4	5	6	7	8	9	10	**11**
12	13	14	15	16	17	18	**19**	20	21	22
23	24	25	26	27	28	**29**	30	31	32	33
34	35	36	**37**	38	39	40	41	42	43	44
45	46	47	48	49	50	51	52	**53**	54	55
56	57	58	59	60	**61**	62	63	64	65	66
67	68	69	70	**71**	72	73	74	75	76	77
78	**79**	80	81	82	83	84	85	86	87	88
89	90	91	92	93	94	95	96	97	98	99
100	101	102	103	104	105	106	107	108	**109**	110
111	112	**113**	114	115	116	117	118	119	120	121

Abb. 1.8 Eine Transversale aus Primzahlen

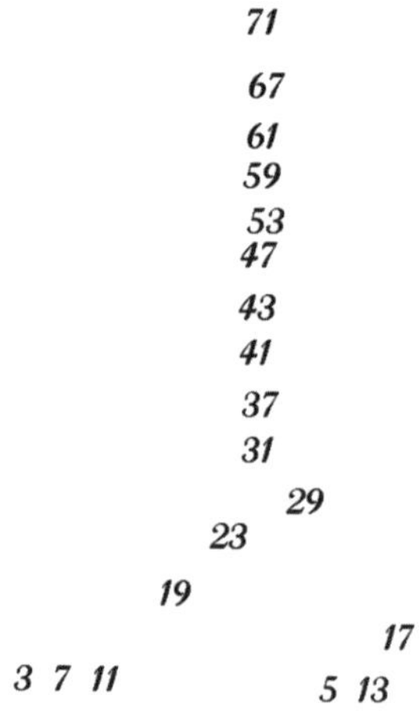

Abb. 1.9 Ein Wasserfall aus Primzahlen

1.7 Wasserfall aus Primzahlen

Alle Primzahlen außer der 2 sind ungerade und lassen daher bei Division durch 4 den Rest 1 oder 3. So ist $11 = 4 \cdot 2 + 3$ und $13 = 4 \cdot 3 + 1$. Unter den ersten 1000 ungeraden Primzahlen sind 495 von der Form $4n + 1$ und 505 von der Form $4n + 3$. Von jedem Typ gibt es also ungefähr gleich viele. Wenn wir die Folge der Primzahlen weiter hinauf gehen, dann verteilen sich die Primzahlen immer genauer jeweils zur Hälfte auf die beiden Sorten. Der Wasserfall aus Primzahlen in Abb. 1.9 zeigt, wie die Primzahlen in die beiden Klassen fallen, Primzahlen der Form $4n + 1$ rechts und solche der Form $4n + 3$ links. Wenn sich der Wasserfall bis in alle Ewigkeit fortsetzt, dann wechselt die Differenz zwischen der Anzahl der Primzahlen in den beiden Klassen unendlich oft das Vorzeichen.

Die Primzahlen in den beiden Klassen unterscheiden sich in ihren Eigenschaften. Beispielsweise ist eine ungerade Primzahl genau dann die Summe zweier Quadratzahlen, wenn sie von der Form $4n + 1$ ist.

1.8 Quadratzahlen, Dreieckszahlen und Kubikzahlen

Die Zahlentheorie untersucht die Eigenschaften der natürlichen Zahlen $1, 2, 3, \ldots$

Ein Satz von Joseph-Louis Lagrange (1736–1813) besagt, dass sich jede natürliche Zahl als Summe von höchstens vier *Quadratzahlen* darstellen lässt. Beispielsweise ist

$$132 = 9^2 + 7^2 + 1^2 + 1^2 .$$

Ein ähnlicher Satz, der von Carl Friedrich Gauß (1777–1855) stammt, besagt, dass jede natürliche Zahl die Summe von höchstens drei Dreieckszahlen ist. Eine *Dreieckszahl* ist eine Zahl, die sich als $1 + 2 + \ldots + k$ mit einer natürlichen Zahl k darstellen lässt. Beispielsweise ist $10 = 1 + 2 + 3 + 4$ eine Dreieckszahl. Der

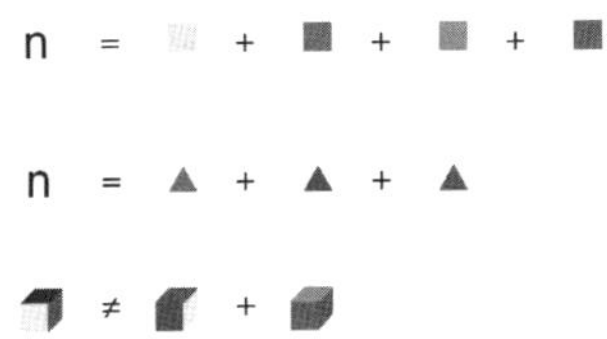

Abb. 1.10 Drei Sätze der Zahlentheorie

Grund für diese Bezeichnung ist, dass 1 Punkt, 2 Punkte, ..., k Punkte in der Form eines Dreiecks aufeinandergestapelt werden können. Ein Beispiel für den Satz von Gauß ist

$$100 = 91 + 6 + 3 .$$

Ein dritter Satz der Zahlentheorie, den wir Pierre de Fermat (1601–1665) verdanken, besagt, dass sich eine *Kubikzahl* (eine natürliche Zahl der Form n^3) niemals als die Summe zweier Kubikzahlen darstellen lässt. Beispielsweise gibt es keine Möglichkeit, $10^3 = 1000$ als die Summe zweier Kubikzahlen zu schreiben. Dieses Ergebnis ist ein Spezialfall einer allgemeineren Aussage, die als der große Fermat'sche Satz bekannt ist und die von Andrew Wiles im Jahr 1995 bewiesen wurde. Der „große Fermat" besagt, dass es keine positiven ganzzahligen Lösungen der Gleichung $x^n + y^n = z^n$ gibt, falls n eine natürliche Zahl größer als 2 ist.

Abbildung 1.10 stellt diese drei Sätze bildlich dar. In seinem Tagebuch schrieb Gauß eine zur zweiten äquivalente Gleichung auf, und daneben den Ausruf *Eureka!*

Eine gute Quelle zur Zahlentheorie ist [37].

1.9 Determinante

Eine *Determinante* ist eine algebraische Größe, mit der darüber entschieden werden kann, ob ein System von linearen Gleichungen eine eindeutige Lösung hat oder nicht.

Vielleicht sind Sie mit der Formel für (2 × 2)-Determinanten vertraut:

$$\begin{vmatrix} a & b \\ c & d \end{vmatrix} = ad - bc .$$

Haben Sie gewusst, dass die Determinante die Fläche eines Parallelogramms angibt? In Abb. 1.11 ist die Fläche des grauen Parallelogramms, das von den Vektoren (a, b) und (c, d) aufgespannt wird, gleich der Fläche des Rechtecks minus der Flächen der beiden Dreiecke und der beiden Trapeze:

$$\begin{aligned} &(a + c)(b + d) - \frac{1}{2}ab - \frac{1}{2}cd - \frac{1}{2}c(b + b + d) - \frac{1}{2}b(c + a + c) \\ &= ad - bc . \end{aligned}$$

In beliebiger Dimension ist eine Determinante gleich dem Volumen des Parallelepipeds, das durch ihre Zeilenvektoren aufgespannt wird.

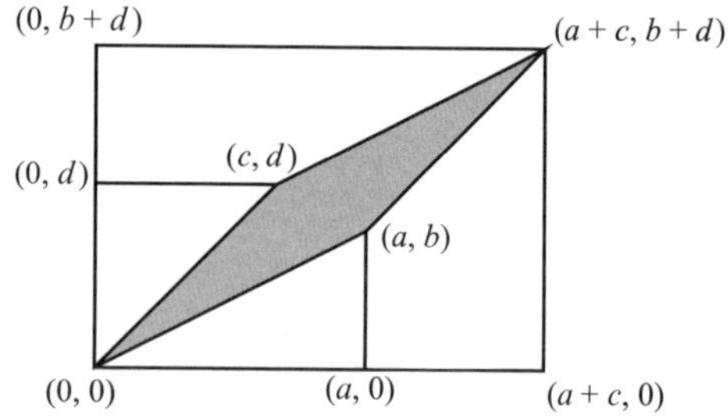

Abb. 1.11 Eine (2 × 2)-Determinante als Fläche

1.10 Komplexe Ebene

Komplexe Zahlen wurden mit Argwohn betrachtet, als sie im 16. Jahrhundert erstmals eingeführt wurden. Wie kann die Zahl $\sqrt{-1}$ einen Sinn ergeben?

Da das Quadrat einer positiven Zahl positiv ist, das Quadrat einer negativen Zahl ebenfalls positiv ist und die Null zum Quadrat gleich null ist, scheint es, als ob keine Zahl ein Quadrat von -1 haben kann. Doch genau das ist die Definition von i, der imaginären Einheit.

Die Gleichung $x^2 + 1 = 0$ hat im Körper der reellen Zahlen $\mathbb{R}$ keine Lösung. Jedoch ist es möglich, sie in einem Körper zu lösen, der $\mathbb{R}$ enthält. Dieser Körper wird erzeugt, indem ein neues Element, i, zu $\mathbb{R}$ hinzugefügt wird, das die Eigenschaft $i^2 + 1 = 0$ hat. Nachdem i hinzugefügt wurde, müssen noch weitere Zahlen dazukommen, um sicherzustellen, dass die Struktur wieder ein Körper ist. Diesen bezeichnen wir als den Körper der komplexen Zahlen, $\mathbb{C}$. In $\mathbb{C}$ hat jede Polynomgleichung mit komplexen Koeffizienten eine komplexe Lösung.

Zwischen dem Körper $\mathbb{C}$ und der Ebene $\mathbb{R}^2$ gibt es eine natürliche Identifikation. Dennoch handelt es sich um zwei verschiedene Strukturen. In $\mathbb{R}^2$ ist es nicht üblich, eine Multiplikation zweier Vektoren so zu definieren, dass ein weiterer Vektor herauskommt und sich dabei insgesamt die Struktur eines Körpers ergibt. (Das Skalarprodukt zweier Vektoren liefert eine Zahl, keinen Vektor. Das Kreuzprodukt ist für zwei Vektoren im $\mathbb{R}^3$ definiert, aber diese Multiplikation liefert ebenfalls keinen Körper, da sie weder assoziativ noch kommutativ ist.) In $\mathbb{C}$ jedoch ist eine Vektormultiplikation möglich.

Der Hauptgrund, diesen neuen Körper zu definieren, ist also die Verwirklichung dieser beiden Eigenschaften: algebraische Abgeschlossenheit und Existenz einer Multiplikation.

In der Konstruktion, mittels derer $\mathbb{C}$ mit $\mathbb{R}^2$ identifiziert wird, setzen wir jede reelle Zahl $r \in \mathbb{R}$ gleich dem geordneten Paar $(r, 0)$; wir setzen die imaginäre Einheit i gleich dem geordneten Paar $(0, 1)$; und wir setzen die Zahl $a + bi$ gleich dem geordneten Paar (a, b). Diese Konstruktion wurde zuerst von dem norwegischen Mathematiker Caspar Wessel (1745–1818) ausgeführt. Einen fesselnden Bericht über die frühe Geschichte der komplexen Zahlen finden Sie in [36].

Wenn wir nun noch für das Element i die Gleichung $i^2 = -1$ vereinbaren, haben wir damit insgesamt den Körper der komplexen Zahlen definiert. Die Beziehung

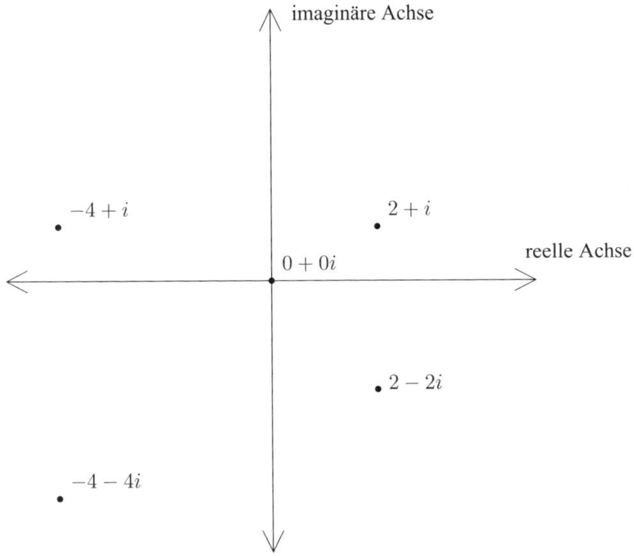

Abb. 1.12 Die komplexe Ebene

$i^2 = -1$ induziert ein Produkt für die gesamte komplexe Ebene, das Drehstreckungen darstellt. Mit diesem Produkt und der üblichen Vektoraddition bildet $(\mathbb{R}^2, +, \cdot)$ einen Körper. Wir bezeichnen $(\mathbb{R}^2, +, \cdot)$ als die *komplexe Ebene* und die Punkte $(a, b) \in \mathbb{R}^2$ als *komplexe Zahlen*. Es sind gewöhnliche Punkte in der gewöhnlichen Ebene, die sich aber so multiplizieren lassen, dass wieder ein Punkt herauskommt. Damit ist auch die komplexe Ebene mit der Vektoraddition und diesem Drehprodukt ein Körper (Abb. 1.12).

Viele Polynome haben keine reellen Nullstellen, zum Beispiel das Polynom $x^2 + 1$. Die komplexen Zahlen entstehen aus den reellen Zahlen und einer Nullstelle dieses Polynoms. Die nichttriviale Tatsache, dass jedes Polynom eine komplexe Nullstelle hat, wurde zuerst von Carl Friedrich Gauß (1777–1850) im frühen 19. Jahrhundert bewiesen; heutzutage bezeichnet man dies als den Fundamentalsatz der Algebra.

Wir definieren also die Summe zweier komplexer Zahlen durch

$$(a + bi) + (c + di) = (a + c) + (b + d)i \ ,$$

oder, in der Schreibweise mit geordneten Paaren,

$$(a, b) + (c, d) = (a + c, b + d) \ .$$

Die Definition der Multiplikation basiert auf der Regel, dass $i^2 = -1$ gilt, also

$$(a + bi)(c + di) = (ac - bd) + (ad + bc)i \ ,$$

oder, wieder in der Schreibweise mit geordneten Paaren,

$$(a,b)\cdot(c,d) = (ac - bd, ad + bc)\ .$$

Die Formel für die Multiplikation kann man sich merken, wenn man (a, b) als $a+bi$ schreibt, die gewöhnliche Multiplikation für Summen mit zwei Termen benutzt und i^2 überall da, wo es auftritt, durch -1 ersetzt.

Da $(a,0) + (b,0) = (a+b,0)$ und $(a,0)\cdot(b,0) = (ab,0)$ gilt, können wir die x-Achse mit der reellen Zahlengeraden identifizieren. Wir nennen $(x,0)$ eine *reelle Zahl.*

Da $(0,1)\cdot(0,1) = (-1,0)$ gilt, können wir $(0,1)$ mit i identifizieren und bezeichnen es ebenfalls mit i. Die y-Achse wird als die *imaginäre Achse* bezeichnet. Wir nennen $(0,y)$ eine *rein imaginäre Zahl.*

Wie leicht zu sehen ist, gilt $(b,0)\cdot(0,1) = (0,b)$ und daher $(a,b) = (a,0) + (0,b) = (a,0) + (b,0)\cdot(0,1)$. Für reelle Zahlen a und b bedeutet das $(a,b) = a + bi$. Die reellen Zahlen a und b werden als der *Real-* und der *Imaginärteil* der komplexen Zahl $a + bi$ bezeichnet. Wir schreiben $\operatorname{Re} z$ für den Real- und $\operatorname{Im} z$ für den Imaginärteil von z.

Wir definieren $-(a+bi)$ als diejenige komplexe Zahl, die dem geordneten Paar $(-a,-b)$ entspricht. Außerdem definieren wir die Differenz von $a+bi$ und $c+di$ als $(a+bi)-(c+di) = (a-c)+(b-d)i$.

Um zu beweisen, dass $\mathbb{C}$ ein Körper ist, müssen wir zeigen, dass eine beliebige komplexe Zahl $z = a + bi$ ein multiplikatives Inverses z^{-1} besitzt. Dazu vereinfachen wir den Nenner:

$$z^{-1} = \frac{1}{a+bi} = \frac{a-bi}{(a+bi)(a-bi)} = \frac{a-bi}{a^2+b^2} = \frac{a}{a^2+b^2} - \frac{b}{a^2+b^2}i$$

und rechnen nach, dass $z\cdot z^{-1} = 1$ ist. Nun ist es einfach, den komplexen Quotienten z_1/z_2 auszuwerten; dazu müssen wir nur $z_1 z_2^{-1}$ berechnen.

Wir können zeigen, dass die komplexe Multiplikation assoziativ, kommutativ und distributiv über der Addition ist und dass $1 = 1 + 0i = (1,0)$ ein neutrales Element (eine Eins) ist. Das bedeutet, dass $(\mathbb{R}^2, +, \cdot)$ ein Körper ist; diesen bezeichnen wir mit $\mathbb{C}$.

Der *Betrag* oder *Absolutwert* einer komplexen Zahl $a + bi$ ist ihr Abstand vom Ursprung $(0,0)$, wenn man sie als Punkt in der Ebene betrachtet. Mit anderen Worten, es ist $|a+bi| = \sqrt{a^2+b^2}$.

Der Abstand zwischen zwei komplexen Zahlen, $z_1 = a_1+b_1i$ and $z_2 = a_2+b_2i$, ist der übliche euklidische Abstand zwischen (a_1,b_1) und (a_2,b_2) in der Ebene, also

$$\sqrt{(a_2-a_1)^2 + (b_2-b_1)^2}\ .$$

Die *Konjugierte* von $z = a + bi$ ist $\overline{z} = a - bi$. Geometrisch betrachtet wird der Vektor z an der x-Achse gespiegelt, sodass der Vektor $\overline{z}$ herauskommt.

Leonhard Euler (1707–1783) entdeckte eine grundlegende Verbindung zwischen den Sinus- und Kosinusfunktionen und der Exponentialfunktion. Wenn wir sie als

Funktionen einer reellen Variable betrachten, dann scheint keinerlei Zusammenhang zwischen ihnen zu bestehen. Sinus und Kosinus sind beschränkt, periodisch und können auch negative Werte annehmen, ganz im Gegensatz zur Exponentialfunktion, die keine dieser Eigenschaften besitzt. Um den Zusammenhang zu erkennen, sehen wir uns nun die Exponentialfunktion mit einem rein imaginären Argument an; oder, genauer gesagt, wir überlegen uns, wie die Exponentialfunktion auf die y-Achse von $\mathbb{R}^2$ fortgesetzt werden sollte. Die Funktionen lassen sich wie folgt als Potenzreihen entwickeln:

$$\begin{aligned} \cos\theta &= 1 - \frac{\theta^2}{2!} + \frac{\theta^4}{4!} - \frac{\theta^6}{6!} + \dots, \\ \sin\theta &= \theta - \frac{\theta^3}{3!} + \frac{\theta^5}{5!} - \frac{\theta^7}{7!} + \dots, \\ e^x &= 1 + \frac{x}{1!} + \frac{x^2}{2!} + \frac{x^3}{3!} + \frac{x^4}{4!} + \frac{x^5}{5!} + \frac{x^6}{6!} + \frac{x^7}{7!} + \dots \end{aligned}$$

Euler betrachtete $e^{i\theta}$. Da $i^{4k+2} = -1$ und $i^{4k} = 1$ gilt, sind die Koeffizienten der geraden Potenzen von θ in der Entwicklung von $e^{i\theta}$ dieselben wie in der Entwicklung von $\cos\theta$. Und da $i^{4k+1} = i$ und $i^{4k+3} = -i$ gilt, sind die Koeffizienten der ungeraden Potenzen von θ in der Entwicklung von $e^{i\theta}$ dieselben wie in der Entwicklung von $i \sin\theta$. Damit haben wir die Euler'sche Formel

$$e^{i\theta} = \cos\theta + i \sin\theta$$

hergeleitet. Ein richtiger Beweis ist das allerdings nicht, da wir die Kosinus-, Sinus- und Exponentialfunktionen mit komplexen Argumenten nicht definiert und erst recht nicht ihre Potenzreihen berechnet haben. Jedoch ist die Euler'sche Formel eine Einsicht, die zur Definition der Exponentialfunktion mit rein imaginärem Argument führt.

Wenn wir die Euler'sche Formel verwenden, dann können wir eine komplexe Zahl $z = a + bi$ in Polarkoordinaten als $z = re^{i\theta}$ darstellen, etwa

$$5 = 5e^{i0}, \quad -5 = 5e^{i\pi}, \quad i = e^{i(\pi/2)}, \quad -i = e^{i(-\pi/2)}, \quad -1 + i = \sqrt{2}e^{i(3\pi/4)}.$$

Ein weiteres Beispiel ist der Kreis mit Radius 5 und Mittelpunkt bei z_0, also $|z - z_0| = 5$, der sich äquivalent auch als $z = z_0 + 5e^{i\theta}$ mit $0 \le \theta < 2\pi$ schreiben lässt.

Wie wir gesehen haben, können wir eine komplexe Zahl als ein geordnetes Paar zweier reeller Zahlen oder auch in Polarkoordinaten darstellen. Wir können sie auch als *Vektor*

$$\begin{bmatrix} a \\ b \end{bmatrix}$$

repräsentieren, wobei a und b reelle Zahlen sind.

Und wir können eine komplexe Zahl als (2×2)-Matrix darstellen:

$$\begin{bmatrix} a & -b \\ b & a \end{bmatrix} \quad \text{oder} \quad r\begin{bmatrix} \cos\theta & -\sin\theta \\ \sin\theta & \cos\theta \end{bmatrix}.$$

Die zweite Matrix ist eine Rotationsmatrix, die einer Drehung um den Ursprung entspricht, und zwar einer Drehung gegen den Uhrzeigersinn und mit einem Winkel von θ (im Bogenmaß).

Die Multiplikation mit einer festen Matrix ist eine lineare Abbildung der Ebene. Auf diese Weise können wir komplexe Zahlen auf Probleme aus der Geometrie anwenden. Ein Beispiel für die Wechselwirkung zwischen komplexen Zahlen und ebener Geometrie ist die Beschreibung der Isometrien der euklidischen Ebene mithilfe komplexer Zahlen, wie im Abschn. 4.7 in Kap. 4 ausgeführt.

Faszinierende Bilder 2

> Die Mathematik, richtig betrachtet, besitzt nicht nur Wahrheit, sondern auch überragende Schönheit – eine kalte und nüchterne Schönheit wie die der Bildhauerei, ohne Reiz für irgendeinen Teil unserer schwächeren Natur, ohne die prächtigen Zutaten von Malerei oder Musik und doch völlig makellos und zu einer strengen Perfektion fähig, wie sie nur die größte Kunst erreichen kann. Die wahre Essenz der Freude, das Hochgefühl, die Empfindung, mehr als ein Mensch zu sein, die das Merkmal der höchsten Vollendung sind, sind in der Mathematik genauso sicher zu finden wie in der Dichtkunst.
>
> BERTRAND RUSSELL (1872–1970), *The Study of Mathematics*

Viele mathematische Konzepte finden ihre Verkörperung in Diagrammen, Zeichnungen und anderen Arten von Bildern. Eine Skizze kann einen Satz verdeutlichen. Eine Grafik kann den Weg zu neuer Mathematik aufzeigen. Lassen Sie uns einige mathematische Bilder betrachten und mehr über die Mathematik erfahren, die dahintersteht.

2.1 Quadratische Pyramidalquadratzahl

Die Gleichung

$$1^2 + 2^2 + 3^2 + \ldots + 24^2 = 70^2$$

scheint auf den ersten Blick nur eine mathematische Tatsache unter vielen zu sein; sie ist jedoch etwas Besonderes. Édouard Lucas (1842–1891) stellte in dem sogenannten Kanonenkugelproblem die Frage nach natürlichen Zahlen N mit der Eigenschaft, dass N Kanonenkugeln sich sowohl in einem Quadrat als auch in einer Pyramide mit quadratischer Grundfläche anordnen lassen. Mit anderen Worten, Lucas fragte nach einer ganzzahligen Lösung[1] für die Gleichung

$$1^2 + 2^2 + 3^2 + \ldots + m^2 = n^2$$

[1] Eine Polynomgleichung, bei der nach ganzzahligen Lösungen gesucht wird, heißt *diophantische Gleichung* nach Diophantos von Alexandria (etwa 200–284 n. Chr.), dessen Buch *Arithmetica* Gleichungen dieser Art behandelt.

M. Erickson, *Mathematische Appetithäppchen*, DOI 10.1007/978-3-662-45459-6_2

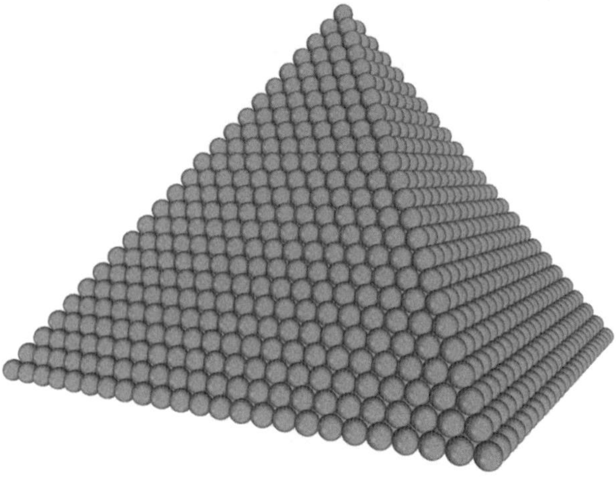

Abb. 2.1 Eine Pyramide aus 4900 Kugeln

mit $N = n^2$. Wenn man die Formel für die Summe der ersten m Quadratzahlen anwendet, wird daraus die Gleichung

$$\frac{m\,(m+1)\,(2m+1)}{6} = n^2\,.$$

Lucas vermutete, konnte aber nicht beweisen, dass die obigen Zahlen $m = 24$ und $n = 70$ die einzige Lösung darstellen, mit $N = 4900$. Er vermutete also, dass 4900 die einzige *quadratische Pyramidalquadratzahl* größer als 1 ist. Späteren Mathematikern gelang es dann, dies zu beweisen (eine besonders klare Darstellung findet sich in [4]). Abbildung 2.1 zeigt die Pyramide aus 4900 Kugeln.

Die Menge der Lösungen von

$$\frac{x\,(x+1)\,(2x+1)}{6} = y^2$$

bildet eine sogenannte *elliptische Kurve*. Das Studium der elliptischen Kurven stellt ein aktives und faszinierendes Teilgebiet der Mathematik dar. Ein hervorragendes Buch ist [53].

Die Lösung für das Kanonenkugelproblem bildet die Basis für die Existenz eines berühmten Gitters in 24 Dimensionen, des sogenannten *Leech-Gitters*, entdeckt von John Leech (1926–1992). Ein Gitter ist ein sich regelmäßig wiederholendes Muster aus Punkten, so wie die Kreuzungspunkte auf Millimeterpapier. Wenn wir um die Punkte des Gitters Kugeln mit gleichem Radius legen, sodass sich die nächsten Kugeln gerade berühren, dann führt das zu einer *Kugelpackung*. Das Leech-Gitter hat eine bemerkenswert hohe Kusszahl (die Anzahl der nächsten Nachbarn eines Gitterpunktes): 196.560. In der Kugelpackung, die zu dem Leech-Gitter gehört, berührt jede Kugel genau 196.560 andere Kugeln. Das ist die maximale Kusszahl für eine Kugelpackung (ob mit oder ohne Gitter) in 24 Dimensionen.

Das Leech-Gitter kann mithilfe eines Lorentz-Gitters im 26-dimensionalen Raum konstruiert werden. In diesem Raum hat der Vektor $w = (0, 1, 2, 3, \ldots, 24; 70)$ die Länge 0, da wir in der Lorentz-Metrik die Länge eines Vektors als die Wurzel aus der Summe über die Quadrate aller seiner Einträge berechnen, mit Ausnahme der letzten Koordinate, deren Quadrat abgezogen wird. Das Leech-Gitter (ein 24-dimensionaler linearer Raum) ist der Quotientenraum $w^{\perp}/w$ des zu w orthogonalen Raums $w^{\perp}$ (Dimension 25) und des von w aufgespannten Raums (Dimension 1). Das maßgebliche Referenzwerk für Gitter und Kugelpackungen ist [14].

2.2 Binärbäume

Betrachten Sie

$$\binom{2^n-2}{2^{n-1}-1}\binom{2^{n-1}-2}{2^{n-2}-1}^2\binom{2^{n-2}-2}{2^{n-3}-1}^{2^2}\cdots\binom{2}{1}^{2^{n-2}}, \quad n \geq 1\,.$$

Dieser Ausdruck gibt die Anzahl der ordnungserhaltenden Beschriftungen des *vollständigen Binärbaumes* der Höhe n mit den Zahlen $1, \ldots, 2^n - 1$ an. Der vollständige Binärbaum der Höhe n ist ein gerichteter Graph mit einem Knoten (der Wurzel) in der obersten Ebene. Dieser Knoten ist durch Pfeile mit zwei Knoten eine Ebene tiefer verbunden. Jeder dieser Knoten ist wiederum durch Pfeile mit je zwei Knoten eine Ebene tiefer verbunden, und so geht es weiter bis zur insgesamt n-ten Ebene. In einer ordnungserhaltenden Beschriftung ist jeder Knoten mit einer kleineren Zahl beschriftet als jeder seiner Nachfolger. Abbildung 2.2 zeigt ein Beispiel mit $n = 4$.

Um nun einzusehen, dass genau dies tatsächlich gezählt wird, beachten Sie, dass die 1 jedenfalls an die Wurzel geschrieben werden muss. Dann kann man die Hälfte der verbliebenen Elemente auswählen, um sie dem linken Teilbaum zuzuordnen. Dafür gibt es $\binom{2^n-2}{2^{n-1}-1}$ Möglichkeiten. Die übrigen Elemente verbleiben dann für den rechten Teilbaum. Das kleinste Element jedes Teilbaumes muss an dessen Spitze geschrieben werden. Wenn man dies wiederholt und dabei alle Möglichkeiten in allen Teilbäumen auf jeder Ebene berücksichtigt, erhält man den obigen Ausdruck.

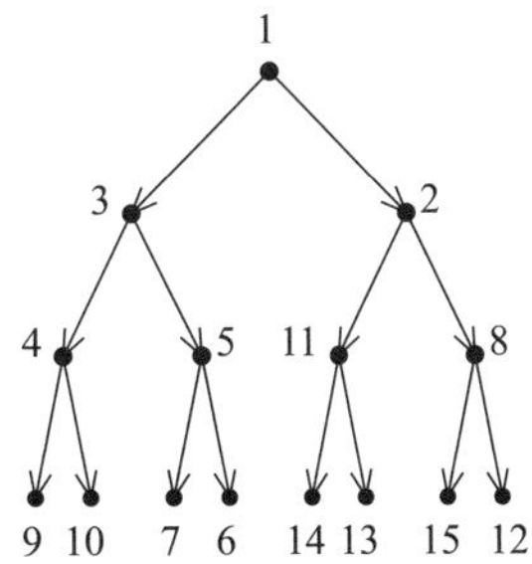

Abb. 2.2 Eine ordnungserhaltende Beschriftung des vollständigen Binärbaumes der Höhe 4

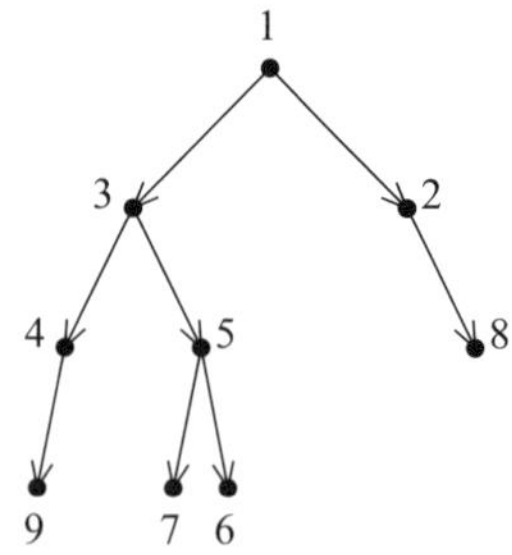

Abb. 2.3 Ein Heap

Wir bezeichnen diese Zahl mit $f(n)$. Einige Werte sind in der folgenden Tabelle angegeben:

n	$f(n)$
1	1
2	2
3	80
4	21.964.800
5	74.836.825.861.835.980.800.000

Wenn $n = 1$ ist, dann steht der Ausdruck für ein leeres Produkt, welches definitionsgemäß den Wert 1 hat.

Der beschriftete Binärbaum in Abb. 2.2 ist ein Beispiel für eine Datenstruktur in der theoretischen Informatik, die *Heap* heißt. Man kann einen Heap als beschrifteten Teilbaum eines vollständigen Binärbaumes betrachten. Abbildung 2.3 zeigt einen Heap auf der Menge $\{1, 2, 3, 4, 5, 6, 7, 8, 9\}$. Heaps erlauben es, ein größtes oder kleinstes Element schnell einzufügen oder zu entfernen; sie werden in einem Sortieralgorithmus namens Heapsort verwendet.

2.3 Hervorquellende Hypersphären

Abbildung 2.4 zeigt ein Quadrat der Seitenlänge 4, in das vier Kreise vom Radius 1 eingepasst sind. Aufgrund des Satzes von Pythagoras beträgt der Radius des kleinen Kreises in der Mitte zwischen den größeren Kreisen $\sqrt{2} - 1$. Was geschieht, wenn wir das auf eine beliebige Dimension $d \geq 1$ verallgemeinern? Es sei ein Hyperwürfel der Kantenlänge 4 im d-dimensionalen Raum gegeben, der 2^d Hypersphären vom Radius 1 enthält (siehe auch *Volumen einer Kugel* in Kap. 3). Wir können den Hyperwürfel so platzieren, dass sein Mittelpunkt im Ursprung liegt und die Mittelpunkte der Hypersphären bei $(\pm 1, \pm 1, \ldots, \pm 1)$. Wieder aufgrund des Satzes von Pythagoras beträgt der Abstand zwischen dem Mittelpunkt einer dieser Hypersphären und dem Ursprung $r = \sqrt{d}$. Also ist der Radius der kleinen Hypersphäre, deren Mittelpunkt im Ursprung sitzt, gleich

$$r = \sqrt{d} - 1\,.$$

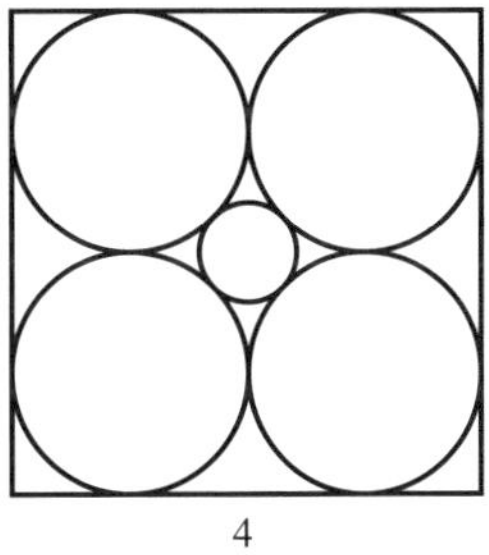

Abb. 2.4 Ein Kreis umgeben von anderen Kreisen

Für $d = 4$ ist der Radius der kleinen Hypersphäre gleich 1, genauso groß wie die Radien der anderen Hypersphären. Für $d > 4$ ist die kleine Hypersphäre größer als die Hypersphären um sie herum. Bei $d = 9$ ist der Radius gleich 2, und die kleine Hypersphäre berührt die Seiten des Hyperwürfels. Wenn $d > 9$ ist, dann quillt die kleine Hypersphäre aus dem Hyperwürfel heraus!

2.4 Projektive Ebene

Eine *projektive Ebene* ist eine Geometrie, bei der je zwei Punkte genau eine Verbindungsgerade besitzen und sich je zwei Geraden in genau einem Punkt schneiden. Es gibt also keine parallelen Geraden! Abbildung 2.5 zeigt eine projektive Ebene mit dreizehn Punkten.

Die projektive Ebene mit dreizehn Punkten hat dreizehn Geraden (in der Abbildung sind einige der Geraden gekrümmt). Jede Gerade enthält vier Punkte, und jeder Punkt liegt auf vier Geraden. Neun dieser Punkte sind mit Koordinaten von 00 bis 22 bezeichnet. Die anderen vier Punkte, auch *Fernpunkte* genannt, sind mit $\overline{0}$, $\overline{1}$, $\overline{2}$ und ∞ beschriftet.

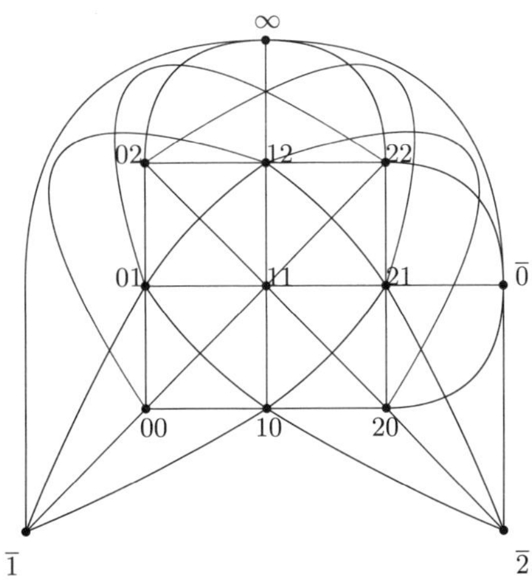

Abb. 2.5 Eine projektive Ebene der Ordnung 3

Wir bezeichnen dieses kleine Universum als die projektive Ebene der Ordnung 3 (eins weniger als die Anzahl der Punkte auf jeder Geraden). Eine *projektive Ebene* der Ordnung n ist eine Struktur aus $n^2 + n + 1$ Punkten und $n^2 + n + 1$ Geraden, bei der jede Gerade $n + 1$ Punkte enthält, jeder Punkt auf $n + 1$ Geraden liegt, jeweils zwei Punkte genau eine Gerade festlegen und je zwei Geraden sich in genau einem Punkt schneiden. Zu jeder Ordnung, die gleich einer Primzahlpotenz ist, existiert eine solche projektive Ebene. Niemand weiß, ob es eine projektive Ebene gibt, deren Ordnung keine Primzahlpotenz ist. Die kleinste Zahl oberhalb der 1, die keine Primzahlpotenz ist, ist die 6, und Gaston Tarry (1843–1913) bewies, dass es keine projektive Ebene der Ordnung 6 gibt. Die nächste potenzielle Ordnung, 10, ist durch eine Kombination von Mathematik und Computerberechnungen ausgeschlossen worden: Es gibt keine projektive Ebene der Ordnung 10. Die Existenz einer projektiven Ebene der Ordnung 12 ist noch immer eine offene Frage. Wenn sie existieren würde, hätte sie 157 Punkte und 157 Geraden.

2.5 Zweigefärbter Graph

In der Graphentheorie besteht ein *Graph* aus einer Menge von Ecken sowie einer Menge von Kanten, von denen jede jeweils ein Paar von Ecken verbindet. Die Kanten können gerade oder gekrümmt sein, und sie können sich überschneiden. Abbildung 2.6 zeigt einen *vollständigen Graphen* mit 17 Ecken. Er ist vollständig, weil jedes Paar zweier Ecken mit einer Kante verbunden ist.

Die Kanten des Graphen sind mit zwei Farben eingefärbt (hier durch helle und dunkle Linien dargestellt). Diese Färbung hat die Eigenschaft, dass es keine vier Ecken gibt, deren sechs Verbindungskanten alle dieselbe Farbe haben. Andererseits muss es jedoch bei jeder Zweifärbung der Kanten des vollständigen Graphen mit 18 Ecken stets vier Ecken geben, deren Verbindungskanten einfarbig sind. Die-

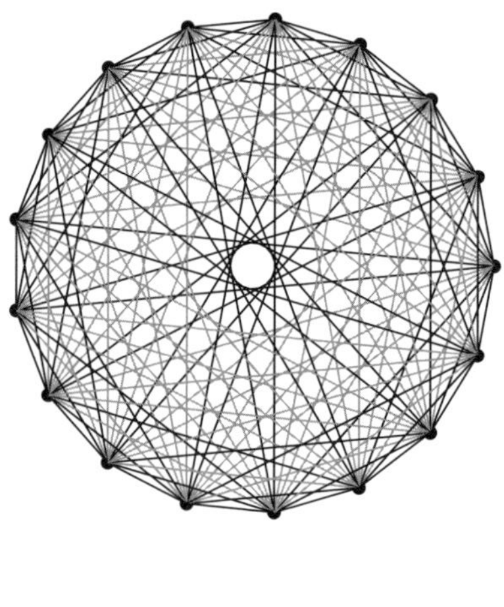

Abb. 2.6 Eine Zweifärbung des vollständigen Graphen mit 17 Ecken

se Aussage ist ein Spezialfall eines kombinatorischen Ergebnisses, des Satzes von Ramsey, welcher von Frank Ramsey (1903–1930) entdeckt wurde. Er besagt, dass zu jedem n eine kleinste Zahl $R(n)$ existiert, sodass es bei jeder Zweifärbung der Kanten eines vollständigen Graphen mit $R(n)$ Ecken stets n Ecken gibt, deren Verbindungskanten alle dieselbe Farbe haben. Es ist also $R(4) = 18$. Können Sie beweisen, dass $R(3) = 6$ ist?

Die Färbung in Abb. 2.6 hat eine zyklische Symmetrie, da jede Ecke durch dunkle Kanten mit denjenigen Ecken verbunden sind, die sich 1, 2, 4, 8, 9, 13, 15 und 16 Plätze weiter im Uhrzeigersinn befinden. Eine gute Quelle zur Graphentheorie ist [54].

2.6 Hyperwürfel

Um eine zweidimensionale Skizze eines Würfels anzufertigen, zeichnet man zwei Quadrate in geringem Abstand und verbindet dann korrespondierende Ecken durch insgesamt vier Linien. Wir können noch einen Schritt weiter gehen und einen *Hyperwürfel* zeichnen, einen vierdimensionalen Würfel. Zeichnen Sie dazu zwei Würfel in geringem Abstand und ziehen Sie wieder Linien zwischen korrespondierenden Ecken. Die Skizze hat dann sechzehn Ecken und zweiunddreißig Kanten. Abbildung 2.7 zeigt eine Möglichkeit für ein solches Bild.

Ein Hyperwürfel kann kombinatorisch als die Menge der sechzehn Binärstrings der Länge 4 definiert werden (etwa 0110), wobei zwei Strings genau dann durch eine Kante verbunden sind, wenn sie sich an exakt einer Stelle unterscheiden. So sind zum Beispiel die Strings 0110 und 0111 verbunden. Diese Darstellung eines Hyperwürfels ist hilfreich, wenn man Beispiele gefärbter Graphen konstruiert. In den Übungsaufgaben in Kap. 9 werden Sie gebeten, eine Dreifärbung eines vollständigen Graphen mit 16 Ecken anzugeben, bei der kein Dreieck existiert, dessen Kanten alle dieselbe Farbe haben. In einer derartigen Färbung ist jeder einfarbige Teilgraph ein Hyperwürfel, bei dem auch die Raumdiagonalen eingezeichnet sind.

Abb. 2.7 Ein Hyperwürfel

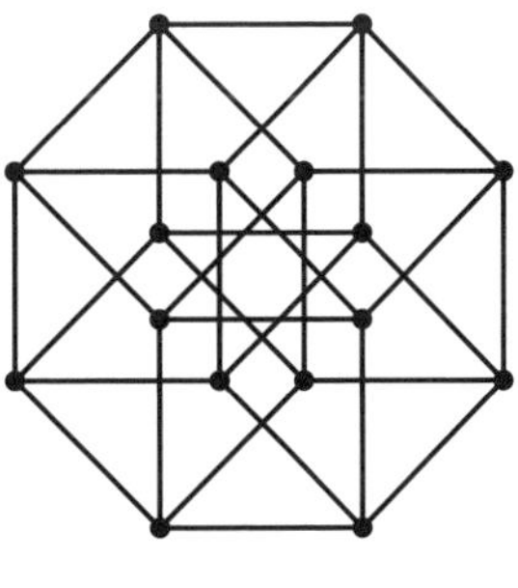

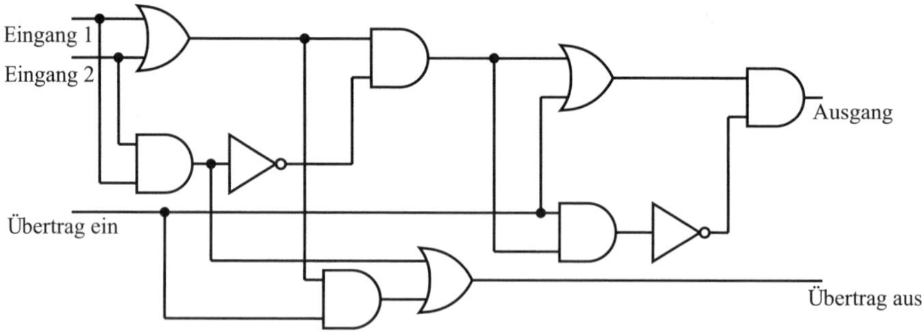

Abb. 2.8 Ein Volladdierer

2.7 Volladdierer

Abbildung 2.8 zeigt ein Schaltnetz für eine integrierte Schaltung, die unter dem Namen *Volladdierer* bekannt ist. Sie stellt das Rückgrat im Rechenwerk eines Computers dar.

Der Schaltkreis führt eine binäre Addition durch. Wenn an den Eingängen zwei Eingabebits (0 oder 1) sowie ein vorheriger Übertrag gegeben sind, dann addiert die Schaltung die Zahlen im Binärsystem und gibt an den Ausgängen ein Ausgabebit und einen nächsten Übertrag zurück. Abbildung 2.9 zeigt die *Wahrheitstabelle* für diesen Schaltkreis.

Die einzelnen Elemente des Volladdierers werden *Logikgatter* genannt. Die grundlegenden Typen davon sind Und-Gatter (AND), Oder-Gatter (OR) und Nicht-Gatter (NOT). Diese führen diejenigen logischen Operationen durch, die ihre Namen jeweils angeben. In Kombination können sie komplexe Schaltkreise wie den Volladdierer realisieren.

Das Nicht-Gatter ist das einfachste. Es verwandelt eine Eingabe von 1 in 0 und eine 0 in 1 (Abb. 2.10).

Das Und-Gatter liefert genau dann eine Ausgabe von 1, wenn beide Eingabebits gleich 1 sind (Abb. 2.11).

Das Oder-Gatter liefert eine Ausgabe von 1, wenn mindestens ein Eingabebit gleich 1 ist (Abb. 2.12).

Abb. 2.9 Die Wahrheitstabelle für den Volladdierer

Eingang 1	Eingang 2	Übertrag ein	Ausgang	Übertrag aus
0	0	0	0	0
0	0	1	1	0
0	1	0	1	0
0	1	1	0	1
1	0	0	1	0
1	0	1	0	1
1	1	0	0	1
1	1	1	1	1

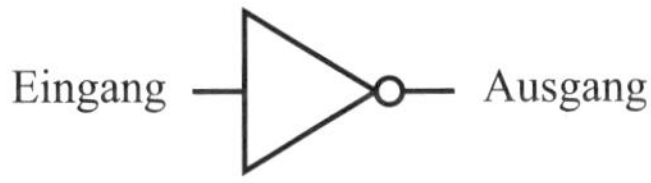

Abb. 2.10 Das Nicht-Gatter

Eingang	Ausgang
0	1
1	0

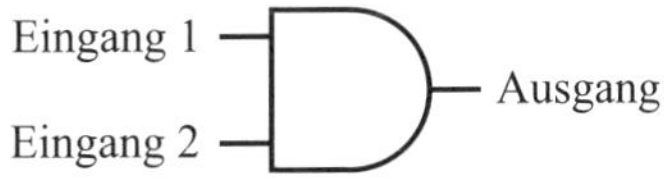

Abb. 2.11 Das Und-Gatter

Eingang 1	Eingang 2	Ausgang
0	0	0
0	1	0
1	0	0
1	1	1

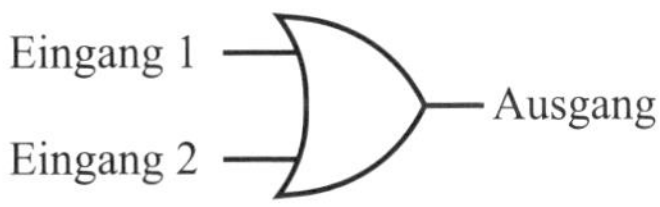

Abb. 2.12 Das Oder-Gatter

Eingang 1	Eingang 2	Ausgang
0	0	0
0	1	1
1	0	1
1	1	1

Sämtliche Mechanismen, mit denen ein Computer denkt, einschließlich des Speichers, sind aus diesen Bausteinen aufgebaut. Die mathematischen Hintergründe werden in [43] diskutiert.

2.8 Sierpiński-Dreieck

Abbildung 2.13 zeigt ein Fraktal, das als *Sierpiński-Dreieck* bekannt ist. Es wurde von Wacław Sierpiński (1882–1969) eingeführt. Die Abbildung zeigt den sechsten Schritt der Konstruktion. Diese beginnt mit dem vollständig ausgefüllten gleichseitigen Dreieck, welches im ersten Schritt in vier gleich große gleichseitige Dreiecke aufgeteilt wird, von denen das mittlere entfernt wird. In jedem folgenden Schritt wird dieser Prozess mit den verbliebenen ausgefüllten Dreiecken wiederholt.

Die Fläche des Sierpiński-Dreiecks ist 0. Das Startdreieck sei so gewählt, dass es die Fläche 1 hat. Nach dem ersten Schritt beträgt die Restfläche noch $3/4$, da eines der vier Teildreiecke entfernt worden ist. Bei jedem weiteren Schritt reduziert sich

Abb. 2.13 Das Sierpiński-Dreieck

die Fläche auf $3/4$ der vorherigen Fläche. Im Schritt k beträgt die Fläche demnach

$$\left(\frac{3}{4}\right)^k ,$$

und das nähert sich der 0, wenn k gegen unendlich geht. Das Sierpiński-Dreieck ist weder ein- noch zweidimensional. Seine fraktale Dimension, genauer gesagt seine *Hausdorff-Dimension*, beträgt

$$\frac{\log 3}{\log 2} \approx 1{,}585\ldots$$

Der Grund für diesen Wert ist, dass das Sierpiński-Dreieck die Vereinigungsmenge von drei Kopien seiner selbst ist, jede um den Faktor 2 verkleinert.

2.9 Quadrierplan

Wir definieren einen Graphen, dessen Ecken die natürlichen Zahlen modulo n sind. Zu zwei gegebenen Ecken A und B zeichnen wir einen Pfeil von Ecke A zu Ecke B genau dann, wenn

$$A^2 \bmod n = B$$

gilt. Diesen Graphen nennen wir den *Quadrierplan modulo n*. Vielleicht wollen Sie einmal selbst die Quadrierpläne für einige kleine Werte von n zeichnen, etwa für $2 \leq n \leq 10$. Abbildung 2.14 zeigt den Quadrierplan modulo 25.

Die Pfeile der Ecken, die zu sich selbst zurückführen, also 0 und 1, sind hier nicht gezeigt. Es gibt einen gerichteten Zyklus der Länge 4, nämlich

$$6 \to 11 \to 21 \to 16 \to 6\,.$$

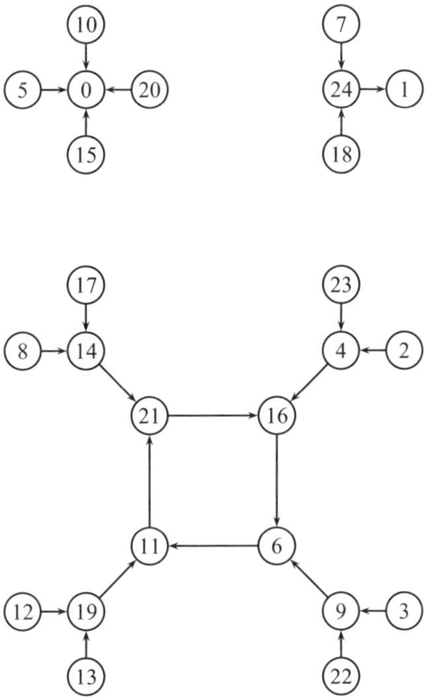

Abb. 2.14 Der Quadrierplan modulo 25

Wir nennen die Mengen $\{0\}$, $\{1\}$ und $\{6, 11, 21, 16\}$ *Attraktoren*. Wenn wir in irgendeiner Ecke starten und den Pfeilen folgen, landen wir in einem Attraktor.

Wenn es einen gerichteten Pfad von einer Ecke zu einer anderen gibt, dann sagen wir, dass beide Ecken in derselben *Komponente* des Graphen liegen. Der Quadrierplan modulo 25 hat drei Komponenten.

In jeder Komponente des Quadrierplans modulo n liegt immer genau ein Attraktor (Übungsaufgabe). Also hat der Graph für jedes n stets mindestens zwei Komponenten, je eine für die Attraktoren $\{0\}$ und $\{1\}$. Es lässt sich zeigen (dies ist etwas schwieriger), dass der Quadrierplan modulo n dann und nur dann genau zwei Komponenten hat, wenn n eine Zweierpotenz oder eine Fermat'sche Primzahl ist. Eine *Fermat'sche Primzahl* ist eine Primzahl der Form $F_j = 2^{2^j} + 1$ mit $j \geq 0$. Die einzigen bekannten Fermat'schen Primzahlen sind $F_0 = 3$, $F_1 = 5$, $F_2 = 17$, $F_3 = 257$ und $F_4 = 65.537$.

Wie sieht der Quadrierplan für $n = 17$ aus? Dieser Graph ist in geringfügig abgewandelter Form bereits früher in diesem Kapitel aufgetaucht. Können Sie ihn auf einer Abbildung identifizieren?

Können Sie mithilfe eines Computers die Anzahl der Komponenten und den Umfang des größten Attraktors für $n = 1.000.000$ bestimmen? Eine vollständige Lösung des Quadrierplanproblems finden Sie in [24].

2.10 Riemann'sche Zahlenkugel

Die Riemann'sche Zahlenkugel knüpft an die Definition der komplexen Ebene als Darstellung der komplexen Zahlen an.

Es ist möglich, die reelle Zahlengerade und die Ebene unter Hinzunahme eines neuen Punktes zu modellieren, den wir mit ∞ bezeichnen. Diese Modelle werden als die (projektiv) *erweiterte* reelle Zahlengerade oder Ebene bezeichnet. Wie sehen sie aus? Die erweiterte reelle Gerade ist ein Kreis, da es sich bei $\pm\infty$ um denselben Punkt handelt. Entsprechend ist die erweiterte Ebene eine Kugel (Abb. 2.15), genannt die *Riemann'sche Zahlenkugel* nach Bernhard Riemann (1826–1866). Die stereografische Projektion stellt eine Bijektion zwischen Punkten in der Ebene und Punkten auf der Riemann'schen Zahlenkugel ohne den Nordpol dar. Der Nordpol wird dabei mit ∞ identifiziert.

Unter der Riemann'schen Zahlenkugel werden wir hier die Einheitskugel mit Mittelpunkt bei $(0, 0, 0)$ verstehen. Der Nordpol ist der Punkt $(0, 0, 1)$, und der Südpol ist $(0, 0, -1)$. Durch die stereografische Projektion wird ein Punkt $z = x + yi \equiv (x, y, 0)$ in der komplexen Ebene (die äquivalent ist zur xy-Ebene) auf denjenigen Punkt (x', y', z') auf der Kugeloberfläche abgebildet, der auf der Verbindungsgeraden zwischen $(0, 0, 1)$ und $(x, y, 0)$ liegt. Der Ursprung wird auf den Südpol abgebildet; der Einheitskreis in der Ebene wird auf den Äquator abgebildet; Kreise, deren Mittelpunkt im Ursprung liegt und die einen Radius größer (bzw. kleiner) als 1 haben, werden auf Breitenkreise in der nördlichen (bzw. südlichen) Halbkugel abgebildet; und Geraden durch den Ursprung werden auf Längenkreise abgebildet.

Wir definieren die *erweiterte komplexe Ebene* $\widehat{\mathbb{C}}$ als die komplexe Ebene zusammen mit dem Punkt im Unendlichen ∞, also $\widehat{\mathbb{C}} = \mathbb{C} \cup \{\infty\}$. Die stereografische Projektion ist eine bijektive Abbildung zwischen $\widehat{\mathbb{C}}$ und der Riemann'schen Zahlenkugel.

Wir wollen nun genauer bestimmen, wie die Punkte $(x, y, 0)$ und (x', y', z') dabei einander zugeordnet werden. Die Gerade durch die Punkte $(0, 0, 1)$ und $(x, y, 0)$ hat die parametrische Form

$$x' = \lambda x, \quad y' = \lambda y, \quad z' = 1 - \lambda, \quad \lambda \in \mathbb{R}\,.$$

Da (x', y', z') auf der Einheitskugel liegt, gilt

$$(\lambda x)^2 + (\lambda y)^2 + (1 - \lambda)^2 = 1$$

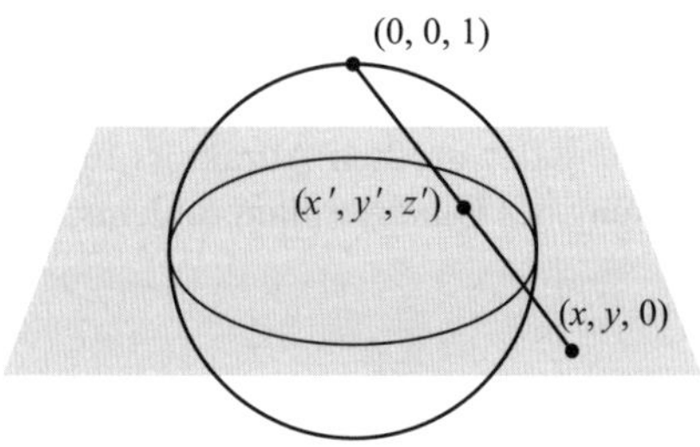

Abb. 2.15 Stereografische Projektion

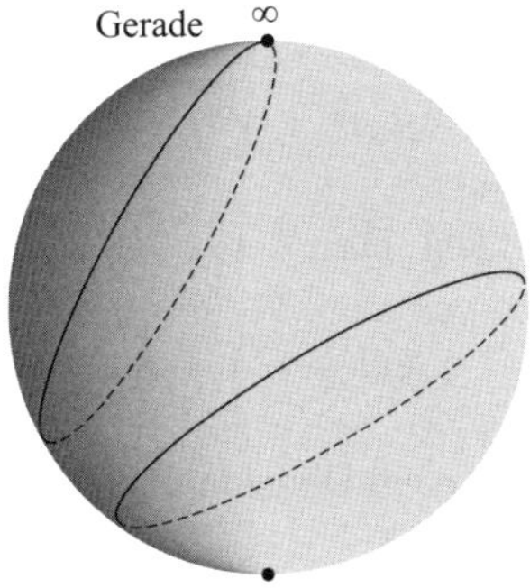

Abb. 2.16 Gereise auf der Riemann'schen Zahlenkugel

oder

$$\lambda^2\left(x^2+y^2+1\right)-2\lambda=0\,,$$

also eine quadratische Gleichung in λ. Eine der Lösungen ist $\lambda = 0$, was den Nordpol ergibt. Die andere Lösung ist

$$\lambda=\frac{2}{x^2+y^2+1}=\frac{2}{|z|^2+1}\,.$$

Daraus ergibt sich

$$x'=\frac{2\operatorname{Re}z}{|z|^2+1},\quad y'=\frac{2\operatorname{Im}z}{|z|^2+1},\quad z'=\frac{|z|^2-1}{|z|^2+1}\,.$$

In der anderen Richtung erhalten wir mithilfe der parametrischen Formeln

$$x=\frac{x'}{1-z'},\quad y=\frac{y'}{1-z'}\,.$$

Die stereografische Projektion liefert eine Bijektion zwischen Geraden und Kreisen in der Ebene und Kreisen auf der Riemann'schen Zahlenkugel. Eine Kurve in der Ebene, die entweder eine Gerade oder ein Kreis ist, wollen wir als „Gereis" bezeichnen (Abb. 2.16).

Lassen Sie uns das beweisen. Die Gleichung für einen Gereis ist

$$A\left(x^2+y^2\right)+Bx+Cy+D=0\,.$$

Bei $A = 0$ liegt eine Gerade vor. Die Bedingung dafür, dass der Kreis nicht degeneriert ist, lautet

$$4AD < B^2+C^2\,,$$

wie wir mittels quadratischer Ergänzung sehen. Einsetzen ergibt

$$A\left[\left(\frac{x'}{1-z'}\right)^2+\left(\frac{y'}{1-z'}\right)^2\right]+B\frac{x'}{1-z'}+C\frac{y'}{1-z'}+D=0\,,$$

was sich zu

$$A(x'^2 + y'^2) + Bx'(1 - z') + Cy'(1 - z') + D(1 - z')^2 = 0$$

vereinfacht. Da $x'^2 + y'^2 + z'^2 = 1$ gilt, haben wir

$$A(1 - z'^2) + Bx'(1 - z') + Cy'(1 - z') + D(1 - z')^2 = 0\,,$$

was sich nach Division durch $1 - z'$ auf die Bedingung

$$A(1 + z') + Bx' + Cy' + D(1 - z') = 0$$

reduziert, also zur Gleichung einer Ebene. Wenn es sich bei dem Gereis um eine Gerade handelt, ist das offensichtlich. Der Schnitt zwischen einer Ebene und der Kugeloberfläche ist ein Kreis. Und zu guter Letzt ist die Bedingung, dass die Ebene die Kugel schneidet, genau die Nichtdegeneriertheitsbedingung für den Gereis. Um das zu sehen, benutzen Sie die Formel für den Abstand eines Punktes zu einer Ebene.

Es ist klar, dass diese Schritte umkehrbar sind; und damit sind alle Kreise auf der Kugeloberfläche stereografische Projektionen von Gereisen in der komplexen Ebene.

Eine schöne Eigenschaft der stereografischen Projektion ist, dass sie winkelerhaltend ist. Es seien $ax + by + c = 0$ und $dx + ey + f = 0$ zwei Geraden in der komplexen Ebene. Wir wissen, dass ihre Bilder unter der stereografischen Projektion Kreise sind, die sich im Nordpol und in einem weiteren Punkt schneiden. Die Winkel zwischen den Kurven sind an den beiden Schnittpunkten gleich (aufgrund der Symmetrie), also reicht es, den Schnittwinkel am Nordpol zu bestimmen. Aus der Gleichung für die Ebene, in der die stereografische Projektion eines Gereises liegt, leiten wir ab, dass die stereografischen Projektionen der Geraden jeweils in den Ebenen $ax' + by' + c(1 - z') = 0$ und $dx' + ey' + f(1 - z') = 0$ liegen. Eine Tangente an einen Kreis auf einer Kugeloberfläche liegt in der Tangentialebene der Kugel an den Berührpunkt. Also liegen die Tangenten an die Bildkreise in der Ebene $z = 1$ und sind gegeben durch $ax' + by' = 0$, $z = 1$ und $dx' + ey' = 0$, $z = 1$. Aus dieser Form der Gleichung ist ersichtlich, dass der Winkel zwischen den Tangenten derselbe ist wie der Winkel zwischen den ursprünglichen Geraden.

Die Riemann'sche Zahlenkugel hat viele angenehme Eigenschaften. Zwei beliebige Geraden schneiden sich bei ∞. Eine Umgebung von ∞ ist eine Kugelkappe auf der Riemann'schen Zahlenkugel; unter der stereografischen Projektion korrespondiert dies zum Äußeren eines Kreises um den Ursprung. Deshalb sagt man, dass jeder Weg, der sich beliebig weit vom Ursprung fortbewegt (zum Beispiel ein Strahl oder eine Spirale), gegen ∞ geht. Das ist anders als bei der reellen Geraden, wo wir zwischen $+\infty$ und $-\infty$ unterscheiden. Eine andere schöne Eigenschaft der Riemann'schen Zahlenkugel ist, dass sich die stereografischen Projektionen der Punkte z und $1/\overline{z}$ antipodisch gegenüberliegen.

Die Symmetrien der Riemann'schen Zahlenkugel sind die *Möbiusabbildungen*, auch *gebrochen lineare Transformationen* genannt, welche die Form

$$z \mapsto \frac{az+b}{cz+d}, \quad a,b,c,d \in \mathbb{C}\,,$$

haben.

Packende Formeln

3

> Die Mathematiker studieren nicht Objekte, sondern Beziehungen zwischen den Objekten; es kommt ihnen deshalb nicht darauf an, diese Objekte durch andere zu ersetzen, wenn dabei nur die Beziehungen ungeändert bleiben. Der Gegenstand ist für sie gleichgültig, die Form allein hat ihr Interesse.
>
> HENRI POINCARÉ (1854–1912)

Mathematische Formeln, seien sie nun einfach oder kompliziert, vermitteln in Symbolen den Kerngehalt der Entdeckungen der Mathematiker. Einige Formeln, so wie die Euler'sche Formel $e^{i\theta} = \cos\theta + i\sin\theta$, sind sehr bekannt, andere weniger. Wir werden uns einige Formeln ansehen, die ich als schön empfinde; teils sind sie nüchtern, teils kunstvoll. Vielleicht werden sie Ihnen auch gefallen.

3.1 Arithmetische Wunder

Hier sind drei arithmetische Seltsamkeiten:

$$123.456.789 \cdot 8 + 9 = 987.654.321\,,$$

$$123.456.789 \cdot 9 + 10 = 1.111.111.111\,,$$

$$111.111.111 \cdot 111.111.111 = 12.345.678.987.654.321\,.$$

Dass sie richtig sind, lässt sich leicht nachrechnen; aber weshalb funktionieren sie? Was geschieht, wenn Sie die Multiplikation durchführen?

3.2 Heronische Formel und heronische Dreiecke

Die heronische Formel, entdeckt von Heron von Alexandria (etwa 10–70 n. Chr.), gibt die Fläche eines Dreiecks in Abhängigkeit von seinen Seitenlängen an. Wenn ein Dreieck mit Seitenlängen a, b, c und demnach mit halbem Umfang $s = (a +$

M. Erickson, *Mathematische Appetithäppchen*, DOI 10.1007/978-3-662-45459-6_3

$b+c)/2$ gegeben ist, dann beträgt seine Fläche

$$A = \sqrt{s\,(s-a)\,(s-b)\,(s-c)}\,.$$

Zum Beispiel hat ein Dreieck mit Seitenlängen 10, 11 und 13 den halben Umfang $s = 17$ und die Fläche

$$\sqrt{17\cdot 7\cdot 6\cdot 4} = 2\,\sqrt{714}\,.$$

Wir beweisen die heronische Formel. Dazu sollen die Seiten der Längen a und b durch die Vektoren **a** und **b** dargestellt werden. Aufgrund der Determinantenformel aus Kap. 1 beträgt die Fläche des Dreiecks

$$A = \frac{1}{2}\,|\det M|\ ,$$

wobei M die (2×2)-Matrix mit den Zeilen **a** und **b** ist. Da die Transponierte M^T von M dieselbe Determinante hat, gilt

$$4A^2 = \det M \det M^T = \det\left(MM^T\right) = \begin{vmatrix} a^2 & \mathbf{a}\cdot\mathbf{b} \\ \mathbf{a}\cdot\mathbf{b} & b^2 \end{vmatrix}\ .$$

Die dritte Seite des Dreiecks wird durch den Vektor $\mathbf{c} = \mathbf{a} - \mathbf{b}$ dargestellt, und es gilt

$$c^2 = (\mathbf{a}-\mathbf{b})\cdot(\mathbf{a}-\mathbf{b}) = a^2 - 2\,\mathbf{a}\cdot\mathbf{b} + b^2\,.$$

Wenn wir das nach $\mathbf{a}\cdot\mathbf{b}$ auflösen, erhalten wir

$$\begin{aligned}
4A^2 &= \begin{vmatrix} a^2 & (a^2+b^2-c^2)/2 \\ (a^2+b^2-c^2)/2 & b^2 \end{vmatrix}\ , \\
16A^2 &= \begin{vmatrix} 2a^2 & a^2+b^2-c^2 \\ a^2+b^2-c^2 & 2b^2 \end{vmatrix} \\
&= 4a^2b^2 - \left(a^2+b^2-c^2\right)^2 \\
&= \left(2ab + a^2 + b^2 - c^2\right)\left(2ab - a^2 - b^2 + c^2\right) \\
&= \left((a+b)^2 - c^2\right)\left(c^2 - (a-b)^2\right) \\
&= (a+b+c)\,(a+b-c)\,(c+a-b)\,(c-a+b)\ , \\
A^2 &= s\,(s-c)\,(s-b)\,(s-a)\ , \\
A &= \sqrt{s\,(s-a)\,(s-b)\,(s-c)}\,.
\end{aligned}$$

Ein *heronisches Dreieck* ist ein Dreieck mit rationalen Seitenlängen und rationalem Flächeninhalt. Ein Beispiel ist das bekannte Dreieck mit Seitenlängen 3, 4, 5

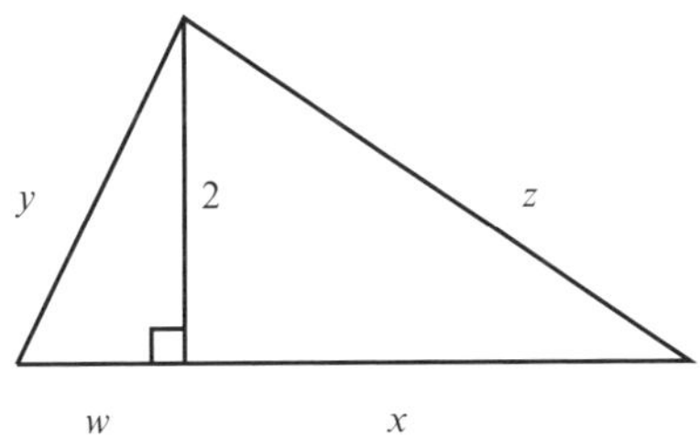

Abb. 3.1 Aufteilung eines Dreiecks in zwei rechtwinklige Dreiecke

und Fläche 6. Wir werden nun eine Formel angeben, mit der man alle heronischen Drciecke erzeugen kann.

Da die Fläche eines Dreiecks gleich seiner halben Grundseite multipliziert mit seiner Höhe ist, müssen die Höhen eines heronischen Dreiecks rational sein. Also können wir ein heronisches Dreieck so mit einem rationalen Faktor skalieren, dass es eine Höhe von 2 hat. Wir setzen voraus, dass dies die Höhe über einer längsten Dreiecksseite ist. Dadurch wird das Dreieck wie in Abb. 3.1 in zwei rechtwinklige Dreiecke aufgeteilt.

Nach Voraussetzung sind die Seitenlängen $w + x$, y und z rational. Wir zeigen, dass auch w und x rational sind. Nach Pythagoras gilt

$$w^2 + 4 = y^2 ,$$
$$x^2 + 4 = z^2 ,$$

und Subtraktion ergibt

$$(w + x)(w - x) = y^2 - z^2 ,$$

sodass $w - x$ rational sein muss. Dann sind auch $(w - x) + (w + x) = 2w$ und somit w und x rational.

Wir formen $w^2 + 4 = y^2$ um zu $4 = (y + w)(y - w)$ und setzen

$$y + w = 2p ,$$
$$y - w = \frac{2}{p} ,$$

wobei p eine rationale Zahl sein soll. Wegen der Dreiecksungleichung gilt $y + w > 2$ und deshalb $p > 1$. Wenn wir das nach w auflösen, erhalten wir

$$w = p - \frac{1}{p}, \; y = p + \frac{1}{p}, \quad p > 1 .$$

Damit hat das rechtwinklige Dreieck auf der linken Seite im Diagramm rationale Seitenlängen. Das zweite rechtwinklige Dreieck hat eine ähnliche Form:

$$x = q - \frac{1}{q}, \; z = q + \frac{1}{q}, \quad q > 1 .$$

Unter Berücksichtigung eines rationalen Skalierungsfaktors r hat demnach jedes heronische Dreieck Seitenlängen, die bis auf Vertauschen von p und q gegeben sind durch

$$r\left(p+\frac{1}{p}\right),\ r\left(q+\frac{1}{q}\right),\ r\left(p-\frac{1}{p}+q-\frac{1}{q}\right), \qquad p,q>1,\ r>0\,,$$

und eine Fläche von

$$r^2\left(p-\frac{1}{p}+q-\frac{1}{q}\right).$$

Beispielsweise hat das heronische Dreieck mit $p = 7/2$, $q = 13/5$ und $r = 10/19$ die Seitenlängen

$$\frac{265}{133},\ \frac{388}{287},\ \frac{4941}{1729}$$

und die Fläche

$$\frac{49.410}{32.851}\,.$$

Das rechtwinklige 3-4-5-Dreieck entsteht aus $p = 2$, $q = 3$, $r = 6/5$.

Es gibt viele Fragen, die man zu heronischen Dreiecken stellen kann. Können wir zum Beispiel alle heronischen Dreiecke angeben, deren Seitenlängen aufeinanderfolgende natürliche Zahlen sind? (Das ist einfach.) Gibt es heronische Dreiecke mit rationalen Seitenhalbierenden? (Das ist ungelöst.) Ein kleines Juwel ist die Aussage, dass heronische Dreiecke so skaliert und in der Ebene platziert werden können, dass ihre Eckpunkte auf Punkten mit ganzzahligen Koordinaten zu liegen kommen ([55]).

3.3 Entwicklungen von Sinus, Kosinus und Exponentialfunktion

Die Potenzreihenentwicklungen von Sinus, Kosinus und der Exponentialfunktion besitzen einen ästhetischen Reiz. Die Entwicklung einer Funktion in eine *Potenzreihe* ist eine Darstellung der Funktion als eine unendliche Reihe

$$a_0 + a_1x + a_2x^2 + a_3x^3 + a_4x^4 + \ldots\,,$$

wobei die a_n Zahlen sind und x die Variable ist.

Wie finden wir die Potenzreihenentwicklung von e^x? Es gelte

$$e^x = a_0 + a_1x + a_2x^2 + a_3x^3 + a_4x^4 + \ldots$$

für alle reellen Zahlen x. Wenn wir $x = 0$ setzen, dann reduziert sich die rechte Seite zu a_0, während die linke Seite gleich $e^0 = 1$ ist. Folglich ist $a_0 = 1$. Damit wissen wir, dass

$$e^x = 1 + a_1x + a_2x^2 + a_3x^3 + a_4x^4 + \ldots$$

ist. Um a_1 zu bestimmen, differenzieren wir beide Seiten. Da die Ableitung von e^x wieder e^x ist, erhalten wir

$$e^x = a_1 + 2a_2x + 3a_3x^2 + 4a_4x^3 + \ldots$$

Mit Einsetzen von $x = 0$ ergibt sich $a_1 = 1$ und damit

$$e^x = 1 + 2a_2x + 3a_3x^2 + 4a_4x^3 + 5a_5x^4 + \ldots$$

Indem wir ein weiteres Mal ableiten, erhalten wir

$$e^x = 2a_2 + 3 \cdot 2\,a_3x + 4 \cdot 3\,a_4x^2 + 5 \cdot 4\,a_5x^3 + \ldots$$

Mit $x = 0$ ergibt sich $1 = 2a_2$, also $a_2 = 1/2$. Indem wir das wiederholen, erhalten wir die Potenzreihenentwicklung der Exponentialfunktion

$$e^x = 1 + x + \frac{x^2}{2!} + \frac{x^3}{3!} + \frac{x^4}{4!} + \ldots$$

Diese Reihe konvergiert für alle reellen Zahlen x. Tatsächlich kann die Variable sogar eine beliebige komplexe Zahl z sein. Durch Einsetzen von $x = 1$ erhalten wir eine Formel für die Basis des natürlichen Logarithmus e:

$$e = 1 + 1 + \frac{1}{2!} + \frac{1}{3!} + \frac{1}{4!} + \ldots \approx 2{,}71828\ldots$$

Wenn wir entsprechend mit Sinus und Kosinus verfahren, ergibt sich

$$\sin x = x - \frac{x^3}{3!} + \frac{x^5}{5!} - \frac{x^7}{7!} + \ldots,$$

$$\cos x = 1 - \frac{x^2}{2!} + \frac{x^4}{4!} - \frac{x^6}{6!} + \ldots$$

Es war Leonhard Euler (1707–1783), der feststellte, dass die Entwicklung der Exponentialfunktion genauso gut funktioniert, wenn x eine komplexe Variable ist; und wenn wir x durch $i\theta$ ersetzen (mit i als der imaginären Einheit, $i^2 = -1$), dann kommt eine Beziehung zwischen der Exponentialfunktion, Sinus und Kosinus heraus:

$$e^{i\theta} = \cos\theta + i\sin\theta\,.$$

Mit $\theta = \pi$ ergibt sich daraus

$$e^{i\pi} = \cos\pi + i\sin\pi = -1$$

und damit

$$e^{i\pi} + 1 = 0\,.$$

Diese Beziehung vereinigt fünf wichtige mathematische Konstanten, π, e, i, 1 und 0, in einer einzigen Formel.

3.4 Entwicklungen von Tangens und Sekans

Im vorangegangenen Abschnitt haben wir herausgefunden, dass die Potenzreihenentwicklungen von $\sin x$ und $\cos x$ einem einfachen Muster folgen. Wie sieht es mit den Entwicklungen von $\tan x$ und $\sec x$ aus? Diese sind

$$\tan x = x + \frac{2x^3}{3!} + \frac{16x^5}{5!} + \frac{272x^7}{7!} + \frac{7936x^9}{9!} + \dots,$$

$$\sec x = 1 + \frac{x^2}{2!} + \frac{5x^4}{4!} + \frac{61x^6}{6!} + \frac{1385x^8}{8!} + \dots$$

Welches Muster steckt hinter den Folgen $\{1, 2, 16, 272, 7936, \dots\}$ und $\{1, 1, 5, 61, 1385, \dots\}$?

Wir setzen

$$\tan x = \frac{a_0x^0}{0!} + \frac{a_1x^1}{1!} + \frac{a_2x^2}{2!} + \frac{a_3x^3}{3!} + \dots,$$

$$\sec x = \frac{b_0x^0}{0!} + \frac{b_1x^1}{1!} + \frac{b_2x^2}{2!} + \frac{b_3x^3}{3!} + \dots$$

Mit der Ableitung $(\tan x)' = \sec^2 x$ ergibt sich

$$a_1 + \frac{a_2}{1!}x + \frac{a_3}{2!}x^2 + \dots$$

$$= b_0^2 + \left(\frac{b_0}{0!}\frac{b_1}{1!} + \frac{b_1}{1!}\frac{b_0}{0!}\right)x + \left(\frac{b_0}{0!}\frac{b_2}{2!} + \frac{b_1}{1!}\frac{b_1}{1!} + \frac{b_2}{2!}\frac{b_0}{0!}\right)x^2 + \dots$$

Wenn wir die Koeffizienten gleicher Potenzen von x identifizieren, erhalten wir

$$\frac{a_n}{(n-1)!} = \sum_{k=0}^{n-1} \frac{b_k}{k!}\frac{b_{n-1-k}}{(n-1-k)!}, \quad n \geq 1,$$

und damit

$$a_n = \sum_{k=0}^{n-1} \binom{n-1}{k} b_k b_{n-1-k}, \quad n \geq 1.$$

Auf ähnliche Weise ergibt sich mit $(\sec x)' = \sec x \tan x$ die Formel

$$b_n = \sum_{k=0}^{n-1} \binom{n-1}{k} a_k b_{n-1-k}, \quad n \geq 1.$$

Diese Rekursionsgleichungen erzeugen zusammen mit den Anfangswerten $a_0 = 0$ und $b_0 = 1$ die Folgen $\{a_n\}$ und $\{b_n\}$. Es lässt sich zeigen, dass $a_n = 0$ für gerade n und $b_n = 0$ für ungerade n gilt (das war zu erwarten, da der Tangens eine ungerade und der Sekans eine gerade Funktion ist). Wenn wir die Nullen weglassen, erhalten wir die Folgen $\{1, 2, 16, 272, 7936, \ldots\}$ und $\{1, 1, 5, 61, 1385, \ldots\}$.

Wir könnten nun die Frage stellen, ob diese Folgen noch irgendeine andere Bedeutung haben, und das ist tatsächlich der Fall: Sie geben die Anzahl der alternierenden Permutationen der Menge $\{1, 2, \ldots, n\}$ an. Eine *alternierende Permutation* ist eine Permutation, bei der die Elemente abwechselnd wachsen und fallen. Wir bezeichnen mit c_n die Anzahl der alternierenden Permutationen der Menge $\{1, 2, \ldots, n\}$. Die folgende Tabelle listet sämtliche alternierenden Permutationen für $1 \leq n \leq 5$ und die zugehörigen Anzahlen c_n auf:

n	alternierende Permutationen	c_n
1	1	1
2	12	1
3	132, 231	2
4	1324, 1423, 2314, 2413, 3412	5
5	13254, 14253, 14352, 15243, 15342, 23154, 24153, 24351, 25143, 25341, 34152, 34251, 35142, 35241, 45132, 45231	16

Bei diesen Zahlen kann man auf die Idee kommen, dass

$$c_n = \begin{cases} a_n & \text{für } n \text{ ungerade,} \\ b_n & \text{für } n \text{ gerade} \end{cases}$$

gilt. Können Sie dies mithilfe vollständiger Induktion beweisen?

3.5 Reihe für Pi

Die berühmte Zahl π, auch als *Kreiszahl* bekannt, ist definiert als das Verhältnis des Umfangs eines Kreises zu seinem Durchmesser. Das „p" in π („pi") stammt von dem griechischen Wort „peripheria" für den Umfang eines Kreises.

Die Reihe[1]

$$\frac{\pi}{4} = \frac{1}{1} - \frac{1}{3} + \frac{1}{5} - \frac{1}{7} + \frac{1}{9} - \frac{1}{11} + \ldots$$

stellt eine bemerkenswerte Formel für die Zahl π dar.

Wir können sie herleiten, indem wir mit der geometrischen Summenformel beginnen:

$$\frac{1}{1+x^2} = 1 - x^2 + x^4 - \ldots + (-1)^n\, x^{2n} + (-1)^{n+1}\, \frac{x^{2n+2}}{1+x^2}\,.$$

[1] Diese Formel wurde zuerst von Madhava von Sangamagramam (1350–1425) gefunden und später durch Gottfried Leibniz (1646–1716) und James Gregory (1638–1675) wiederentdeckt.

Diese Entwicklung gilt für alle reellen Zahlen x und alle natürlichen Zahlen $n \geq 0$. Wir integrieren beide Seiten:

$$\int_0^1 \frac{dx}{1+x^2} = \int_0^1 dx - \int_0^1 x^2\,dx + \int_0^1 x^4\,dx - \ldots + (-1)^n \int_0^1 x^{2n}\,dx$$
$$+ (-1)^{n+1} \int_0^1 \frac{x^{2n+2}\,dx}{1+x^2}.$$

Die linke Seite lässt sich zu

$$\arctan 1 - \arctan 0 = \frac{\pi}{4} - 0 = \frac{\pi}{4}$$

auswerten und die rechte Seite zu

$$1 - \frac{1}{3} + \frac{1}{5} - \ldots + (-1)^n \frac{1}{2n+1}$$

plus oder minus das letzte Integral, welches nach oben durch

$$0 < \int_0^1 \frac{x^{2n+2}\,dx}{1+x^2} < \int_0^1 x^{2n+2}\,dx = \frac{1}{2n+3}$$

beschränkt ist. Da diese obere Schranke für $n \to \infty$ gegen 0 geht, geht auch das Integral gegen 0, womit die Herleitung der Reihendarstellung abgeschlossen ist.

Die Reihe konvergiert langsam. Sie benötigt 625 Terme, um auch nur die Approximation 3,14 für π zu erhalten. Die Differenz zwischen π und den Partialsummen der Reihe hat die asymptotische Darstellung

$$\pi - 4\sum_{k=1}^{n} \frac{(-1)^{k+1}}{2k-1} \sim \sum_{m=0}^{\infty} \frac{b_{2m}}{(2n)^{2m}},$$

wobei $\{b_n\}$ die Folge der Koeffizienten in der Reihenentwicklung der Sekansfunktion ist, die wir im Abschn. 3.4 hergeleitet haben.

3.6 Produkt für Pi

Die *Wallis'sche Produktformel*[2] für π ist ein unendliches Produkt:

$$\frac{\pi}{2} = \frac{2\cdot 2}{1\cdot 3}\cdot\frac{4\cdot 4}{3\cdot 5}\cdot\frac{6\cdot 6}{5\cdot 7}\cdots$$

[2] Diese Formel wurde von John Wallis (1616–1703) entdeckt, der zahlreiche Beiträge zu Algebra, Geometrie und Infinitesimalrechnung geleistet hat.

Wir können die Formel aus einer unendlichen Produktentwicklung für den Sinus herleiten:

$$\sin x = x\left(1-\frac{x}{\pi}\right)\left(1+\frac{x}{\pi}\right)\left(1-\frac{x}{2\pi}\right)\left(1+\frac{x}{2\pi}\right)\left(1-\frac{x}{3\pi}\right)\left(1+\frac{x}{3\pi}\right)\cdot\ldots$$

Einen strengen Beweis für diese Produktentwicklung werden wir hier nicht geben; aber Sie können ihre Richtigkeit intuitiv einsehen, da die Nullstellen von $\sin x$ bei $\pm n\pi$ liegen.

Wenn wir $x = \pi/2$ setzen, erhalten wir

$$1 = \frac{\pi}{2}\left(1-\frac{1}{2}\right)\left(1+\frac{1}{2}\right)\left(1-\frac{1}{4}\right)\left(1+\frac{1}{4}\right)\left(1-\frac{1}{6}\right)\left(1+\frac{1}{6}\right)\cdot\ldots$$

und damit

$$\frac{\pi}{2} = \frac{2\cdot 2}{1\cdot 3}\cdot\frac{4\cdot 4}{3\cdot 5}\cdot\frac{6\cdot 6}{5\cdot 7}\cdot\ldots$$

In [9] finden Sie lückenlose Herleitungen.

Wenn wir die Produkt- und die Reihenformel für $\sin x$ vergleichen, erhalten wir (wie schon Leonhard Euler) den Wert einer Reihe. Es gilt nämlich

$$\begin{aligned}
& x-\frac{x^3}{3!}+\frac{x^5}{5!}-\frac{x^7}{7!}+\ldots \\
&= x\left(1-\frac{x}{\pi}\right)\left(1+\frac{x}{\pi}\right)\left(1-\frac{x}{2\pi}\right)\left(1+\frac{x}{2\pi}\right)\left(1-\frac{x}{3\pi}\right)\left(1+\frac{x}{3\pi}\right)\cdot\ldots \\
&= x\left(1-\frac{x^2}{\pi^2}\right)\left(1-\frac{x^2}{2^2\pi^2}\right)\left(1-\frac{x^2}{3^2\pi}\right)\cdot\ldots
\end{aligned}$$

Wenn wir die Koeffizienten von x^3 gleichsetzen, erhalten wir

$$-\frac{1}{6} = -\frac{1}{\pi^2}-\frac{1}{2^2\pi^2}-\frac{1}{3^2\pi^2}-\ldots$$

und damit

$$\frac{\pi^2}{6} = \frac{1}{1^2}+\frac{1}{2^2}+\frac{1}{3^2}+\ldots$$

Im Abschn. 3.14 werden wir sehen, wie wir weitere Reihen der Form

$$\sum_{m=1}^{\infty}\frac{1}{m^k},\quad k\geq 2,$$

auswerten können.

3.7 Fibonacci-Zahlen und Pi

Die *Fibonacci-Folge*[3] $\{F_n\}$ ist definiert durch

$$F_0 = 0, \; F_1 = 1, \quad F_n = F_{n-1} + F_{n-2}, \; n \geq 2 \,.$$

Demnach beginnt die Fibonacci-Folge mit

$$0, \; 1, \; 1, \; 2, \; 3, \; 5, \; 8, \; 13, \; 21, \; 34, \; 55, \; \ldots$$

Vielleicht wird Sie die Identität

$$\frac{\pi}{4} = \sum_{n=1}^{\infty} \arctan \frac{1}{F_{2n+1}}$$

überraschen. Woher kommt diese Verbindung zwischen den Fibonacci-Zahlen und π? Die Partialsummen sind

$$\sum_{n=1}^{k} \arctan \frac{1}{F_{2n+1}} = \frac{\pi}{4} - \arctan \frac{1}{F_{2k+2}} \,,$$

woraus sofort die Identität für die unendliche Reihe folgt. Die Formel für die Partialsummen kann mithilfe des Additionstheorems für den Tangens einer Differenz und Cassinis Identität

$$F_n^2 - F_{n+1}F_{n-1} = (-1)^{n+1}, \quad n \geq 1 \,,$$

hergeleitet werden.

Eine Fülle von Identitäten mit Fibonacci-Zahlen finden Sie in [28].

3.8 Volumen einer Kugel

Ein Kreis mit Radius r umschließt die Fläche πr^2. Eine Kugel mit Radius r enthält ein Volumen von $\frac{4}{3}\pi r^3$. Macht es Sinn, über das Volumen einer höherdimensionalen Kugel zu sprechen?

Eine d-dimensionale *Kugel* mit Radius r und Mittelpunkt im Ursprung ist die Menge aller Punkte $(x_1, \ldots, x_d)$ im d-dimensionalen euklidischen Raum, für die

$$x_1^2 + \ldots + x_d^2 \leq r^2$$

gilt. Die Oberfläche der Kugel ist eine Hypersphäre. Im eindimensionalen Raum ist die Kugel eine Strecke, im zweidimensionalen Raum eine Kreisscheibe (ein Kreis

[3] Die Fibonacci-Folge wurde von Leonardo von Pisa, bekannt als Fibonacci (etwa 1170–1250), eingeführt, einem der innovativsten Mathematiker des Mittelalters.

und sein Inneres) und im Dreidimensionalen eine gewöhnliche Kugel. Eine vierdimensionale Kugel ist nicht so einfach vorstellbar, aber wir können Analogien mit den niedriger-dimensionalen Objekten benutzen.

Wir werden zeigen, dass für $d \geq 1$ eine d-dimensionale Kugel mit Radius r das Volumen

$$V_d \, r^d$$

hat, wobei V_d, also das Volumen der d-dimensionalen Einheitskugel (Radius 1), gleich

$$\frac{\pi^{d/2}}{(d/2)!}$$

ist. Obwohl wir eine d-dimensionale Kugel weder anfertigen noch auch nur uns vorstellen können, können wir ihr Volumen bestimmen!

Wenn d gerade ist, dann ist $d/2$ eine ganze Zahl, und $(d/2)!$ ist die übliche Fakultät. Wenn d ungerade ist, müssen wir erklären, was unter $(d/2)!$ zu verstehen ist. Dazu definieren wir

$$\left(\frac{1}{2}\right)! = \frac{\sqrt{\pi}}{2} .$$

Im nächsten Abschnitt werden wir dies mithilfe der Gammafunktion (einer Verallgemeinerung der Fakultät) begründen. Nun können wir $(d/2)!$ für ungerade d berechnen, indem wir es wie eine normale Fakultät behandeln und zu $d/2$ die jeweils um 1 kleineren Werte $d/2 - 1$, $d/2 - 2$ und so weiter multiplizieren, bis wir $1/2$ erreichen. Beispielsweise ist

$$\left(\frac{7}{2}\right)! = \frac{7}{2} \cdot \frac{5}{2} \cdot \frac{3}{2} \cdot \left(\frac{1}{2}\right)! = \frac{105\sqrt{\pi}}{16} .$$

Wir wissen bereits, dass $V_1 = 2$, $V_2 = \pi$ und $V_3 = (4/3)\pi$ ist. Wir werden V_2 und V_3 überprüfen und dann V_4 bestimmen.

Als erstes verifizieren wir die Formel für die Fläche der Einheitskreisscheibe. Dazu verwenden wir Polarkoordinaten:

$$V_2 = \int_0^{2\pi}\int_0^{1} r \, dr \, d\theta = \int_0^{2\pi} \frac{1}{2} r^2 \Big|_0^1 \, d\theta = \frac{1}{2} \int_0^{2\pi} d\theta = \frac{1}{2}(2\pi) = \pi .$$

Für die Einheitskugel im dreidimensionalen Raum verwenden wir Polarkoordinaten zur Darstellung der ersten beiden Dimensionen, sodass $x_1^2 + x_2^2 = r^2$ gilt, während x_3 eine Strecke durchläuft, die nach oben und unten durch den Radius $\sqrt{1 - r^2}$ beschränkt ist. Wenn wir (durch Integration) diese Strecken aufsummieren, erhalten wir

$$V_3 = \int_0^{2\pi}\int_0^{1} 2\sqrt{1 - r^2}\, r \, dr \, d\theta = -\frac{2}{3}\left(1 - r^2\right)^{3/2} \Big|_0^1 (2\pi) = \frac{4}{3}\pi .$$

Für die vierdimensionale Einheitskugel gilt

$$V_4 = \int_0^{2\pi}\int_0^1 \pi\left(\sqrt{1-r^2}\right)^2 r\,dr\,d\theta = \pi\left(\frac{1}{2}r^2 - \frac{1}{4}r^4\right)\bigg|_0^1 (2\pi) = \frac{1}{2}\pi^2\,,$$

also $V_4 = \pi^2/2$.

Nun wollen wir die Volumenformel für die d-dimensionale Einheitskugel beweisen. Wenn wir die ersten beiden Dimensionen durch die Polarkoordinaten r und θ darstellen, dann bleibt als Querschnitt noch eine $(d-2)$-dimensionale Kugel mit Radius $\sqrt{1-r^2}$ übrig. Also ist

$$V_d = \int_0^{2\pi}\int_0^1 V_{d-2}\left(\sqrt{1-r^2}\right)^{d-2} r\,dr\,d\theta\,.$$

(Den Buchstaben „d" sowohl für ein Differenzial als auch eine Dimension zu verwenden, sollte nicht zu Verwirrung führen.) Weiter ist das doppelte Integral dann gleich

$$V_{d-2}\left(-\frac{1}{d}\right)\left(1-r^2\right)^{d/2}\bigg|_0^1 (2\pi) = V_{d-2}\left(\frac{2\pi}{d}\right)\,.$$

Also können wir die Konstanten V_d rekursiv bestimmen:

$$V_d = V_{d-2}\left(\frac{2\pi}{d}\right), \quad d \geq 2\,.$$

Daraus folgt sofort die Volumenformel mittels vollständiger Induktion.

In Kap. 4 werden wir sie verwenden, um den Satz von Lagrange über die vier Quadratzahlen zu beweisen.

3.9 Eulers Integralformel

Im vorhergehenden Abschn. 3.8 haben wir gesagt, dass wir zur Berechnung der Fakultät für die Hälfte einer ungeraden Zahl die *Gammafunktion* benötigen. Leonhard Euler (1707–1783) bemerkte, dass

$$n! = \int_0^\infty t^n e^{-t}\,dt, \quad n \geq 0\,,$$

gilt. Diese Identität erhält man, indem man mit

$$\int_0^\infty e^{-at}\,dt = \left(-\frac{e^{-at}}{a}\right)\bigg|_{t=0}^\infty = \frac{1}{a}$$

beginnt und dann n-mal nach a ableitet, was zu

$$\int_0^\infty (-1)^n\, t^n e^{-at}\, dt = (-1)^n\, \frac{n!}{a^{n+1}}$$

führt. Wenn man nun $a = 1$ setzt, ergibt sich Eulers Formel. Die Gammafunktion ist für alle komplexen Zahlen mit positivem Realteil definiert durch

$$\Gamma(z) = \int_0^\infty t^{z-1} e^{-t}\, dt, \qquad \mathrm{Re}\, z > 0\,.$$

Für die natürlichen Zahlen ist also

$$\Gamma(n) = (n-1)!, \quad n \geq 1\,.$$

Wir werden nun zeigen, dass $(1/2)! = \sqrt{\pi}/2$ ist. Mit der Definition von $\Gamma(z)$ haben wir

$$\left(\frac{1}{2}\right)! = \Gamma\left(\frac{3}{2}\right) = \int_0^\infty t^{1/2} e^{-t}\, dt\,.$$

Die Substitution $t = x^2$ liefert

$$\left(\frac{1}{2}\right)! = 2\int_0^\infty x^2 e^{-x^2}\, dx\,,$$

und mit partieller Integration (wobei wir $u = x$ und $dv = xe^{-x^2}\, dx$ setzen) erhalten wir

$$\left(\frac{1}{2}\right)! = \left(-xe^{-x^2}\right)\Big|_0^\infty + \int_0^\infty e^{-x^2}\, dx\,.$$

Der erste Term auf der rechten Seite ist 0, und für den zweiten Term benutzen wir das im Abschn. 5.5 in Kap. 5 berechnete Integral:

$$\int_{-\infty}^\infty e^{-x^2}\, dx = \sqrt{\pi}\,.$$

Da e^{-x^2} eine gerade Funktion ist, ergibt sich $(1/2)!$ als die Hälfte dieses Integrals.

3.10 Eulers Polyederformel

Ein Würfel hat acht Ecken, zwölf Kanten und sechs Flächen (Abb. 3.2).

Allgemein bezeichnen wir die Anzahl der Ecken eines konvexen Polyeders mit E, die Anzahl seiner Kanten mit K und die Anzahl seiner Seitenflächen mit F. Die Euler'sche Polyederformel lautet

$$E - K + F = 2\,.$$

Vielleicht können Sie diese Formel selbst an einigen anderen Beispielen testen, zum Beispiel an einem Tetraeder oder einem Oktaeder.

Betrachten Sie nun das Polyeder in Abb. 3.3. Es handelt sich um einen Würfel mit einem quadratischen Tunnel zwischen zwei gegenüberliegenden Seiten. Das Polyeder ist als fester Körper gezeichnet, sodass wir nicht alle Ecken, Kanten und Flächen sehen können. Aber aus dem Bild lässt sich erschließen, dass $E = 16$, $K = 32$ und $F = 16$ ist. Also gilt

$$E - K + F = 0\,.$$

Das Loch macht den Unterschied. Wenn ein Polyeder auf einer Oberfläche gezeichnet werden kann, die sich um g Aussparungen schlingt (g wird als das *Geschlecht* der Fläche bezeichnet), dann lautet die Euler'sche Formel

$$E - K + F = 2 - 2g\,.$$

Bei der Definition des Geschlechts muss man vorsichtig sein. Es lässt sich nur auf Flächen anwenden, die orientierbar sind. Ein Möbiusband hat zum Beispiel nur eine Seite und ist damit nicht orientierbar. Einen Beweis der Euler'schen Polyederformel finden Sie in [1]. Eine reichhaltige Quelle für Verallgemeinerungen der Formel ist [32].

Abb. 3.2 Ein Würfel

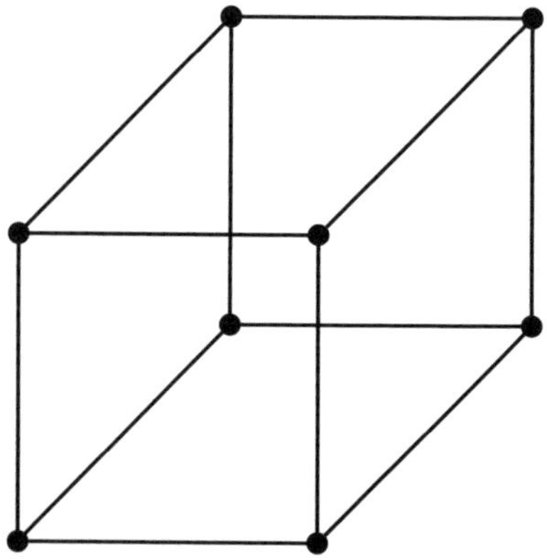

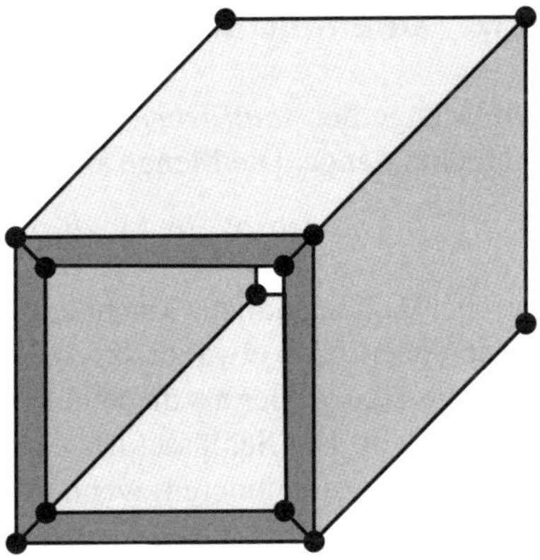

Abb. 3.3 Ein durchbohrter Würfel

3.11 Die kleinste Taxicab-Zahl

Oft wird eine Anekdote von G. H. Hardy (1877–1947) erzählt, der den erkrankten Srinivasa Ramanujan (1887–1920) im Krankenhaus besuchte. Dabei erwähnte Hardy, dass die Nummer seines Taxis (engl. *taxicab*), 1729, für ihn wie eine ganz langweilige Zahl aussähe. Ramanujan entgegnete, dass ganz im Gegenteil 1729 die kleinste Zahl sei, die sich auf zwei verschiedene Arten als die Summe zweier Kubikzahlen schreiben ließe: Es ist

$$1729 = 10^3 + 9^3 = 12^3 + 1^3 .$$

Die Aussage, dass 1729 die kleinste solche Zahl ist, gilt nicht mehr, wenn auch negative dritte Potenzen zugelassen sind. Welches ist die kleinste natürliche Zahl, die sich auf zwei Arten als die Summe zweier (positiver oder negativer) Kubikzahlen schreiben lässt? Dazu listen wir zunächst die ersten zehn Kubikzahlen auf:

n	1	2	3	4	5	6	7	8	9	10
n^3	1	8	27	64	125	216	343	512	729	1000

Aus der kuriosen Beziehung

$$3^3 + 4^3 + 5^3 = 6^3$$

erhalten wir

$$91 = 3^3 + 4^3 = 6^3 + (-5)^3 ,$$

sodass sich 91 jedenfalls auf zwei Arten als die Summe zweier Kubikzahlen schreiben lässt. Wie man mithilfe der Tabelle verifizieren kann, ist es auch die kleinste solche Zahl.

3.12 Unendlichkeit und Unendlichkeit quadriert

Die Menge der *natürlichen Zahlen* (mit der Null) $\{0, 1, 2, 3, 4, 5, \ldots\}$ ist eine unendliche Menge. Die Menge aller geordneten Paare aus natürlichen Zahlen,

$$\{(0,0), (0,1), (0,2), \ldots, (1,0), (1,1), (1,2), \ldots\},$$

ist ebenfalls unendlich. Macht es Sinn, über die Größe einer unendlichen Menge zu sprechen, also etwa zu sagen, dass zwei unendliche Mengen gleich groß sind oder die eine größer als die andere ist? Georg Cantor (1845–1918) fand dafür eine Möglichkeit. Der Schlüssel ist, zwei Mengen, seien sie endlich oder unendlich, als gleich groß zu definieren, wenn es eine Bijektion (eine eineindeutige Abbildung) zwischen ihnen gibt. Obwohl es so aussehen mag, als sei die Menge der geordneten Paare natürlicher Zahlen größer als die Menge der natürlichen Zahlen selbst, sind beide unendliche Mengen tatsächlich gleich groß.

Die Abbildung

$$(m, n) \mapsto \frac{(m+n)(m+n+1)}{2} + m, \quad m, n \geq 0,$$

weist einem geordneten Paar natürlicher Zahlen eine einzelne natürliche Zahl zu; einige ihrer ersten Werte sind in der Tabelle in Abb. 3.4 aufgeführt.

Alle natürlichen Zahlen sind in der Tabelle enthalten, aufsteigend entlang der Diagonalen und keine davon zweimal. Zu einer gegebenen natürlichen Zahl w sei n die eindeutig bestimmte natürliche Zahl mit

$$\frac{n(n+1)}{2} \leq w < \frac{(n+1)(n+2)}{2}.$$

Weiter sei m die durch

$$m = w - \frac{n(n+1)}{2}$$

definierte natürliche Zahl. Die Abbildung $w \mapsto (m, n)$ stellt die zweite Hälfte (den Weg zurück) der Bijektion dar. Demnach hat die Menge der natürlichen Zahlen genauso viele Elemente wie die Menge aller geordneten Paare aus natürlichen Zahlen.

Abb. 3.4 Zuordnung zwischen natürlichen Zahlen und Paaren natürlicher Zahlen

		n							
		0	1	2	3	4	5	6	…
m	0	0	1	3	6	10	15	21	…
	1	2	4	7	11	16	22	29	…
	2	5	8	12	17	23	30	38	…
	3	9	13	18	24	31	39	48	…
	4	14	19	25	32	40	49	59	…
	5	20	26	33	41	50	60	71	…
	6	27	34	42	51	61	72	84	…
	⋮	⋮	⋮	⋮	⋮	⋮	⋮	⋮	

3.13 Funktionen im Komplexen

Betrachten Sie die Funktion

$$f(z) = z^2$$

von $\mathbb{C}$ nach $\mathbb{C}$. Sie quadriert jede komplexe Zahl z zu einer neuen komplexen Zahl z^2. Wir können die Funktion nicht in zwei Dimensionen darstellen, weil vier Dimensionen im Spiel sind, zwei für die Definitions- und zwei für die Bildmenge. Wir können jedoch geometrisch beschreiben, was die Quadrierfunktion tut.

Dazu stellen wir eine komplexe Zahl z dar als

$$z = re^{i\theta} ,$$

wobei $r = |z|$ ist und θ den Winkel bezeichnet, den z in der komplexen Ebene mit der positiven reellen Achse bildet, gegen den Uhrzeigersinn gemessen. Da

$$z^2 = r^2 e^{2i\theta}$$

ein Vektor der Länge r^2 mit Argument 2θ ist, ändert die Quadrierfunktion die Länge eines Vektors und rotiert ihn gegen den Uhrzeigersinn.

Die *Ableitung* einer komplexen Funktion ist genauso definiert wie für eine reellwertige Funktion:

$$f'(z) = \lim_{\Delta z \to 0} \frac{f(z + \Delta z) - f(z)}{\Delta z} .$$

Dabei gibt es jedoch einen feinen Unterschied, der sich als entscheidend erweist. Wenn wir $\Delta z \to 0$ sagen, dann kann die komplexe Zahl Δz sich der 0 auf beliebige Weise annähern, und das kann zur Folge haben, dass der Grenzwert und damit die Ableitung nicht existiert. Diese Einschränkung für die Existenz der Ableitung bedeutet, dass komplexe Funktionen, deren Ableitung existiert, spezielle Eigenschaften haben.

Bei einer reellen Funktion ist es möglich, dass sie eine Ableitung hat, die ihrerseits nicht differenzierbar ist. Es sei

$$f(x) = x^{5/3} .$$

Dann gilt $f'(x) = (5/3)x^{2/3}$, aber $f'(x)$ ist bei $x = 0$ nicht differenzierbar. Wenn jedoch eine Funktion im Komplexen differenzierbar ist, dann existieren alle ihre höheren Ableitungen.

Für $f(z) = z^2$ gilt zum Beispiel

$$\begin{aligned} f'(z) &= \lim_{\Delta z \to 0} \frac{(z + \Delta z)^2 - z^2}{\Delta z} \\ &= \lim_{\Delta z \to 0} \frac{z^2 + 2z\Delta z + (\Delta z)^2 - z^2}{\Delta z} \end{aligned}$$

$$
\begin{aligned}
&= \lim_{\Delta z \to 0} \frac{2z\Delta z + (\Delta z)^2}{\Delta z} \\
&= \lim_{\Delta z \to 0} (2z + \Delta z) \\
&= 2z\,.
\end{aligned}
$$

Damit haben wir $(z^2)' = 2z$, genauso wie bei reellen Funktionen.

Betrachten Sie nun die Funktion der komplexen Konjugation, $f(z) = \overline{z}$. Ihre Ableitung wäre

$$f'(z) = \lim_{\Delta z \to 0} \frac{\overline{(z + \Delta z)} - \overline{z}}{\Delta z}\,.$$

Wenn wir $z = x + iy$ und $\Delta z = \Delta x + i\,\Delta y$ schreiben, dann haben wir

$$
\begin{aligned}
f'(z) &= \lim_{\Delta x, \Delta y \to 0} \frac{\overline{(x + iy + \Delta x + i\,\Delta y)} - \overline{(x + iy)}}{\Delta x + i\,\Delta y} \\
&= \lim_{\Delta x, \Delta y \to 0} \frac{(x + \Delta x - iy - i\,\Delta y) - (x - iy)}{\Delta x + i\,\Delta y} \\
&= \lim_{\Delta x, \Delta y \to 0} \frac{\Delta x - i\,\Delta y}{\Delta x + i\,\Delta y}\,.
\end{aligned}
$$

Wenn wir $\Delta y = 0$ setzen, dann würde sich als Grenzwert 1 ergeben. Wenn wir $\Delta x = 0$ setzen, dann würde sich als Grenzwert -1 ergeben. Ein Grenzwert muss jedoch eindeutig sein; also existiert er hier nicht, und die Funktion $f(z) = \overline{z}$ hat keine Ableitung.

Wir setzen nun

$$f(z) = u + iv$$

mit Funktionen u und v, die von x und y abhängen, also $u = u(x, y)$ und $v = v(x, y)$. Man kann zeigen, dass notwendige und hinreichende Bedingungen für die Existenz von $f'(z)$ durch die *Cauchy-Riemann-Gleichungen* gegeben sind, also durch die Differenzialgleichungen

$$\frac{\partial u}{\partial x} = \frac{\partial v}{\partial y}, \quad \frac{\partial u}{\partial y} = -\frac{\partial v}{\partial x}\,.$$

Diese *partiellen Ableitungen* drücken die Änderungsrate der Funktionen aus, wenn nur eine der Variablen schwankt. Beispielsweise ist die partielle Ableitung von u nach x, also $\partial u/\partial x$, gleich der gewöhnlichen Ableitung von $u(x, y)$ als Funktion von x, wenn y konstant gehalten wird.

Als Übungsaufgabe können Sie überprüfen, dass die Cauchy-Riemann-Gleichungen für $f(z) = z^2$ erfüllt sind. Der erste Schritt besteht darin, $z = x + iy$ zu schreiben.

Wir können eine komplexe Zahl $a + bi$ als (2×2)-Matrix darstellen:

$$\begin{bmatrix} a & -b \\ b & a \end{bmatrix};$$

das ist die Matrix einer Drehstreckung, die den Effekt beschreibt, wenn eine komplexe Zahl mit $a + bi$ multipliziert wird. Wir können uns also die Multiplikation mit einer komplexen Zahl als eine Abbildung von $\mathbb{C}$ nach $\mathbb{C}$ oder auch als eine Abbildung von $\mathbb{R}^2$ nach $\mathbb{R}^2$ vorstellen.

Wenn eine Abbildung von $\mathbb{R}^2$ nach $\mathbb{R}^2$, gegeben durch

$$\begin{bmatrix} x \\ y \end{bmatrix} \mapsto \begin{bmatrix} u(x, y) \\ v(x, y) \end{bmatrix},$$

eine (totale) Ableitung hat, dann ist diese an jedem Punkt ihrer Existenz eine lineare Abbildung von der Form

$$\begin{bmatrix} \dfrac{\partial u}{\partial x} & \dfrac{\partial u}{\partial y} \\ \dfrac{\partial v}{\partial x} & \dfrac{\partial v}{\partial y} \end{bmatrix}.$$

Bei einer komplexen Funktion stellen die Cauchy-Riemann-Gleichungen sicher, dass diese lineare Abbildung dieselbe Wirkung hat wie die Multiplikation mit einer komplexen Zahl, denn die zugehörige Matrix hat die entsprechende Gestalt:

$$\begin{bmatrix} \dfrac{\partial u}{\partial x} & -\dfrac{\partial v}{\partial x} \\ \dfrac{\partial v}{\partial x} & \dfrac{\partial u}{\partial x} \end{bmatrix}.$$

Differenzierbarkeit ist eine stärkere Eigenschaft für Funktionen im Komplexen als für reellwertige Funktionen. Wenn eine komplexe Funktion in einem Gebiet eine Ableitung hat, dann ist sie dort unendlich oft differenzierbar. Im Abschn. 3.15 werden wir mit der Riemann'schen Zetafunktion ein Beispiel für eine differenzierbare komplexe Funktion sehen, die auf der gesamten komplexen Ebene mit der Ausnahme eines Punktes definiert ist.

3.14 Die Zetafunktion und Bernoulli-Zahlen

Die *Zetafunktion* ist für alle natürlichen Zahlen $k \geq 2$ definiert durch

$$\zeta(k) = \sum_{m=1}^{\infty} \frac{1}{m^k}.$$

(Bei $k = 1$ ist dies die divergente harmonische Reihe.)

Die *Bernoulli-Zahlen*[4] sind rekursiv definiert mittels $B_0 = 1$ und

$$B_n = -\frac{1}{n+1}\sum_{k=0}^{n-1}\binom{n+1}{k}B_k, \quad n \geq 1 .$$

Die ersten Bernoulli-Zahlen sind demnach

$$1,\ -\frac{1}{2},\ \frac{1}{6},\ 0,\ -\frac{1}{30},\ 0,\ \frac{1}{42},\ 0,\ -\frac{1}{30},\ 0,\ \frac{5}{66},\ \ldots$$

Hier sieht es so aus, als sei $B_{2n+1} = 0$ für $n \geq 1$, und dies ist tatsächlich der Fall. Übrigens gibt es einen Zusammenhang zwischen den Bernoulli-Zahlen und den Koeffizienten der Tangens-Funktion, die wir im Abschn. 3.4 bestimmt haben. Mehr dazu finden Sie zum Beispiel in [21, S. 287]. Ebenso gibt es eine Verbindung zwischen der Zetafunktion und den Bernoulli-Zahlen. Für jede natürliche Zahl n gilt

$$\zeta(2n) = (-1)^{n+1}\frac{(2\pi)^{2n}}{2\,(2n)!}B_{2n}$$

(dies wird zum Beispiel in [23] hergeleitet). Im Abschn. 3.6 haben wir bereits entdeckt, dass

$$\sum_{m=1}^{\infty}\frac{1}{m^2} = \frac{\pi^2}{6}$$

ist. Welchen Wert hat die Reihe

$$\sum_{m=1}^{\infty}\frac{1}{m^4}\ ?$$

3.15 Die Riemann'sche Zetafunktion

Im vorhergehenden Abschn. 3.14 haben wir gesehen, dass die Zetafunktion für alle natürlichen Zahlen $k \geq 2$ definiert ist durch

$$\zeta(k) = \sum_{m=1}^{\infty}\frac{1}{m^k} .$$

Außerdem wissen wir, dass

$$\zeta(2) = 1 + \frac{1}{2^2} + \frac{1}{3^2} + \frac{1}{4^2} + \ldots = \frac{\pi^2}{6}$$

[4] Die Bernoulli-Zahlen sind nach Jakob Bernoulli (1654–1705) benannt, dem bedeutende Entdeckungen auf den Gebieten der Wahrscheinlichkeitstheorie und der Infinitesimalrechnung gelangen, hier insbesondere zu Potenzreihen und Differenzialgleichungen.

und

$$\zeta(2n) = (-1)^{n+1} \frac{(2\pi)^{2n}}{2\,(2n)!} B_{2n}$$

gilt.

Im Jahr 1859 zeigte Bernhard Riemann, wie man die Definition von ζ auf die gesamte komplexe Ebene mit Ausnahme des Punktes 1 ausdehnen kann. Für eine komplexe Zahl s mit Realteil größer als 1 setze

$$\zeta(s) = \sum_{m=1}^{\infty} \frac{1}{m^s}\,.$$

Es lässt sich zeigen, dass diese Reihe konvergiert.

Die Reihe

$$\sum_{m=1}^{\infty} \frac{(-1)^{m-1}}{m^s}$$

konvergiert sogar, wenn der Realteil von s nur positiv ist. Da

$$\begin{aligned} \zeta(s) - \sum_{m=1}^{\infty} \frac{(-1)^{m-1}}{m^s} &= \sum_{m=1}^{\infty} \frac{1}{m^s} + \sum_{m=1}^{\infty} \frac{(-1)^m}{m^s} \\ &= \sum_{n=1}^{\infty} \frac{2}{(2n)^s} \\ &= 2^{1-s}\zeta(s) \end{aligned}$$

gilt, folgt

$$\zeta(s) = \frac{1}{1-2^{1-s}} \sum_{m=1}^{\infty} \frac{(-1)^{m-1}}{m^s}\,.$$

Auf diese Weise wird die Definition von $\zeta(s)$ auf diejenige Halbebene erweitert, wo der Realteil von s positiv ist. Riemann zeigte, dass sich die Definition von ζ durch Verwendung der folgenden Funktionalgleichung auf die gesamte komplexe Ebene mit Ausnahme des Punktes $s = 1$ ausdehnen lässt:

$$\zeta(s) = 2^s \pi^{s-1} \sin\left(\frac{\pi s}{2}\right) \Gamma(1-s)\,\zeta(1-s), \qquad \operatorname{Re} s < 0\,.$$

Hier steht $\Gamma(z)$ für die Gammafunktion, die Verallgemeinerung der Fakultät, der wir im Abschn. 3.9 begegnet sind:

$$\Gamma(z) = \int_0^{\infty} t^{z-1} e^{-t}\,dt\,.$$

Wie Sie sich erinnern werden, gilt $\Gamma(n) = (n-1)!$, wenn n eine natürliche Zahl ist.

Als Übungsaufgabe können Sie die Funktionalgleichung verwenden, um zu zeigen, dass

$$\zeta(-1) = -\frac{1}{12}$$

ist.

Die erweiterte Definition von $\zeta(s)$ ergibt eine differenzierbare Funktion. Aus der Funktionentheorie folgt, dass sie eindeutig bestimmt ist.

Die Riemann'sche Zetafunktion besitzt auch eine Verbindung zu den Primzahlen, wie an der Formel

$$\zeta(s) = \sum_{m=1}^{\infty} \frac{1}{m^s} = \prod_p \frac{1}{1-p^s}, \qquad \operatorname{Re} s > 1\,,$$

zu erkennen ist, in der das Produkt über alle Primzahlen p läuft. Um die Gültigkeit dieser Formel einzusehen, können Sie die Summenformel der geometrischen Reihe

$$\frac{1}{1-p^s} = 1 + p^s + p^{2s} + p^{3s} + \ldots$$

verwenden und sich überlegen, was passiert, wenn solche Reihen für verschiedene Primzahlen zusammenmultipliziert werden.

3.16 Die Jacobi-Identität

Betrachten Sie die Menge der $(n \times n)$-Matrizen mit reellen Komponenten. Obgleich wir Matrizen addieren und multiplizieren können, ist ihre Multiplikation bei $n > 1$ nicht kommutativ. Beispielsweise ist

$$\begin{bmatrix} 1 & 1 \\ 1 & 2 \end{bmatrix} \begin{bmatrix} 1 & 2 \\ 1 & 1 \end{bmatrix} = \begin{bmatrix} 2 & 3 \\ 3 & 4 \end{bmatrix},$$

aber

$$\begin{bmatrix} 1 & 2 \\ 1 & 1 \end{bmatrix} \begin{bmatrix} 1 & 1 \\ 1 & 2 \end{bmatrix} = \begin{bmatrix} 3 & 5 \\ 2 & 3 \end{bmatrix}.$$

Wir können jedoch eine Matrizenmultiplikation definieren, die *anti*kommutativ ist. Dazu definieren wir das „Klammerprodukt" zweier quadratischer Matrizen derselben Größe, A und B, mittels

$$[A, B] = AB - BA\,.$$

Dann gilt

$$[B, A] = BA - AB = -[A, B]\,.$$

Mit dieser Definition der Multiplikation ist in der Menge der Matrizen die *Jacobi-Identität*[5] erfüllt:

$$[A, [B, C]] + [B, [C, A]] + [C, [A, B]] = 0\,.$$

Lassen Sie uns das nachrechnen:

$$\begin{aligned}
&[A, [B, C]] + [B, [C, A]] + [C, [A, B]] \\
&= [A, BC - CB] + [B, CA - AC] + [C, AB - BA] \\
&= A\,(BC - CB) - (BC - CB)\,A + B\,(CA - AC) \\
&\quad - (CA - AC)\,B + C\,(AB - BA) - (AB - BA)\,C \\
&= ABC - ACB - BCA + CBA + BCA - BAC \\
&\quad - CAB + ACB + CAB - CBA - ABC + BAC \\
&= 0\,.
\end{aligned}$$

Eine *Algebra* ist ein Vektorraum, in dem wir Vektoren multiplizieren können. Eine Algebra ist *bilinear*, wenn sie

$$[ra + sb, c] = r\,[a, c] + s\,[b, c]$$

und

$$[a, rb + sc] = r\,[a, b] + s\,[a, c]$$

für alle Skalare (Elemente des Grundkörpers) r und s und alle Vektoren a, b und c erfüllt. Es lässt sich leicht zeigen, dass das Jacobi-Produkt eine bilineare Algebra erzeugt.

Eine Algebra mit einer bilinearen antikommutativen Multiplikation, für welche die Jacobi-Identität gilt, heißt *Lie-Algebra* nach Sophus Lie (1842–1899). Lie-Algebren sind nicht assoziativ: Die Identität

$$[a, [b, c]] = [[a, b]\,, c]$$

ist nicht erfüllt.

Ein anderes, vielleicht geläufigeres Beispiel einer Lie-Algebra ist durch das Kreuzprodukt $[u, v] = u \times v$ zweier Vektoren im dreidimensionalen euklidischen Raum gegeben. Wie Sie durch direktes Nachrechnen prüfen können, erfüllt das Kreuzprodukt die Jacobi-Identität; alternativ können Sie auch die Identität $a \times (b \times c) = (a \cdot c)b - (a \cdot b)c$ für dreidimensionale reelle Vektoren a, b und c benutzen.

Lie-Algebren spielen eine wichtige Rolle in der Quantenmechanik. Eine sehr verständliche Einführung in die Lie-Algebren im Kontext des euklidischen Raums ist [51].

---

[5] Die Jacobi-Identität stammt von Carl Gustav Jacob Jacobi (1804–1851), einem der einflussreichsten Mathematiker des 19. Jahrhunderts.

3.17 Entropie

Stellen Sie sich vor, Sie hätten eine Gans, die goldene, silberne und bronzene Eier legt. Sie legt jeden Tag ein Ei, und Sie wissen vorher nicht, was für ein Ei es sein wird. An der Hälfte der Tage legt sie goldene Eier, an einem Viertel der Tage silberne und am letzten Viertel bronzene. Ihr Nachbar hat eine Gans, die ebenfalls ein Ei pro Tag legt, und zwar legt sie mit gleicher Wahrscheinlichkeit goldene, silberne und bronzene Eier. Es besteht Unsicherheit darüber, welche Eier die Gänse an einem gegebenen Tag produzieren. Doch wie groß ist diese Unsicherheit? Welche Gans ist unberechenbarer?

Wir werden eine mathematische Definition von Unsicherheit geben und diese anwenden, um die Ungewissheit Ihrer Gans und der Ihres Nachbarn zu messen.

Wir sagen, dass eine *Quelle* eine Menge S von Ergebnissen ist, die mit unterschiedlichen Wahrscheinlichkeiten auftreten können; und zwar sollen die Ergebnisse $x_1, x_2, \ldots, x_n$ jeweils mit den Wahrscheinlichkeiten $p_1, p_2, \ldots, p_n$ vorkommen, wobei die Wahrscheinlichkeiten nichtnegative reelle Zahlen sind, deren Summe 1 ist.

Im Jahr 1948 definierte Claude E. Shannon (1916–2001), der Begründer der Informationstheorie, die Entropie H einer Quelle als

$$H(S) = -\sum_{i=1}^{n} p_i \log p_i \,.$$

Entropie ist ein gewichtetes Mittel der Logarithmen der Ereigniswahrscheinlichkeiten. Die Logarithmen normalisieren die Wahrscheinlichkeiten, sodass alle Berechnungen in zweckmäßigen Informationseinheiten namens *Bits* (Binärziffern) durchgeführt werden können; in der Informationstheorie werden alle Berechnungen mit dem Logarithmus zur Basis 2 durchgeführt.

Wir wollen nun die Entropie der beiden magischen Gänse berechnen. Ihre Gans legt Eier mit der Entropie

$$H(\text{Ihre Gans}) = -\frac{1}{2}\log_2\frac{1}{2} - \frac{1}{4}\log_2\frac{1}{4} - \frac{1}{4}\log_2\frac{1}{4} = 1{,}5 \text{ Bits}\,.$$

Die Gans Ihres Nachbarn legt Eier mit der Entropie

$$H(\text{Nachbars Gans}) = -\frac{1}{3}\log_2\frac{1}{3} - \frac{1}{3}\log_2\frac{1}{3} - \frac{1}{3}\log_2\frac{1}{3} \approx 1{,}58 \text{ Bits}\,.$$

Demnach ist die Gans Ihres Nachbarn um ungefähr 0,08 Bits unberechenbarer als Ihre Gans. Das Maximum der Entropie tritt dann ein, wenn alle Ereignisse gleich wahrscheinlich sind.

Shannon bewies die beiden Hauptsätze der Informationstheorie.

Shannons erster Satz besagt, dass bei der kompaktesten Methode, eine gegebene Informationsquelle mit Nullen und Einsen zu codieren, im Mittel ein Codewort benötigt wird, dessen Länge gleich der Entropie der Quelle ist. Wenn Sie also in unserem Beispiel mit den Gänsen und den teuren Eiern täglich in ein Buch eintragen wollen, welches Ei jeweils gelegt worden ist, dann werden Sie dafür durchschnittlich 1,5 Binärsymbole pro Tag benötigen, unabhängig davon, auf welche Weise Sie die Ergebnisse codieren. Ihr Nachbar wird durchschnittlich 1,58 Symbole pro Tag benötigen.

Shannons zweiter Satz besagt, dass wir bei Informationen, die über einen verrauschten Kanal geschickt werden, stets einen Code konstruieren können, der die Nachrichten mit nahezu perfekter Genauigkeit übertragen kann; dies allerdings langsamer, als es ohne Verwendung von Codes möglich ist. Diese Übertragungsrate hängt von einer Größe ab, die Kanalkapazität heißt und mithilfe der Entropie definiert wird ([15]).

Zu seiner informationstheoretischen Definition der Entropie wurde Shannon durch verschiedene Vorarbeiten geleitet. Rudolf Julius Emanuel Clausius (1822–1888) führte das Konzept der Entropie in die Thermodynamik ein, Ludwig Eduard Boltzmann (1844–1906) drückte sie in der Sprache der Mathematik aus, und Josiah Willard Gibbs (1839–1903) beschrieb Entropie als den Grad der Zufälligkeit. Die Arbeiten von Shannons Vorgängern halfen ihm bei der Formulierung seiner eigenen Ideen.

3.18 Turmpfade

Beim Schachspiel kann ein Turm innerhalb eines Zuges eine beliebige Anzahl an Feldern horizontal oder vertikal ziehen. Wie viele verschiedene Pfade kann ein Turm nehmen, wenn er auf einem Schachbrett mit 8×8 Feldern vom Feld in der linken unteren Ecke zum Feld rechts oben gehen will, vorausgesetzt dass er sich jedes Mal nach rechts oder nach oben bewegt? Ein Beispiel eines solchen Turmpfades ist in Abb. 3.5 dargestellt.

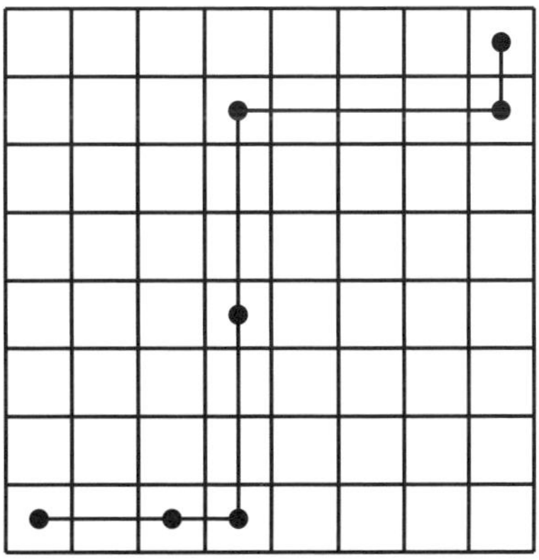

Abb. 3.5 Ein Turmpfad

⋮	⋮	⋮	⋮	⋮	⋮	⋮	⋮	
64	320	1 328	4 864	16 428	52 356	159 645	470 010	…
32	144	560	1 944	6 266	19 149	56 190	159 645	…
16	64	232	760	2 329	6 802	19 149	52 356	…
8	28	94	289	838	2 329	6 266	16 428	…
4	12	37	106	289	760	1 944	4 864	…
2	5	14	37	94	232	560	1 328	…
1	2	5	12	28	64	144	320	…
1	1	2	4	8	16	32	64	…

Abb. 3.6 Anzahlen von Turmpfaden

Wir wollen also Pfade in einem Gitter zählen, die von $(0, 0)$ zu (n, n) führen und bei denen jeder Schritt die Form $(x, 0)$ oder $(0, y)$ mit natürlichen Zahlen x und y hat.

Die Lösung des Problems der Turmpfade besteht darin, es auf das Problem zu verallgemeinern, die Anzahl der Pfade von $(0, 0)$ zu irgendeinem Feld auf einem beliebig großen Brett zu finden, mit anderen Worten, zu irgendeinem Punkt (m, n). Für $m, n \geq 0$ sei $r(m, n)$ die Anzahl dieser Pfade. Wir setzen $r(0, 0) = 1$. Aufgrund der Symmetrie gilt $r(m, n) = r(n, m)$. Wenn m oder n positiv sind, dann ist $r(m, n)$ gleich der Summe aus den r-Werten für alle vertikalen und horizontalen Vorgänger von (m, n), da der Turm das Feld (m, n) nur von einem Feld betreten kann, das links oder unterhalb davon liegt. Beispielsweise ist $r(3, 2) = (2{+}5{+}14){+}(4{+}12) = 37$. In der Tabelle in Abb. 3.6 sehen wir, dass die Anzahl der Turmpfade von der linken unteren zur rechten oberen Ecke eines $(8{\times}8)$-Schachbretts gleich $r(7, 7) = 470.010$ ist.

Hier haben wir also $r(m, n)$ mittels einer variablen Anzahl von Vorgängertermen bestimmt. Es gibt jedoch eine Rekursionsrelation, die nur drei der vorhergehenden Terme benötigt:

$$r(0,0) = 1,\ r(0,1) = 1,\ r(1,0) = 1,\ r(1,1) = 2\,;$$

$$r(m,n) = 2r(m-1,n) + 2r(m,n-1) - 3r(m-1,n-1),\quad m \geq 2 \text{ oder } n \geq 2\,.$$

(Dabei setzen wir voraus, dass $r(m, n) = 0$ ist, wenn m oder n negativ sind.) Die Rekursionsformel kann mithilfe des Prinzips von Inklusion und Exklusion bewiesen werden und ist eine Übungsaufgabe in Kap. 9.

Die Rekursionsformel führt zu einer rationalen erzeugenden Funktion für die doppelt-unendliche Folge $\{r(m, n)\}$, nämlich

$$\sum_{m \geq 0,\, n \geq 0} r(m,n)\, x^m\, y^n = \frac{(1-x)\,(1-y)}{1 - 2\,(x+y) + 3xy}\,.$$

Die Form des Nenners ergibt sich aufgrund der Rekursionsrelation. Den Zähler erhält man durch Multiplikation des Nenners mit dem Polynom, das die Anfangswerte repräsentiert, also $1+x+y+2xy$, wobei man nur die Terme aufschreibt, bei denen x und y beide einen Exponenten kleiner als 2 haben.

Eine andere Möglichkeit, zu der erzeugenden Funktion für Turmpfade zu kommen, besteht darin, mit der erzeugenden Funktion $1/(1-x-y)$ zu beginnen, welche die Folgen der Länge n mit einer gewissen Anzahl an Symbolen x und einer komplementären Anzahl an Symbolen y zählt (sodass die Gesamtzahl der x und y gleich n ist). Bei den Turmpfaden erlauben wir beliebige Schrittweiten in beide Richtungen, was darauf hinausläuft, x durch $x/(1-x)$ und y durch $y/(1-y)$ zu ersetzen. Demnach ist die erzeugende Funktion für Turmpfade gleich

$$\frac{1}{1-(x/(1-x))-(y/(1-y))} .$$

Wir können die Turmpfade auf drei Dimensionen verallgemeinern. Auf wie vielen Pfaden kann sich ein Turm von $(0,0,0)$ nach (m,n,o) bewegen, wenn jeder Schritt ein natürliches Vielfaches von $(1,0,0)$, $(0,1,0)$ oder $(0,0,1)$ ist?

Die erzeugende Funktion für dreidimensionale Turmpfade ist

$$\frac{(1-x)(1-y)(1-z)}{1-2(x+y+z)+3(xy+yz+zx)-4xyz} .$$

In d Dimensionen hat die Anzahl der Turmpfade vom Ursprung zu einem Punkt auf der Hauptdiagonalen die asymptotische Darstellung ([16])

$$r(n,\ldots,n) \sim (d+1)^{dn-1}\, d^{(d+2)/2}\, (2\pi n\,(d+2))^{(1-d)/2} .$$

Es ist überraschend, dass die Zahl π in der Formel auftaucht.

Manuel Kauers und Doron Zeilberger haben vermutet, dass für festes n die Anzahl der Turmpfade vom Ursprung zu einem Punkt auf der Hauptdiagonalen bei großem d asymptotisch gleich ist zu

$$r(n,\ldots,n) \sim e^{n-1}\frac{(nd)!}{n!^d} .$$

Es bezeichne nun $r_n = r(n,n)$ die Anzahl der Turmpfade von $(0,0)$ zu dem Diagonalpunkt (n,n). Die erzeugende Funktion für die Folge $\{r_n\} = \{1, 2, 14, 106, 838, \ldots\}$ lautet

$$\sum_{n=0}^{\infty} r_n x^n = \frac{1}{2}\left(1+\sqrt{\frac{1-x}{1-9x}}\right) .$$

Für solche Pfade gibt es auch eine Rekursionsgleichung:

$$r_0 = 1,\ r_1 = 2\,;$$
$$r_n = ((10n-6)\,r_{n-1} - (9n-18)\,r_{n-2})\,/\,n, \quad n \geq 2 .$$

Für diese Rekursionsgleichung ist kein Beweis bekannt, der auf direktem Abzählen beruht.

Bei dreidimensionalen Turmpfaden erfüllt die Folge $\{r_n = r(n,n,n)\}$ die Rekursionsgleichung

$$\begin{aligned}
r_0 &= 1,\ r_1 = 6,\ r_2 = 222,\ r_3 = 9918\,;\\
r_n &= \Big(\big(121n^3 - 212n^2 + 85n + 6\big)\, r_{n-1}\\
&\quad + \big(475n^3 - 3462n^2 + 7853n - 5658\big)\, r_{n-2}\\
&\quad + \big(-1746n^3 + 14.580n^2 - 40.662n + 37.908\big)\, r_{n-3}\\
&\quad + \big(1152n^3 - 12.672n^2 + 46.080n - 55.296\big)\, r_{n-4}\Big) \,/\, \big(2n^3 - 2n^2\big)\,, \qquad n \geq 4.
\end{aligned}$$

Derartige Rekursionsformeln gibt es in jeder Dimension für Turmpfade zu einem Diagonalpunkt; ihre Ordnungen und die Grade der darin auftretenden Polynome sind im Allgemeinen jedoch nicht bekannt.

Ein Turmpfad ist äquivalent zu einem Nim-Spiel. Beim Nim nehmen zwei Spieler abwechselnd eine beliebige Anzahl an Steinen von einem mehrerer Haufen weg. Das Spiel endet, wenn der letzte Stein entfernt wird. Ein Turmpfad von $(0, 0, \ldots, 0)$ zu $(a_1, a_2, \ldots, a_d)$ ist äquivalent zu einem Nim-Spiel, das mit d Steinhaufen der Größen $a_1, a_2, \ldots, a_d$ beginnt.

Reizvolle Sätze

4

Mathematik ist, als betrachte man ein Haus aus verschiedenen Blickwinkeln.
THOMAS F. STORER (1938–2006)[1]

Mathematiker beweisen Sätze. Wenn ein Satz einmal bewiesen ist, bleibt er für alle Zeiten gültig. Die von den antiken Griechen bewiesenen Sätze sind heute noch genauso wahr, wie sie es vor mehr als zweitausend Jahren waren, und die heute bewiesenen Sätze werden auch dann noch gelten, wenn die Menschheit sich nach Millionen von Jahren zu einer neuen Spezies weiterentwickelt hat. In diesem Kapitel werden wir einige reizvolle und manchmal überraschende Sätze präsentieren.

4.1 Ein Quadrat in jedem Dreieck

Es sei ein beliebiges Dreieck gegeben. Ist es dann stets möglich, ihm ein Quadrat einzubeschreiben? Dabei fordern wir, dass eine Seite des Quadrats auf einer Dreiecksseite liegt und dass seine anderen beiden Ecken die anderen beiden Dreiecksseiten berühren.

Die Antwort lautet „ja" aufgrund eines Ähnlichkeitsarguments. Setzen Sie das Dreieck so auf ein Quadrat wie für $\triangle ABC$ in Abb. 4.1 gezeigt. Nun verlängern Sie die anderen beiden Seiten von $\triangle ABC$ bis zur Grundlinie, auf der das Quadrat steht. Damit erhalten Sie ein Dreieck, welches zu dem ursprünglichen Dreieck ähnlich ist und welches das Quadrat wie gefordert enthält. Ändern Sie nun noch den Maßstab des gesamten Diagramms so, dass das konstruierte Dreieck dieselbe Größe hat wie das gegebene Dreieck – und wir sind fertig. Beachten Sie, dass die Seite des Dreiecks, die wir auf das Quadrat setzen, so gewählt sein muss, dass ihre Höhe innerhalb des Dreiecks liegt. Damit haben wir den Satz bewiesen:

Satz *Zu einem beliebigen Dreieck existiert ein ihm einbeschriebenes Quadrat.*

[1] Tom Storer, der erste indianische Ureinwohner, der einen Doktortitel in Mathematik erhielt, war der Doktorvater des Autors.

M. Erickson, *Mathematische Appetithäppchen*, DOI 10.1007/978-3-662-45459-6_4

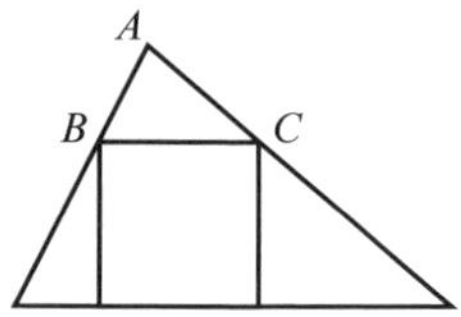

Abb. 4.1 Ein Quadrat, das einem Dreieck einbeschrieben wurde

In dem Beweis sind wir rückwärts vorgegangen, indem wir mit dem einzuschreibenden Quadrat begonnen und um es herum ein Dreieck konstruiert haben. Diese Idee, in einer geometrischen Konstruktion rückwärts vorzugehen, wird in eindrucksvoller Weise auch im Beweis des nächsten Satzes verwendet.

Übrigens ist es möglich, das einem Dreieck einbeschriebene Quadrat mit Zirkel und Lineal zu konstruieren. Wie lässt sich diese Konstruktion durchführen?

4.2 Morleys Satz

Einer der schönsten Sätze der ebenen Geometrie wurde erst vor relativ kurzer Zeit, nämlich vor etwas über hundert Jahren entdeckt.

Satz von Morley *In jedem Dreieck bilden die drei Schnittpunkte benachbarter Teilungslinien einer Dreiteilung der Winkel die Eckpunkte eines gleichseitigen Dreiecks.*[2]

Abbildung 4.2 illustriert den Satz.

Von Paul Erdős (1913–1996) stammt die Legende, dass es in einer platonischen Welt ein Buch gebe, welches zu jedem mathematischen Satz den bestmöglichen Beweis enthalte. Im Jahr 1995 fand John H. Conway einen wunderbaren Beweis für den Satz von Morley, der durchaus in dem von Erdős postulierten Buch enthalten sein kann. Conways Beweis ist elegant, einprägsam, und für die zugehörige Skizze benötigt man nur sechs zusätzliche Linien. Zudem bedient sich der Beweis der hübschen Methode, mit einem gleichseitigen Dreieck zu beginnen und dann rückwärts vorzugehen, indem ein Dreieck konstruiert wird, das zu dem gegebenen Dreieck ähnlich ist – so wie der Beweis im Abschn. 4.1.

Den Spuren Conways folgend, setzen wir für einen beliebigen Winkel θ:

$$\theta^+ = \theta + 60^\circ \quad \text{und} \quad \theta^{++} = \theta + 120^\circ.$$

Das gegebene Dreieck habe die Winkel 3α, 3β und 3γ, sodass $\alpha + \beta + \gamma = 60^\circ$ gilt. Wir beginnen mit einem gleichseitigen Dreieck beliebiger Größe wie in Abb. 4.3.

[2] Der Satz von Morley, ein Juwel der Geometrie, wurde im Jahr 1899 von Frank Morley (1860–1937) entdeckt. Morley arbeitete auf den Gebieten der Algebra und der Geometrie. Es ist nicht möglich, die Teilungslinien der Dreiteilung eines beliebigen Winkels nur mit Zirkel und Lineal zu konstruieren. Gehört Morleys Satz zur euklidischen Geometrie?

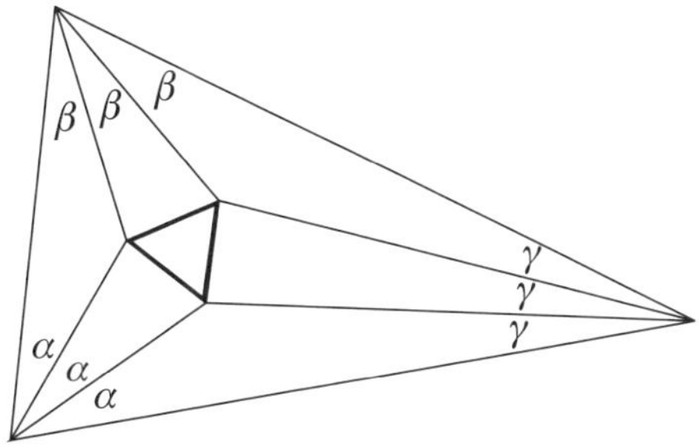

Abb. 4.2 Morleys Satz (mit dem gleichseitigen Dreieck hervorgehoben in der Mitte)

Abb. 4.3 Ein gleichseitiges Dreieck

Als Nächstes fügen wir drei Dreiecke hinzu, mit Winkeln wie in Abb. 4.4 gezeigt und mit Seitenlängen, die dadurch bestimmt sind, dass die hervorgehobenen Seiten mit denen des gleichseitigen Dreiecks übereinstimmen.

Wir können leicht überprüfen, dass diese Winkel tatsächlich Dreiecke ergeben. Beispielsweise gilt

$$\alpha + \beta^{+} + \gamma^{+} = (\alpha + \beta + \gamma) + 60^\circ + 60^\circ = 60^\circ + 60^\circ + 60^\circ = 180^\circ.$$

Die Größe der Dreiecke wird durch die hervorgehobenen Seiten bestimmt.

Schließlich erzeugen wir drei weitere Dreiecke mit Winkeln wie in Abb. 4.5 gezeigt. Wieder müssen wir festlegen, wie groß die Dreiecke sein sollen; und das werden wir gleich tun. Zunächst überprüfen wir, ob die gegebenen Winkel sich wirklich zu Dreiecken zusammenfügen. So haben wir zum Beispiel

$$\alpha + \beta + \gamma^{++} = (\alpha + \beta + \gamma) + 120^\circ = 180^\circ.$$

Um die Größen der neuen Dreiecke festzulegen, ziehen wir Streckenpaare von einer Ecke jeden Dreiecks zur gegenüberliegenden Seite. Nehmen wir dafür als

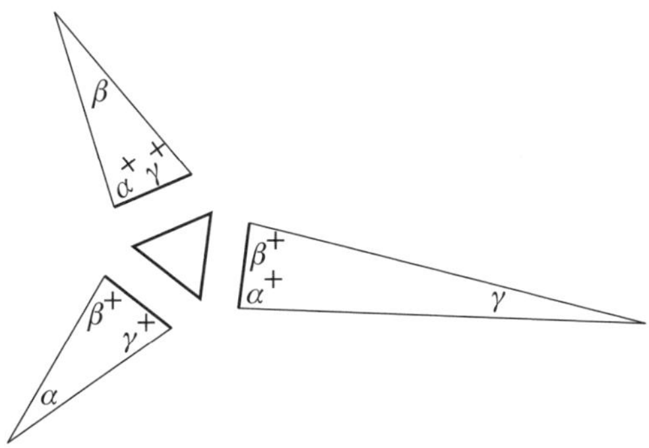

Abb. 4.4 Zu dem gleichseitigen Dreieck hinzugefügte Dreiecke

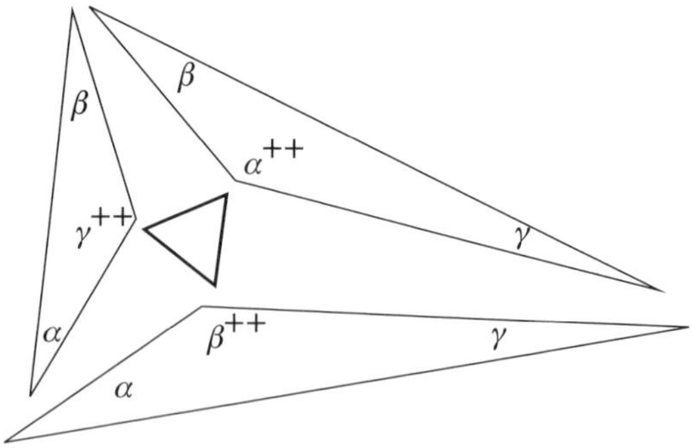

Abb. 4.5 Drei weitere hinzugefügte Dreiecke

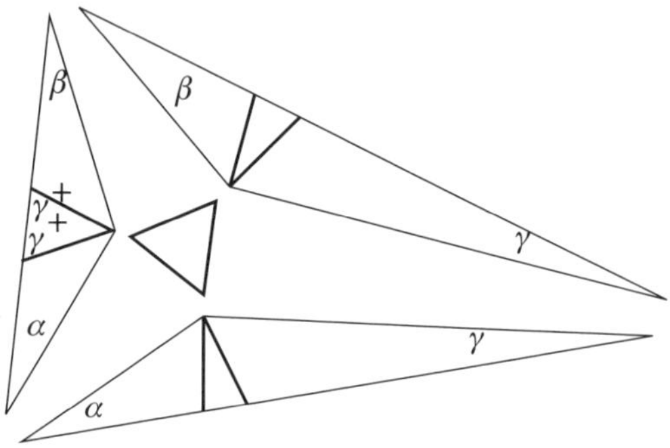

Abb. 4.6 Festlegung der Größe der neuen Dreiecke

Beispiel das Dreieck mit den Winkeln α, β und γ^{++}. Wir ziehen Strecken von der Ecke mit dem Winkel γ^{++} wie in Abb. 4.6 so zur gegenüberliegenden Seite, dass die gekennzeichneten Winkel beide gleich γ^{+} sind. Die Strecken sollen dieselbe Länge wie eine Seite des gleichseitigen Dreiecks haben. Damit ist die Größe dieses Dreiecks bestimmt. Das Diagramm sieht etwas anders aus, wenn einer der Winkel des ursprünglichen Dreiecks rechtwinklig oder stumpf ist. Bei $3\gamma > 90°$ ist zum Beispiel $\gamma^{+} > 90°$. Wie ändert sich dadurch das Bild?

Wir behaupten nun, dass die auf diese Weise erzeugten sieben Dreiecke so zusammenpassen, dass ein Dreieck entsteht, welches zum gegebenen Dreieck ähnlich ist (Abb. 4.7). Weil für das neue Dreieck die Behauptung gilt und weil das ursprüngliche Dreieck beliebig war, haben wir damit die Behauptung für alle Dreiecke bewiesen.

Um zu zeigen, dass die Dreiecke zusammenpassen, müssen wir beweisen, dass sich die vier Winkel um jede Ecke des gleichseitigen Dreiecks zu 360° aufaddieren. Ich überlasse Ihnen das als Übungsaufgabe. Wir müssen außerdem prüfen, dass die Seiten zusammenpassen. Die Dreiecke, die jeweils an eine Seite des gleichseitigen Dreiecks stoßen, passen deshalb, weil die gemeinsamen Seiten nach Konstruktion dieselbe Länge haben wie die Seiten des gleichseitigen Dreiecks. Um zu sehen, dass die drei anderen Dreiecke sich ebenfalls in das Diagramm fügen, beachten Sie, dass die beiden schattierten Dreiecke kongruent sind (da sie dieselben Winkel und ein Paar sich entsprechender kongruenter Seiten besitzen); also kann man die

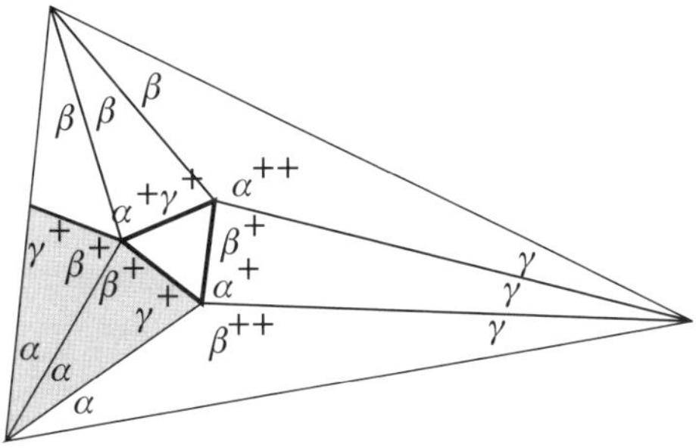

Abb. 4.7 Alle Dreiecke zusammengefügt

beiden schattierten Dreiecke an einer gemeinsamen Seite aneinanderlegen. Wenn wir diese Überlegungen für alle fünf analogen Fälle durchgeführt haben, ist der Beweis komplett.

Weitere Beweise des Satzes von Morley finden Sie in [26]. Es gibt viele Arten von Beweisen, darunter auch einer, bei dem komplexe Zahlen verwendet werden; ich denke jedoch, dass der Beweis von Conway der einfachste ist.

4.3 Die Euler'sche Gerade

Zu jedem Dreieck gehören verschiedene ausgezeichnete Punkte. Vier davon sind besonders bekannt. Der *Höhenschnittpunkt* (auch Orthozentrum genannt) H ist der Schnittpunkt der drei Höhen. Der *Schwerpunkt* S ist der Schnittpunkt der drei Seitenhalbierenden. Der *Umkreismittelpunkt* U (der Mittelpunkt des Umkreises durch die drei Ecken des Dreiecks) ist der Schnittpunkt der Mittelsenkrechten der drei Seiten des Dreiecks. Der *Inkreismittelpunkt* I (der Mittelpunkt des dem Dreieck einbeschriebenen Inkreises) ist der Schnittpunkt der Winkelhalbierenden der drei Winkel des Dreiecks.

Leonhard Euler (1707–1783) entdeckte, dass H, S und U kollinear sind. Die Gerade, auf der sie liegen, wird als die *Euler'sche Gerade* bezeichnet. Zudem befindet sich S bei einem Drittel der Strecke von U nach H (Abb. 4.8).

Wir werden einen Vektorbeweis dafür geben. In Vektorenschreibweise können wir Eulers Entdeckung wie folgt darstellen.

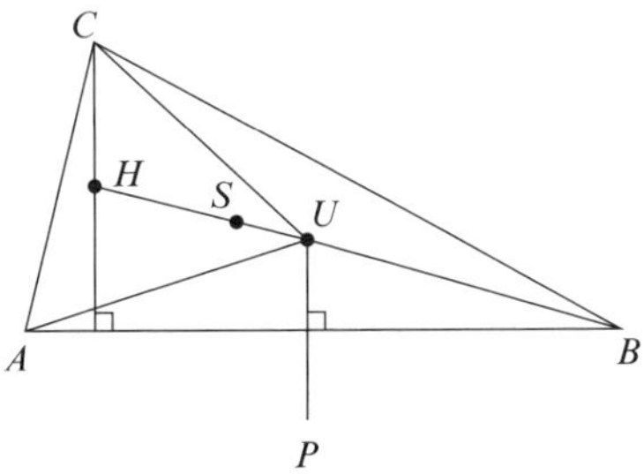

Abb. 4.8 Die Euler'sche Gerade (USH)

Satz *Wenn H, S und U der Höhenschnittpunkt, der Schwerpunkt und der Umkreismittelpunkt eines Dreiecks sind, dann gilt*

$$3\,\overrightarrow{US} = \overrightarrow{UH}.$$

Die Koordinaten des Schwerpunktes sind die Mittelwerte der Koordinaten der drei Ecken des Dreiecks. Daraus folgt

$$\overrightarrow{SA} + \overrightarrow{SB} + \overrightarrow{SC} = \overrightarrow{0}.$$

Aufgrund der Definition der Vektoraddition gilt außerdem

$$\overrightarrow{US} + \overrightarrow{SA} = \overrightarrow{UA},$$
$$\overrightarrow{US} + \overrightarrow{SB} = \overrightarrow{UB},$$
$$\overrightarrow{US} + \overrightarrow{SC} = \overrightarrow{UC}.$$

Wenn wir das aufaddieren, erhalten wir

$$3\,\overrightarrow{US} = \overrightarrow{UA} + \overrightarrow{UB} + \overrightarrow{UC}.$$

Wir werden zeigen, dass die rechte Seite gleich $\overrightarrow{UH}$ ist.

Die Vektorsumme $\overrightarrow{UA} + \overrightarrow{UB}$ ergibt den Diagonalenvektor des Parallelogramms, das von $\overrightarrow{UA}$ und $\overrightarrow{UB}$ aufgespannt wird. Nach Definition des Umkreises haben diese beiden Vektoren dieselbe Länge, sodass das von ihnen aufgespannte Parallelogramm eine Raute ist. Da die Diagonalen einer Raute senkrecht aufeinander stehen, liegt der Vektor $\overrightarrow{UA} + \overrightarrow{UB}$ auf der Geraden UP, welche senkrecht auf der Seite AB steht. Also verläuft $\overrightarrow{UA} + \overrightarrow{UB}$ parallel zur Höhe durch C. Mit der Definition der Vektoraddition folgt, dass der Vektor $\overrightarrow{UA} + \overrightarrow{UB} + \overrightarrow{UC}$ von U auf die Höhe durch C führt. Mit entsprechender Argumentation erhält man, dass der Vektor $\overrightarrow{UA} + \overrightarrow{UB} + \overrightarrow{UC}$ von U auch zu den Höhen durch A und B führt. Da H der Schnittpunkt dieser Höhen ist, folgt $\overrightarrow{UA} + \overrightarrow{UB} + \overrightarrow{UC} = \overrightarrow{UH}$.

4.4 Satz von Monge

Satz *Gegeben seien drei Kreise in der Ebene mit unterschiedlichen Radien, sodass keiner innerhalb eines anderen liegt. Dann sind die drei Schnittpunkte der beiden gemeinsamen äußeren Tangenten jeweils zweier Kreise kollinear.*[3]

Abbildung 4.9 zeigt die Bestandteile dieses Satzes.

[3] Dieser Satz wird Gaspard Monge (1746–1818) zugeschrieben, dem Erfinder der darstellenden Geometrie.

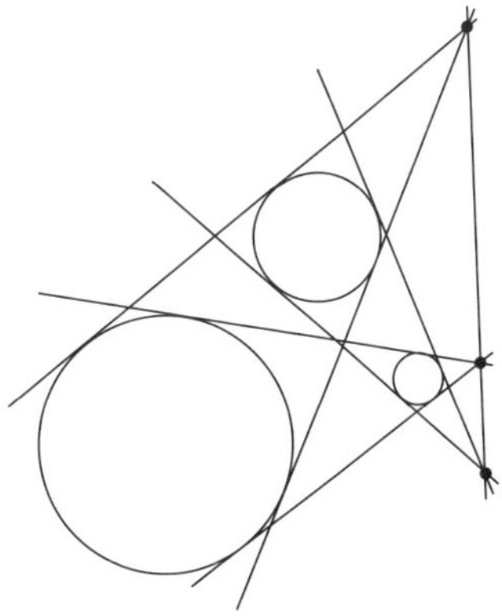

Abb. 4.9 Die Kreise, gemeinsamen äußeren Tangenten und kollinearen Punkte von Monges Satz

Die Kreise seien mit K_1, K_2, K_3 bezeichnet, ihre Mittelpunkte seien $\mathbf{m}_1$, $\mathbf{m}_2$, $\mathbf{m}_3$ und ihre Radien r_1, r_2, r_3. Für $1 \leq i < j \leq 3$ sei $\mathbf{p}_{ij}$ der Schnittpunkt der äußeren Tangenten an die Kreise K_i und K_j. Mithilfe ähnlicher Dreiecke können Sie sich überzeugen, dass

$$\mathbf{p}_{ij} = \mathbf{m}_i + \frac{r_i}{r_i - r_j}\left(\mathbf{m}_j - \mathbf{m}_i\right) = \frac{r_i\mathbf{m}_j - r_j\mathbf{m}_i}{r_i - r_j}$$

gilt. Daraus folgt

$$r_1\,(r_2 - r_3)\,\mathbf{p}_{23} + r_2\,(r_3 - r_1)\,\mathbf{p}_{13} + r_3\,(r_1 - r_2)\,\mathbf{p}_{12} = \mathbf{0},$$

sodass $\mathbf{p}_{12}$, $\mathbf{p}_{23}$ und $\mathbf{p}_{13}$ kollinear sind, da die skalaren Koeffizienten sich zu 0 addieren.

4.5 Hölder-Mittel

Hölder-Mittel[4] sind Verallgemeinerungen des arithmetischen und des geometrischen Mittels. Sie werden seit fast 200 Jahren untersucht, und dennoch gibt es immer noch interessante offene Fragen dazu; einige Probleme wurden erst vor Kurzem gelöst.

Eine reellwertige Funktion f ist *konvex* auf einem Intervall I, wenn

$$f((1-\lambda)a + \lambda b) \leq (1-\lambda)f(a) + \lambda f(b)$$

für alle $a, b \in I$ und alle $0 \leq \lambda \leq 1$ gilt.

Eine einfache Anwendung der Differenzialrechnung zeigt, dass f konvex auf I ist, falls $f''(x) \geq 0$ für alle $x \in I$ gilt. Beispielsweise ist die Funktion $f(x) = -\ln x$ konvex auf dem Intervall $(0, \infty)$.

[4] Nach Otto Hölder (1859–1937) benannt, der Beiträge zur Analysis und zur Gruppentheorie leistete.

Wenn eine Funktion konvex ist, dann erfüllt sie eine Ungleichung, die von Johan Jensen (1859–1925) stammt:

Satz (Jensen'sche Ungleichung) *Es sei f konvex auf I. Für $a_1, \ldots, a_n \in I$ und für nichtnegative reelle Zahlen $\lambda_1, \ldots, \lambda_n$ mit $\lambda_1 + \ldots + \lambda_n = 1$ gilt dann*

$$f\left(\sum_{i=1}^{n} \lambda_i a_i\right) \leq \sum_{i=1}^{n} \lambda_i f(a_i).$$

Der Beweis wird mittels vollständiger Induktion über n geführt.

Es seien nun $a_1, \ldots, a_n$ positive Zahlen und $w_1, \ldots, w_n$ ebenfalls positive Zahlen (Gewichte) mit $\sum w_i = 1$. Für $-\infty \leq r \leq \infty$ setzen wir

$$M_r = \begin{cases} \left(\sum_{i=1}^{n} w_i a_i^r\right)^{1/r} & \text{für } -\infty < r < \infty,\ r \neq 0, \\ \prod_{i=1}^{n} a_i^{w_i} & \text{für } r = 0\,, \\ \max\{a_i\} & \text{für } r = \infty\,, \\ \min\{a_i\} & \text{für } r = -\infty\,. \end{cases}$$

Wir nennen M_r das r-te Hölder-Mittel der Zahlen $a_1, \ldots, a_n$ mit Gewichten $w_1, \ldots, w_n$. Falls nötig, können wir die Zahlen a_i auch explizit darstellen, indem wir $M_r(a_1, a_2, \ldots, a_n)$ schreiben.

Die Funktionen M_r mit $r = -1$, 0, 1 und 2 werden auch als *harmonisches Mittel* (HM), *geometrisches Mittel* (GM), *arithmetisches Mittel* (AM) und *quadratisches Mittel* (QM) bezeichnet:

$$M_{-1} = \frac{1}{\sum_{i=1}^{n} w_i / a_i}\,,$$

$$M_0 = \prod_{i=1}^{n} a_i^{w_i}\,,$$

$$M_1 = \sum_{i=1}^{n} w_i a_i\,,$$

$$M_2 = \left(\sum_{i=1}^{n} w_i a_i^2\right)^{1/2}.$$

Wenn wir die Jensen'sche Ungleichung auf die konvexe Funktion $f(x) = -\ln x$ anwenden, erhalten wir die Ungleichung vom arithmetischen und geometrischen Mittel (kurz *AGM-Ungleichung*) mit Gewichten:

$$M_0 \leq M_1\,.$$

Oft ist der Spezialfall der AGM-Ungleichung nützlich, bei dem alle Gewichte gleich sind:
$$(a_1 \cdots a_n)^{1/n} \le \frac{a_1 + \ldots + a_n}{n}$$
für positive Zahlen $a_1, \ldots, a_n$. Gleichheit gilt dann und nur dann, wenn alle a_i gleich sind.

Satz (Hölder-Mittel) *Es seien $a_1, \ldots, a_n, w_1, \ldots, w_n$ fest. Dann ist M_r* für $-\infty \le r \le \infty$ *eine stetige und monoton wachsende Funktion von r. Wenn nicht alle a_i gleich sind, ist M_r sogar streng monoton wachsend.*

Hier ist ein Beweis. Im Fall $0 < r < s < \infty$ setze $t = s/r > 1$ und $f(x) = x^t$ für $x > 0$. Wir haben $f''(x) = t(t-1)x^{t-2} \ge 0$, sodass f eine konvexe Funktion ist. Mit der Jensen'schen Ungleichung folgt
$$f\left(\sum_{i=1}^n w_i a_i^r\right) \le \sum_{i=1}^n w_i f(a_i^r) \,.$$
Das bedeutet
$$\left(\sum_{i=1}^n w_i a_i^r\right)^{s/r} \le \sum_{i=1}^n w_i a_i^s$$
und damit
$$\left(\sum_{i=1}^n w_i a_i^r\right)^{1/r} \le \left(\sum_{i=1}^n w_i a_i^s\right)^{1/s} ,$$
sodass $M_r \le M_s$ gezeigt ist.

Im Falle $0 < r < \infty$ wenden wir die AGM-Ungleichung auf $a_1^r, \ldots, a_n^r$ an und erhalten
$$\left(\sum_{i=1}^n w_i a_i^r\right)^{1/r} \ge \prod_{i=1}^n a_i^{w_i} \,.$$
Also ist $M_0 \le M_r$.

Der Fall $-\infty < r < s \le 0$ ist dann durch diese Ergebnisse sowie die Identität
$$M_{-r}(a_1, \ldots, a_n) = (M_r(1/a_1, \ldots, 1/a_n))^{-1}$$
abgedeckt.

Für $0 < r < \infty$ gilt
$$M_r \le \left(\sum_{i=1}^n w_i \max\{a_i\}^r\right)^{1/r} = \max\{a_i\} = M_\infty \,.$$
Entsprechend erhält man $M_{-\infty} \le M_r$ für $-\infty < r < 0$. Also ist M_r eine wachsende Funktion von r. Es ist leicht zu zeigen, dass sogar strenge Monotonie vorliegt, wenn nicht $a_1 = a_2 = \ldots = a_n$ ist.

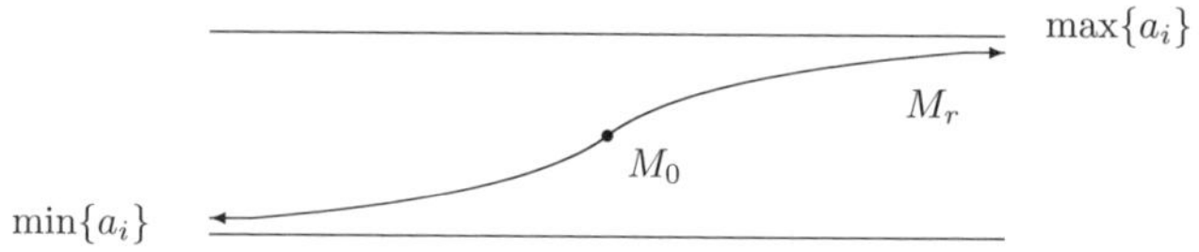

Abb. 4.10 Eine typische Kurve für M_r

Als Verknüpfung stetiger Funktionen ist M_r stetig auf den Intervallen $(-\infty, 0)$ und $(0, \infty)$. Um zu beweisen, dass M_r stetig für alle $r \in [-\infty, \infty]$ ist, müssen wir noch zeigen, dass M_r stetig an den Punkten 0, ∞ und $-\infty$ ist. Für die Stetigkeit von M_r bei ∞ verwenden wir den Einschnürungssatz. Dass $M_r \leq M_\infty$ gilt, haben wir bereits gezeigt. Wegen

$$M_r \geq \left(w_i \cdot M_\infty^r\right)^{1/r} = (w_i)^{1/r} \cdot M_\infty$$

und $\lim_{r\to\infty}(w_i)^{1/r} = 1$ folgt $\lim_{r\to\infty} M_r = M_\infty$. Also ist M_r stetig bei ∞. Ein ähnlicher Beweis zeigt auch die Stetigkeit von M_r bei $-\infty$. Und schließlich wird die Stetigkeit von M_r bei $r = 0$ gezeigt, indem M_r zwischen M_0 und einer Schranke eingeschnürt wird, die gegen M_0 für $r \to 0$ strebt. Wir betrachten nur den Fall positiver r, da die Behauptung für negative r dann aus der obigen Identität folgt. Wir haben bereits gezeigt, dass $M_0 \leq M_r$ gilt. Aus der AGM-Ungleichung folgt

$$\frac{1}{\sum w_i a_i^r} = \frac{\sum w_i a_i^r \left(\frac{1}{a_i^r}\right)}{\sum w_i a_i^r} \geq \prod_{i=1}^{n} \left(\frac{1}{a_i^r}\right)^{w_i a_i^r / \sum w_i a_i^r} .$$

Wenn wir den Kehrwert und die $1/r$-te Potenz bilden, erhalten wir

$$M_r \leq \left(\prod_{i=1}^{n} a_i^{w_i a_i^r}\right)^{1/\sum w_i a_i^r} .$$

Da diese obere Schranke gegen M_0 für $r \to 0$ strebt, können wir nun die Stetigkeit von M_r an der Stelle 0 folgern.

Damit erhalten wir auch die folgende Kette klassischer Ungleichungen:

$$\min\{a_i\} \leq \mathrm{HM} \leq \mathrm{GM} \leq \mathrm{AM} \leq \mathrm{QM} \leq \max\{a_i\} .$$

Wenn man M_r für verschiedene Werte der Gewichte und Variablen skizziert, könnte man zu dem Schluss kommen, dass die Kurve stets einen einzigen Wendepunkt hat (wo sie von Konvexität zu Konkavität wechselt). Oft sieht die Kurve so aus wie in Abb. 4.10.

Da M_r zwei waagerechte Asymptoten besitzt, hat die Kurve mindestens einen Wendepunkt. Doch gibt es stets genau einen?

Harold Shniad [47] fand das Gegenbeispiel

$$M_r = \left(0{,}1e^r + 0{,}8e^{2r} + 0{,}1e^{3r}\right)^{1/r} .$$

(Wir haben hier die Potenzen der Variablen äquivalent als Exponentialfunktionen geschrieben.) Mit einem Computeralgebrasystem kann man zeigen, dass die zweite Ableitung von M_r ihr Vorzeichen dreimal wechselt, sodass es drei Wendepunkte gibt: M_r'' ist positiv für $r = -2$, negativ für $r = -1$, positiv für $r = 0$ und negativ für $r = 4$.

Im Jahr 2008 zeigten Phan Thanh Nam und Mach Nguyet Minh [44], dass im Fall von zwei Variablen die Funktion M_r tatsächlich konvex-konkav ist (also nur einen Wendepunkt hat). Der Beweis funktioniert, weil die Autoren die komplizierte, aus der zweiten Ableitung entstehende Algebra auf bewundernswerte Weise in den Griff bekommen. Gibt es einen einfacheren Beweis?

Interessant ist auch der Fall mit mehr als zwei Variablen, bei dem alle Gewichte gleich sind. Wenn man zulässt, dass einige Variablen übereinstimmen, kann man Shniads Funktion als Hölder-Mittel mit zehn Variablen und zehn gleichen Gewichten schreiben, sodass auch in diesem Fall eine Kurve mit mehr als einem Wendepunkt entsteht.

Meines Wissens ist die Frage, wann das Hölder-Mittel bei mehr als zwei Variablen und konstanten Gewichten konvex-konkav ist, im Allgemeinen bisher ungelöst.

4.6 Regelmäßiges Siebeneck

Ein regelmäßiges Polygon mit n Seiten ist dann und nur dann mit Zirkel und Lineal konstruierbar, wenn n von der Bauart

$$2^k p_1 \cdots p_m$$

mit $k, m \geq 0$ ist, wobei die p_i verschiedene Primzahlen der Form $2^{2^j} + 1$ mit $j \geq 0$ sind. Derartige Primzahlen heißen *Fermat'sche Primzahlen*, und die einzigen derzeit bekannten sind die Zahlen 3, 5, 17, 257 und 65.537 (jeweils für $j = 0, 1, 2, 3$ und 4).

Wenn wir ein Werkzeug zur Dreiteilung von Winkeln zulassen, dann können noch einige weitere regelmäßige Polygone konstruiert werden.

Satz *Es ist möglich, ein regelmäßiges Siebeneck (oder Heptagon) mithilfe von Zirkel, Lineal und einem Winkel-Dreiteiler zu konstruieren.*

Wir zeigen, dass in der komplexen Ebene ein regelmäßiges (konvexes) Siebeneck konstruiert werden kann. Seine Ecken sind $1, z, z^2, z^3, z^4, z^5$ und z^6 mit $z = e^{2\pi i/7}$ (Abb. 4.11). Die Konstruktion läuft darauf hinaus, eine Strecke der Länge $z + z^6 = z + 1/z = 2\cos(2\pi/7)$ zu konstruieren; dies ist eine reelle Zahl, da es gleich dem Doppelten der Projektion von z auf die reelle Achse ist.

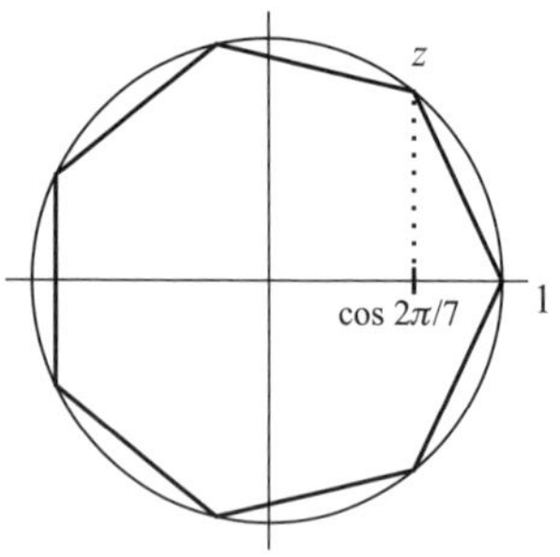

Abb. 4.11 Ein regelmäßiges Siebeneck

Da $z^7 = 1$ ist, haben wir

$$z^6 + z^5 + z^4 + z^3 + z^2 + z + 1 = 0\,.$$

Wenn wir $a = z + 1/z$ setzen (eine reelle Zahl), erhalten wir

$$a^3 + a^2 - 2a - 1 = 0\,.$$

Dieses kubische Polynom ist irreduzibel, und das ist der Grund dafür, warum ein regelmäßiges Siebeneck nicht allein mit Zirkel und Lineal konstruiert werden kann. Wenn eine Strecke konstruierbar ist, muss der Grad ihres Minimalpolynoms eine Zweierpotenz sein.

Um noch den Summanden a^2 zu eliminieren, führen wir die Substitution $a = (b-1)/3$ durch und erhalten

$$b^3 - 21b - 7 = 0\,.$$

Diese Gleichung können wir mithilfe des Additionstheorems für den Kosinus des Dreifachen eines Winkels lösen:

$$\cos 3\theta = 4\cos^3\theta - 3\cos\theta\,.$$

Unser Winkel-Dreiteiler erlaubt es uns, $\cos\theta$ aus $\cos 3\theta$ zu konstruieren. Die Substitution $b = 2\sqrt{7}c$ bringt die Gleichung in die dafür benötigte Form.

Mit Zirkel und Lineal können wir jede rationale Zahl konstruieren und Quadratwurzeln ziehen. Deshalb können wir mit dem Winkel-Dreiteiler a konstruieren und mithilfe von a dann das regelmäßige Siebeneck.

In [20] wird die Konstruktion des regelmäßigen Siebenecks sowie des regelmäßigen Dreizehnecks (Tridekagons) diskutiert. Zudem finden Sie dort die folgende Charakterisierung derjenigen regelmäßigen Polygone, die mit Zirkel, Lineal und Winkel-Dreiteiler konstruiert werden können:

Theorem *Ein regelmäßiges n-Eck kann genau dann mit Zirkel, Lineal und Winkel-Dreiteiler konstruiert werden, wenn n die Form*

$$2^k 3^l p_1 \cdots p_m$$

mit $k, l, m \geq 0$ hat, wobei die p_i verschiedene Primzahlen größer als 3 der Form $2^h 3^j + 1$ mit $h, j \geq 0$ sind.

4.7 Isometrien der Ebene

Eine Isometrie der euklidischen Ebene $\mathbb{R}^2$ ist eine Abbildung $f: \mathbb{R}^2 \to \mathbb{R}^2$, die abstandserhaltend ist, Abstände also nicht verändert:

$$|f(a) - f(b)| = |a - b| \quad \text{für alle } a, b \in \mathbb{R}^2 .$$

Die vier Arten von Isometrien der Ebene sind in Abb. 4.12 dargestellt: Es sind *Translationen* (Parallelverschiebungen), *Drehungen*, *Spiegelungen* (genauer: Achsenspiegelungen) und *Gleitspiegelungen*. Eine Gleitspiegelung ist die Komposition (Hintereinanderausführung) einer Translation und einer Spiegelung, deren Spiegelachse parallel zum Richtungsvektor der Translation verläuft. Translationen und Gleitspiegelungen haben keine Fixpunkte (allerdings bleibt bei einer Gleitspiegelung die Spiegelachse insgesamt fest; und bei einer Translation bleibt jede Gerade fest, die parallel zur Translationsrichtung verläuft), während Drehungen genau einen Fixpunkt haben (das Drehzentrum) und Spiegelungen eine Gerade aus Fixpunkten (die Spiegelachse). Translationen und Drehungen erhalten die Orientierung, während Spiegelungen und Gleitspiegelungen die Orientierung umkehren. Im Folgenden setzen wir nun voraus, dass jede Isometrie der Ebene tatsächlich zu einer dieser vier Arten gehört; wir werden beweisen, dass alle Isometrien durch zwei Familien komplexer Funktionen gegeben sind. Zu diesem Zweck identifizieren wir die euklidische Ebene mit $\mathbb{C}$.

Satz *Jede Isometrie der euklidischen Ebene hat die Gestalt*

$$f(z) = \alpha z + \beta \quad \textit{oder} \quad f(z) = \alpha \bar{z} + \beta \quad \textit{mit } \alpha, \beta \in \mathbb{C},\ |\alpha| = 1 .$$

Die erste Funktion ist eine orientierungserhaltende Isometrie, die zweite kehrt die Orientierung um.

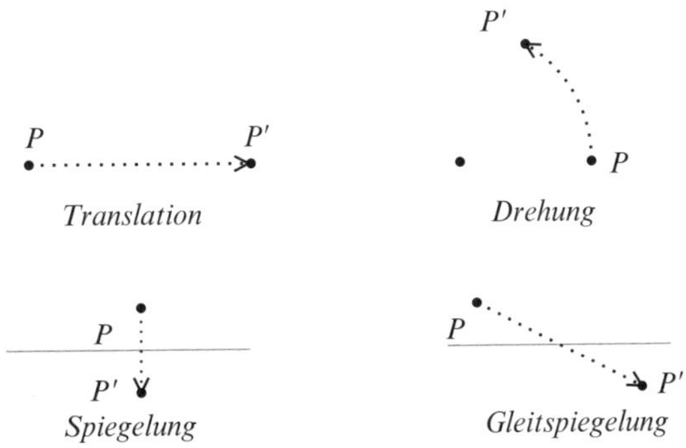

Abb. 4.12 Die vier Arten von Isometrien der euklidischen Ebene

Eine Translation hat die Darstellung

$$f(z) = z + \beta, \quad \beta \in \mathbb{C} \,,$$

wobei β Richtung und Distanz der Verschiebung angibt.

Eine Drehung um den Ursprung hat die Darstellung

$$f(z) = \alpha z, \quad \alpha \in \mathbb{C}, \ |\alpha| = 1 \,.$$

Der Winkel der Drehung ist $\arg \alpha$.

Eine Drehung mit beliebigem Zentrum wird über eine Konjugation dargestellt (Konjugation im gruppentheoretischen Sinne, also eine Abbildung der Gestalt ghg^{-1}), und zwar die Konjugation einer Drehung mit einer Verschiebung:

$$f(z) = \alpha\,(z - \gamma) + \gamma, \quad \alpha, \gamma \in \mathbb{C}, \ |\alpha| = 1 \,.$$

Der Winkel der Drehung ist $\arg \alpha$, und ihr Zentrum ist γ.

Wenn $f(z) = \alpha z + \beta$ mit $\alpha, \beta \in \mathbb{C}$ und $|\alpha| = 1$ ist, dann ist f eine Translation oder eine Drehung. Für $\alpha = 1$ ist f eine Translation, und für $\alpha \neq 1$ ist f die durch

$$f(z) = \alpha \left(z - \frac{\beta}{1-\alpha} \right) + \frac{\beta}{1-\alpha}$$

gegebene Drehung.

Die Spiegelung an der x-Achse wird dargestellt durch

$$f(z) = \overline{z} \,.$$

Um als Nächstes die Spiegelung an einer Geraden durch den Ursprung darzustellen, sei die spiegelnde Gerade durch die komplexe Zahl ω (interpretiert als Vektor) mit $|\omega| = 1$ gegeben. Dann wird die Spiegelung an dieser Geraden wieder durch Konjugation erzielt:

$$f(z) = \omega\overline{(\omega^{-1}z)} = \omega^2\overline{z} \,.$$

Hier ist also $\alpha = \omega^2$.

Spiegelung an einer Geraden parallel zu ω wird durch Konjugation mit einer Translation $si\omega$ erzielt, wobei s eine reelle Zahl ist:

$$f(z) = \omega^2\overline{(z - si\omega)} + si\omega = \omega^2\overline{z} + 2si\omega, \quad \omega \in \mathbb{C}, \ |\omega| = 1, \ s \in \mathbb{R} \,.$$

Gleitspiegelung bezüglich einer Geraden durch den Ursprung wird dargestellt als

$$f(z) = \omega^2\overline{(z + t\omega)} = \omega^2\overline{z} + t\omega, \quad \omega \in \mathbb{C}, \ |\omega| = 1, \ t \in \mathbb{R} \,.$$

Gleitspiegelung bezüglich einer beliebigen Geraden hat die Darstellung

$$f(z) = \omega^2\overline{z} + 2si\omega + t\omega, \quad \omega \in \mathbb{C}, \ |\omega| = 1, \ s, t \in \mathbb{R} \,.$$

Der Vektor $2si\omega$ steht dabei senkrecht zu ω, während $t\omega$ parallel zu ω verläuft.

Wenn $f(z) = \alpha\overline{z} + \beta$ mit $\alpha, \beta \in \mathbb{C}$ und $|\alpha| = 1$ ist, dann ist f eine Spiegelung oder eine Gleitspiegelung. Es sei nämlich $\alpha = \omega^2$, und $2si\omega$ und $t\omega$ seien jeweils die zu ω senkrechte und die zu ω parallele Komponente von β. Dann können wir

$$f(z) = \omega^2\overline{z} + 2si\omega + t\omega$$

schreiben und sehen auf diese Weise, dass f eine Gleitspiegelung (oder, bei $t = 0$, eine Spiegelung) ist.

Es ist leicht zu zeigen, dass die Menge der Isometrien mit der Komposition als Verknüpfung eine Gruppe bildet. Denn es handelt sich um eine unter der Komposition abgeschlossene Menge mit einem Einheitselement und mit Inversen, und die Komposition von Funktionen ist assoziativ. Die Gruppe der Isometrien der euklidischen Ebene wird von nur einer Sorte Isometrien erzeugt: von Spiegelungen.

- Eine Translation ist die Komposition zweier Spiegelungen.
- Eine Drehung ist die Komposition zweier Spiegelungen.
- Eine Spiegelung ist genau eine Spiegelung.
- Eine Gleitspiegelung ist die Komposition einer Spiegelung und einer Translation; daher ist sie äquivalent zu drei Spiegelungen.

Jede Isometrie der euklidischen Ebene ist also eine Komposition einer, zweier oder dreier Spiegelungen.

4.8 Symmetrien der regulären konvexen Polyeder

Die Symmetrien eines *regulären Polyeders* bewirken, dass alle seine Ecken äquivalent sind, ebenso alle seine Kanten und alle seine Seitenflächen. Es gibt fünf reguläre konvexe Polyeder: das Tetraeder, den Würfel, das Oktaeder, das Dodekaeder und das Ikosaeder (Abb. 4.13). Ein einfacher Beweis dafür (zum Beispiel in [26]) benutzt die Euler'sche Formel aus dem Abschn. 3.10 in Kap. 3, also $E - K + F = 2$ mit E als Anzahl der Ecken, K als Anzahl der Kanten und F als Anzahl der Seitenflächen.

Eine *Symmetrie* eines Polyeders ist eine Bewegung, an deren Ende das Polyeder (wenn auch nicht jeder einzelne Punkt) wieder seinen ursprünglichen Platz einnimmt. Die Menge aller Symmetrien mit der Komposition von Abbildungen als Verknüpfung bildet eine Gruppe. Dabei betrachten wir nur echte Symmetrien der Polyeder, also solche, bei denen die Orientierung erhalten bleibt. Spiegelungen sind nicht erlaubt. Wie sehen die Symmetriegruppen der regulären konvexen Polyeder aus?

Man erhält das *duale Polyeder* zu einem gegebenen Polyeder, indem man eine Ecke in die Mitte jeder seiner Seitenflächen setzt und zwei der neuen Ecken immer dann verbindet, wenn die Seitenflächen des ursprünglichen Polyeders eine gemeinsame Kante haben. Ein Polyeder und sein Dual besitzen dieselbe Symmetriegruppe.

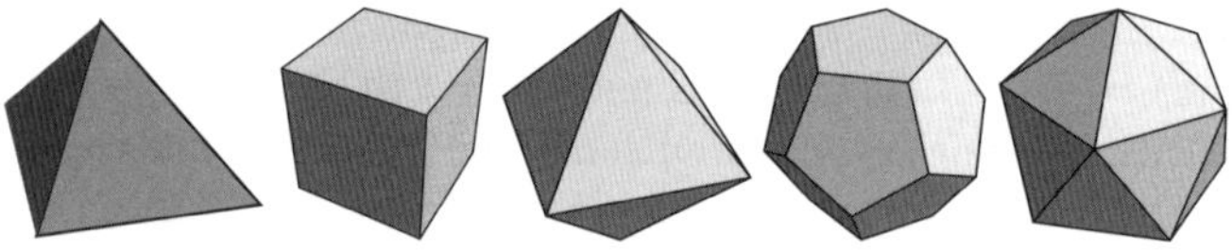

	Ecken	Kanten	Flächen	Kanten pro Ecke	Kanten pro Fläche
Tetraeder	4	6	4	3	3
Würfel	8	12	6	3	4
Oktaeder	6	12	8	4	3
Dodekaeder	20	30	12	3	5
Ikosaeder	12	30	20	5	3

Abb. 4.13 Die fünf regulären konvexen Polyeder

Der Würfel und das Oktaeder sind zueinander dual, also haben sie dieselbe Symmetriegruppe. Das Ikosaeder und das Doedekaeder sind zueinander dual, also haben sie dieselbe Symmetriegruppe. Das Tetraeder ist selbst-dual.

Wenn wir einen Würfel aufnehmen und ihn so wieder hinlegen, dass er seinen ursprünglichen Platz einnimmt, dann haben seine Ecken, Kanten und Seitenflächen möglicherweise untereinander die Plätze getauscht. Die Symmetriegruppe des Würfels ist die Gruppe aller derartigen Bewegungen. Die Ordnung (die Anzahl der Elemente) der Symmetriegruppe des Würfels lässt sich leicht angeben. Wir können den Würfel auf jede seiner sechs Seitenflächen stellen und haben dann noch vier Möglichkeiten, ihn um eine Vierteldrehung zu rotieren. Also gibt es $6 \cdot 4 = 24$ Symmetrien. Nun müssen wir allerdings noch entscheiden, um welche Gruppe mit 24 Elementen es sich handelt.

Wir wissen, dass die symmetrische Gruppe S_4, also die Gruppe aller Permutationen von vier Objekten, $4! = 24$ Elemente hat. Tatsächlich ist die Symmetriegruppe des Würfels und seines Duals, also des Oktaeders, isomorph zur S_4. Um das einzusehen, müssen wir nur zeigen, dass der Würfel vier geeignete Elemente enthält, die durch seine Symmetrien auf alle möglichen Weisen permutiert werden, und dass jede Permutation dieser Elemente zu einer eindeutigen Symmetrie des Würfels gehört. Die vier Raumdiagonalen des Würfels haben genau diese Eigenschaft. Jede Symmetrie des Würfels permutiert die Raumdiagonalen, und umgekehrt stammt jede ihrer Permutationen von einer eindeutigen Symmetrie.

Um die Symmetriegruppe des regulären Tetraeders zu bestimmen, setzen Sie seine Ecken in vier Ecken des Würfels. Wie in Abb. 4.14 sollen dabei gegenüberliegende Eckenpaare auf gegenüberliegenden Seitenflächen des Würfels zu liegen kommen.

Nachdem wir die Symmetriegruppe des Würfels (S_4) schon kennen, stellen wir jetzt fest, dass die Symmetriegruppe des regulären Tetraeders die Reise mitmacht. Jede Symmetrie des Würfels erzeugt entweder eine Symmetrie des einbeschriebenen Tetraeders, oder sie bewegt die Ecken des Tetraeders in die vier anderen Ecken

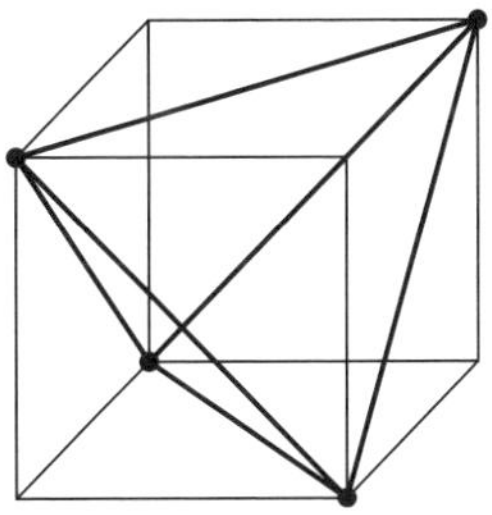

Abb. 4.14 Ein reguläres Tetraeder, einem Würfel einbeschrieben

des Würfels. Wie viele Symmetrien des regulären Tetraeders gibt es? Da wir das Tetraeder auf jede seiner vier Seitenflächen stellen und es dann noch auf drei Arten rotieren können, hat es $4 \cdot 3 = 12$ Symmetrien. Die Symmetrien des Tetraeders bilden eine Untergruppe der Ordnung 12 von S_4. Man kann zeigen, dass es sich bei dieser Untergruppe um die alternierende Gruppe A_4 handelt, welche aus den geraden Permutationen in S_4 besteht.

Ähnliche Argumente zeigen, dass die (gemeinsame) Symmetriegruppe des regulären Ikosaeders und des regulären Dodekaeders die alternierende Gruppe A_5 ist. Ein Würfel kann einem regulären Dodekaeder so einbeschrieben werden, dass wie in Abb. 4.15 jede der zwölf Würfelkanten eine Diagonale einer der Seitenflächen des Dodekaeders bildet. Jede dieser Seitenflächen hat fünf Diagonalen (die Kanten eines Pentagramms). Also kann man dem Dodekaeder fünf solche Würfel einpassen. Symmetrien des Dodekaeders permutieren diese fünf Würfel. Deshalb muss die Symmetriegruppe des Dodekaeders eine Untergruppe der symmetrischen Gruppe S_5 sein. Da die Symmetriegruppe die Ordnung 60 hat (warum?), handelt es sich um A_5.

Satz *Das reguläre Tetraeder hat die Symmetriegruppe A_4. Der Würfel und das reguläre Oktaeder haben die Symmetriegruppe S_4. Das reguläre Dodekaeder und das reguläre Ikosaeder haben die Symmetriegruppe A_5.*

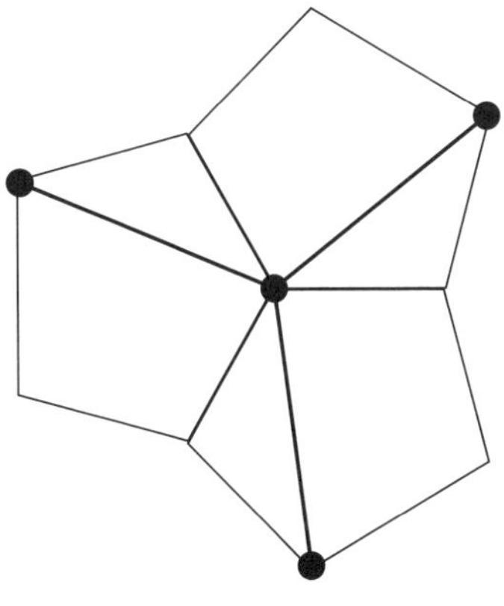

Abb. 4.15 Ein Würfel, einem regulären Dodekaeder einbeschrieben

In [13] finden Sie eine umfassende und detaillierte Diskussion der Symmetrien geometrischer Figuren.

4.9 Symmetrien von Polynomen

Eine *Symmetrie* eines Polynoms (in mehreren Variablen) ist eine Permutation der Variablen, bei welcher das Polynom sich nicht ändert. Zum Beispiel hat das Polynom $xy^2+yz^2+zx^2$ die Symmetriegruppe $\mathbb{Z}_3$, da die Permutationen der Variablen, unter denen das Polynom erhalten bleibt, $(x)(y)(z)$, (x, y, z) und (z, y, x) sind.

Satz *Zu jeder endlichen Gruppe G der Ordnung n gibt es ein Polynom in n Variablen, dessen Koeffizienten alle gleich* 1 *sind und dessen Symmetriegruppe G ist.*

Jede Gruppe G mit n Elementen ist zu einer Permutationsgruppe auf der Menge $\{1, \ldots, n\}$ isomorph. Damit können wir direkt erkennen, dass das Polynom

$$f(x_1, x_2, \ldots, x_n) = \sum_{\sigma \in G} x_{\sigma(1)} x_{\sigma(2)}^2 \ldots x_{\sigma(n)}^n$$

die Gruppe G als Symmetriegruppe hat. Denn das Monom $x_1 x_2^2 \ldots x_n^n$ wird von σ dann und nur dann auf ein anderes im Polynom auftretendes Monom $x_{\sigma(1)} x_{\sigma(2)}^2 \ldots x_{\sigma(n)}^n$ abgebildet, wenn $\sigma \in G$ ist.

Wenn wir diese Konstruktion für $\mathbb{Z}_3$ durchführen, erhalten wir

$$f(x_1, x_2, x_3) = x_1 x_2^2 x_3^3 + x_2 x_3^2 x_1^3 + x_3 x_1^2 x_2^3 \,.$$

Nach Ausklammern von $x_1 x_2 x_3$ und nach der Substitution $x_1 \leftarrow x$, $x_2 \leftarrow y$ und $x_3 \leftarrow z$ entsteht unser Polynom $xy^2 + yz^2 + zx^2$.

Die *Quaternionengruppe* Q besteht aus acht Elementen, ± 1, $\pm i$, $\pm j$ und $\pm k$, für welche die Rechenregeln $i^2 = j^2 = k^2 = -1$ und $ij = k$, $jk = i$, $ki = j$ gelten.

Welches Polynom hat die Quaternionengruppe als Symmetriegruppe? Wir nummerieren die Elemente der Gruppe wie folgt:

$$\begin{array}{cccccccc} 1 & 2 & 3 & 4 & 5 & 6 & 7 & 8 \\ 1 & -1 & i & -i & j & -j & k & -k \,. \end{array}$$

Mithilfe der Multiplikationsregeln finden wir dann das Polynom

$$\begin{aligned} & x_1 x_2^2 x_3^3 x_4^4 x_5^5 x_6^6 x_7^7 x_8^8 + x_2 x_1^2 x_4^3 x_3^4 x_6^5 x_5^6 x_8^7 x_7^8 \\ + & x_3 x_4^2 x_2^3 x_1^4 x_7^5 x_8^6 x_6^7 x_5^8 + x_4 x_3^2 x_1^3 x_2^4 x_8^5 x_7^6 x_5^7 x_6^8 \\ + & x_5 x_6^2 x_8^3 x_7^4 x_2^5 x_1^6 x_3^7 x_4^8 + x_6 x_5^2 x_7^3 x_8^4 x_1^5 x_2^6 x_4^7 x_3^8 \\ + & x_7 x_8^2 x_5^3 x_6^4 x_4^5 x_3^6 x_2^7 x_1^8 + x_8 x_7^2 x_6^3 x_5^4 x_3^5 x_4^6 x_1^7 x_2^8 \,. \end{aligned}$$

Es hat die Symmetriegruppe Q.

Eine endliche Gruppe kann auf viele verschiedene Arten realisiert werden. Soeben haben wir gesehen, dass G die Symmetriegruppe eines Polynoms ist. Einige andere Realisierungen sind:

- G ist durch eine Multiplikationstabelle gegeben.
- G ist isomorph zu einer Menge von Permutationen mit der Komposition als Gruppenoperation (Arthur Cayley[5]).
- G ist isomorph zu einer Matrizengruppe. Dies wird als *Darstellung* bezeichnet.
- G ist die Automorphismengruppe eines endlichen Graphen (Roberto Frucht[6]).
- G ist die Automorphismengruppe einer kompakten Riemann'schen Fläche (Adolf Hurwitz[7]).
- G ist die Automorphismengruppe eines perfekten Binärcodes (Kevin Phelps[8]).
- G ist die Automorphismengruppe eines distributiven Verbandes (Garrett Birkhoff[9]).
- G ist durch eine Präsentation gegeben. Ein Beispiel für die Präsentation einer Gruppe findet sich in Kap. 8.

Es ist nicht bekannt, ob Folgendes wahr ist:

- G ist die Automorphismengruppe einer algebraischen Erweiterung der rationalen Zahlen.

4.10 Könige und Diener

Ein *Turniergraph* ist ein vollständiger (endlicher) Graph, bei dem jede Kante durch einen gerichteten Pfeil ersetzt wurde. Abbildung 4.16 zeigt einen Turniergraphen mit neun Ecken.

Ein *König* ist eine Ecke eines Turniergraphen, von der aus jede andere Ecke in einem oder zwei Schritten erreicht werden kann. Ein *Diener* ist eine Ecke, die von jeder anderen Ecke in einem oder zwei Schritten erreicht werden kann. Im Turniergraphen in Abb. 4.16 ist jede Ecke gleichzeitig ein König und ein Diener. Wir werden zeigen, dass diese Situation typisch ist.

Der *Ausgangsgrad* einer Ecke v ist die Anzahl der gerichteten Kanten, die von v wegführen. Der *Eingangsgrad* von v ist die Anzahl der Kanten, die zu v hinführen. Jede Ecke im Turniergraphen von Abb. 4.16 hat sowohl den Ausgangsgrad 4 als auch den Eingangsgrad 4.

[5] Arthur Cayley (1821–1895) war ein Pionier auf den Gebieten der Algebra, der nichteuklidischen Geometrie und der Kombinatorik.
[6] Roberto Frucht (1906–1997) war ein Graphentheoretiker.
[7] Adolf Hurwitz (1859–1919) war ein Algebraiker, Geometer und Zahlentheoretiker.
[8] Kevin Phelps forscht auf den Gebieten der Codierungstheorie, Kombinatorik und Graphentheorie.
[9] Garrett Birkhoff (1911–1996) war ein Algebraiker, der speziell auf den Gebieten der Verbandstheorie und der universellen Algebra arbeitete.

Abb. 4.16 Ein Turniergraph mit neun Ecken

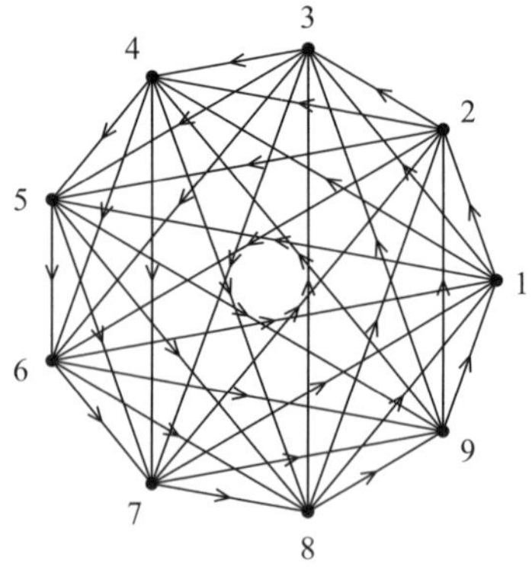

Satz (H. G. Landau) *Jeder Turniergraph hat einen König.*

Betrachten Sie eine Ecke v von maximalem Ausgangsgrad. Wir werden zeigen, dass v ein König des Turniergraphen ist. Dazu bezeichnen wir den Ausgangsgrad von v mit r; es gebe also r Ecken $u_1, \ldots, u_r$, zu denen je eine Kante von v führt. Wir nehmen nun an, es gebe eine Ecke w, die von v aus nicht in einem oder zwei Schritten erreichbar ist. Dann gehört w nicht zu den u_i, und von w aus führt je eine Kante zu jedem u_i sowie zu v. Doch das bedeutet, dass der Ausgangsgrad von w mindestens $r + 1$ ist, was der Wahl von v widerspricht.

Die Behauptung, dass jeder Turniergraph einen Diener hat, ist dann die zu Landaus Satz duale Aussage.

Ein zufälliger Turniergraph entsteht, indem die Richtung jeder Kante zufällig gewählt wird, sodass sie mit gleicher Wahrscheinlichkeit in die eine oder in die andere Richtung führt. In einem großen zufälligen Turniergraphen ist jede Ecke mit fast völliger Sicherheit sowohl ein König als auch ein Diener.

Satz (Stephen B. Maurer) *Für zufällige Turniergraphen mit n Ecken geht die Wahrscheinlichkeit, dass jede Ecke sowohl ein König als auch ein Diener ist, gegen 1 für n gegen unendlich.*

Ein Turniergraph hat die gewünschte Eigenschaft dann und nur dann *nicht*, wenn er ein Paar von Ecken v_1 und v_2 mit $v_1 \leftarrow v_2$ enthält, für die es keinen Weg der Länge 2 von v_1 zu v_2 gibt. Die Wahrscheinlichkeit dafür beträgt bei zufälligen Turniergraphen höchstens

$$\binom{n}{2}\left(\frac{3}{4}\right)^{n-2}.$$

Das liegt daran, dass es $\binom{n}{2}$ Möglichkeiten gibt, die „schlechten" Ecken v_1 und v_2 zu wählen, und $n - 2$ Möglichkeiten für die Wahl einer dritten Ecke w. Mit einer Wahrscheinlichkeit von $(1/2)^2 = 1/4$ führt sowohl eine Kante von v_1 zu w als auch eine Kante von w zu v_2. Also beträgt die Wahrscheinlichkeit, dass es keinen Weg der Länge 2 von v_1 nach v_2 gibt, $(3/4)^{n-2}$. Da Wahrscheinlichkeiten subadditiv sind, ist damit insgesamt die Wahrscheinlichkeit, dass es Ecken v_1 und v_2 ohne einen Weg der Länge 2 von v_1 nach v_2 gibt, nach oben beschränkt durch die Anzahl der Möglichkeiten, v_1 und v_2 auszuwählen, multipliziert mit $(3/4)^{n-2}$.

Unsere obere Schranke ist das Produkt einer Polynom- und einer exponentiellen Funktion, letztere mit einer Basis kleiner als 1. Für $n \to \infty$ dominiert die exponentielle Funktion, und das Produkt geht gegen 0. Also geht die Wahrscheinlichkeit des komplementären Ereignisses (dass jede Ecke sowohl ein König als auch ein Diener ist) für $n \to \infty$ gegen 1.

4.11 Satz von Erdős und Szekeres

In jeder Folge aus zehn verschiedenen reellen Zahlen gibt es stets eine wachsende Teilfolge mit vier Elementen oder eine fallende Teilfolge mit vier Elementen. Dabei wird nicht verlangt, dass die Teilfolgen aus aufeinanderfolgenden Elementen bestehen.

So enthält zum Beispiel die zehnelementige Folge

$$7,\ 8,\ 4,\ 9,\ 5,\ 1,\ 6,\ 2,\ 3,\ 10$$

unter anderem die vierelementige aufsteigende Teilfolge 4, 5, 6, 10.

Diese Behauptung ist ein Spezialfall des Satzes von Erdős und Szekeres, der von Paul Erdős (1913–1996) und George Szekeres (1911–2005) stammt. Wir werden ihn gleich formulieren.

Wir bezeichnen die Terme der Folge mit $x_1, x_2, \ldots, x_{10}$. Jedem x_i ordnen wir ein Zahlenpaar (w_i, f_i) zu: w_i bezeichnet die Länge der längsten mit x_i beginnenden wachsenden Teilfolge, und f_i bezeichnet die Länge der längsten mit x_i beginnenden fallenden Teilfolge. Angenommen, die ursprüngliche Folge enthält weder eine wachsende noch eine fallende Teilfolge der Länge 4. Dann haben wir $1 \leq w_i, f_i \leq 3$ für jedes i. Nun können wir das berühmte *Schubfachprinzip* anwenden, das zu den Grundbausteinen der Kombinatorik gehört.

Schubfachprinzip *Wenn $N+1$ Objekte in N Schubfächern platziert werden, dann enthält mindestens eines der Schubfächer mindestens zwei Objekte.*

Dies lässt sich durch einen Widerspruchsbeweis zeigen.

Wir wenden nun das Schubfachprinzip mit $N = 9$ an. Die Objekte sind die zehn Zahlen $1, 2, \ldots, 10$, und die Schubfächer sind die neun geordneten Paare $(0,0), (0,1), \ldots, (3,3)$. Für jedes $1 \leq i \leq 10$ legen wir i in das Schubfach, das mit (w_i, f_i) bezeichnet ist. Das Schubfachprinzip garantiert dann, dass es zwei Zahlen i und j mit $i < j$ gibt, die im selben Schubfach liegen; die Paare (w_i, f_i) und (w_j, f_j) müssen also übereinstimmen. Doch das ist unmöglich, denn im Falle $x_i < x_j$ ist $w_i > w_j$, und im Falle $x_i > x_j$ ist $f_i > f_j$. Dieser Widerspruch impliziert, dass es entweder eine wachsende oder eine fallende Teilfolge der Länge 4 geben muss.

Abb. 4.17 Eine Standardbelegung

1	2	4
3	5	8
6	7	9

Abb. 4.18 Hakenzahlen des (3×3)-Rasters

5	4	3
4	3	2
3	2	1

Hier ist die allgemeine Aussage des Satzes.

Satz von Erdős und Szekeres *Es seien m und n natürliche Zahlen. Dann gibt es in jeder Folge aus $mn + 1$ unterschiedlichen reellen Zahlen eine wachsende Teilfolge der Länge $m + 1$ oder eine fallende Teilfolge der Länge $n + 1$.*

Der Beweis benutzt wie im Fall $m = n = 3$ das Schubfachprinzip. Die Aussage des Satzes gilt nicht mehr, wenn wir $mn + 1$ durch mn ersetzen. Auch das können wir in unserem Spezialfall sehen. Wenn die 10 am Ende unserer Beispielfolge entfernt wird, dann gibt es keine wachsende oder fallende Teilfolge der Länge 4 mehr.

Wie viele Folgen aus den Zahlen $1, 2, \ldots, 9$ in irgendeiner Reihenfolge enthalten keine monotone (wachsende oder fallende) Teilfolge der Länge 4? Eine Computersuche zeigt, dass es 1764 sind. Das ist interessant, denn 1764 ist eine Quadratzahl: $1764 = 42^2$. Es gibt 42 Belegungen eines (3×3)-Rasters mit den Zahlen von 1 bis 9, sodass die Zahlen in jeder Zeile und jeder Spalte größer werden. Eine derartige Belegung heißt *Standardbelegung* (oder Standardschema). Abbildung 4.17 zeigt ein Beispiel für eine Standardbelegung.

Die Anzahl der Standardbelegungen ist durch die sogenannte *Hakenformel* gegeben. Die *Hakenzahl* eines Feldes in einem Raster ist die Gesamtzahl der Felder rechts sowie unterhalb des gegebenen Feldes, plus eins für das Feld selbst. Abbildung 4.18 zeigt die Hakenzahlen für die Felder eines (3×3)-Rasters.

Die Anzahl der Standardbelegungen für das (3×3)-Raster ist gleich der Anzahl der Permutationen von neun Elementen, dividiert durch das Produkt der Hakenzahlen:

$$\frac{9!}{5 \cdot 4 \cdot 4 \cdot 3 \cdot 3 \cdot 3 \cdot 2 \cdot 2 \cdot 1} = 42\,.$$

Das bedeutet, dass die Anzahl der Permutationen von neun Elementen, die keine monotone Teilfolge der Länge 4 enthalten, mit dem Quadrat der Anzahl der Standardbelegungen eines (3×3)-Rasters übereinstimmt.

Damit haben wir die reichhaltige Theorie der *Young-Tableaux* nur angerissen; einiges mehr finden Sie zum Beispiel in [32].

4.12 Satz von Minkowski

Ein Gebiet in der Ebene heißt *konvex*, wenn es alle Strecken enthält, die je zwei seiner Punkte verbinden. Das Gebiet heißt *zentralsymmetrisch* (oder punktsymmetrisch zum Ursprung), wenn es zu einem Punkt (x, y) stets auch den Punkt $(-x, -y)$ enthält. Ein *Gitterpunkt* in der Ebene ist ein Punkt mit ganzzahligen Koordinaten. Ein konvexes, zentralsymmetrisches ebenes Gebiet enthält sicherlich stets mindestens einen Gitterpunkt: den Ursprung. Ein berühmter Satz von Hermann Minkowski[10] besagt, dass jedes solche Gebiet mindestens einen weiteren Gitterpunkt enthält, wenn sein Flächeninhalt größer als 4 ist.

Satz von Minkowski *Ein konvexes und zentralsymmetrisches ebenes Gebiet mit Flächeninhalt größer als* 4 *enthält außer dem Ursprung noch einen weiteren Gitterpunkt.*

Abbildung 4.19 zeigt ein konvexes, zentralsymmetrisches Gebiet mit einem Flächeninhalt größer als 4. Wie wir erkennen können, enthält es neben dem Ursprung $(0, 0)$ noch die Gitterpunkte $(1, 1)$ und $(-1, -1)$.

Es ist eine gute Übung zu zeigen, warum die Schlussfolgerung des Satzes von Minkowski nicht mehr gilt, wenn das Gebiet nicht konvex oder nicht zentralsymmetrisch ist.

Wir skizzieren einen Beweis für den Satz von Minkowski. Es sei K ein konvexes und zentralsymmetrisches ebenes Gebiet mit einem Flächeninhalt größer als 4. Dann behaupten wir, dass zwei verschiedene Punkte $v = (a, b)$ und $w = (c, d)$ in K existieren, deren Differenz $v - w$ aus zwei geraden Komponenten besteht. Der Beweis dieser Behauptung benutzt das Schubfachprinzip, aber in einer anderen Form als im vorhergehenden Abschnitt. Zu jedem Element von K addieren oder subtrahieren wir ein geordnetes Paar gerader Zahlen, und zwar so, dass beide Komponenten des Ergebnisses zwischen -1 und 1 liegen. Da die Fläche von K größer als 4 ist, müssen dabei zwei verschiedene Punkte v und w auf denselben Punkt abgebildet werden und haben daher die gewünschte Eigenschaft.

Da nun K zentralsymmetrisch ist, ist $-w$ ein Element von K. Da K konvex ist, liegt der Mittelpunkt zwischen v und $-w$, also der Punkt

$$\frac{v + (-w)}{2},$$

in K. Da der Zähler aus zwei geraden Komponenten besteht, ist dieser Mittelpunkt ein Gitterpunkt, der wegen $v \neq w$ ungleich $(0, 0)$ ist. Und damit haben wir die Exis-

[10] Hermann Minkowski (1864–1909) leistete fundamentale Beiträge zur Zahlentheorie und zur Relativitätstheorie.

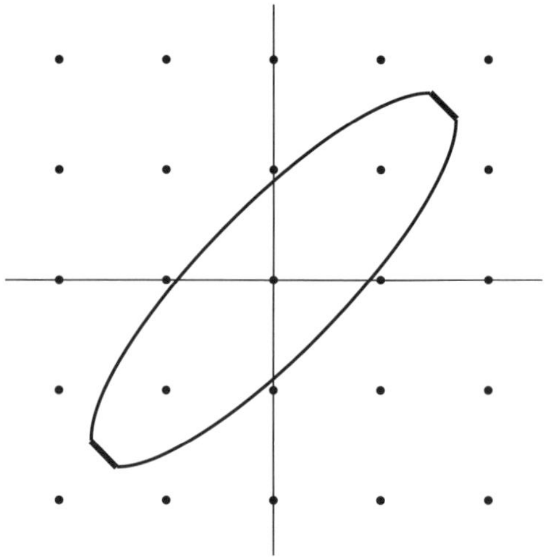

Abb. 4.19 Ein ebenes Gebiet, das die Voraussetzungen des Satzes von Minkowski erfüllt

tenz eines weiteren Gitterpunktes (neben dem Ursprung) in K bewiesen. Wegen der Zentralsymmetrie enthält K sogar zwei solcher Punkte.

Aus dem Satz von Minkowski können wir eine Folgerung für die Zahlentheorie ableiten.

Satz *Wenn p eine Primzahl der Form $4n + 1$ ist, dann ist p die Summe zweier Quadratzahlen: $p = x^2 + y^2$.*

Zum Beispiel gilt $29 = 5^2 + 2^2$. Die Darstellung von p als Summe zweier Quadratzahlen ist bis auf die Reihenfolge eindeutig, aber das werden wir nicht beweisen. Wenn die Primzahl die Form $p \equiv 3 \pmod 4$ hat, dann gibt es keine Darstellung von p als Summe zweier Quadratzahlen. Denn modulo 4 sind Quadratzahlen immer gleich 0 oder 1; die Summe zweier Quadratzahlen ist also gleich 0, 1 oder 2.

Für unseren Beweis benötigen wir eine Verallgemeinerung des Satzes von Minkowski für beliebige ebene Gitter. Es seien v_1 und v_2 linear unabhängige Vektoren in der Ebene. Dann erzeugen v_1 und v_2 ein Gitter Λ, das aus allen Summen ganzzahliger Vielfacher der beiden Vektoren besteht:

$$\Lambda = \{m_1 v_1 + m_2 v_2 \colon m_1, m_2 \text{ ganze Zahlen}\} .$$

Δ sei der Flächeninhalt des von v_1 und v_2 aufgespannten Parallelogramms.

Satz von Minkowski (für ein beliebiges Gitter) *Ein konvexes und zentralsymmetrisches ebenes Gebiet mit Flächeninhalt größer als 4Δ enthält außer dem Ursprung noch einen weiteren Gitterpunkt.*

Es sei nun p eine Primzahl der Form $4n + 1$. Eine wichtige Aussage aus der Zahlentheorie lautet, dass -1 ein Quadrat modulo p ist. Um das einzusehen, betrachtet man am besten die Einheitengruppe modulo p (die Gruppe der invertierbaren Elemente; in diesem Fall also der Elemente ungleich 0). Für jede Primzahl bilden die Einheiten eine zyklische Gruppe; das bedeutet, dass die Gruppe aus den Potenzen eines sogenannten *Generators* besteht. In der Einheitengruppe modulo 7 ist beispielsweise die 3 ein Generator, denn modulo 7 haben wir 3, $3^2 \equiv 2$, $3^3 \equiv 6$, $3^4 \equiv 4$, $3^5 \equiv 5$ und $3^6 \equiv 1$. Es sei nun g ein Generator für unsere Primzahl p. Dann ist $(g^n)^2 \equiv g^{2n} \equiv -1 \pmod{p}$.

Es sei $h = g^n$ (sodass h das Quadrat -1 hat), und es sei Λ durch die Vektoren $v_1 = (h, 1)$ und $v_2 = (p, 0)$ definiert. Das von v_1 und v_2 aufgespannte Parallelogramm hat den Flächeninhalt $\Delta = 1 \cdot p = p$.

Für $(x, y) \in \Lambda$ ist $x^2 + y^2 \equiv 0 \pmod{p}$. Das liegt daran, dass $x = m_1 h + m_2 p$ und $y = m_1$ mit ganzen Zahlen m_1 und m_2 ist, und daraus folgt

$$x^2 + y^2 = (m_1 h + m_2 p)^2 + m_1^2 \equiv m_1^2 \left(h^2 + 1\right) \equiv 0 \pmod{p} .$$

Es sei K die offene Kreisscheibe mit Radius $\sqrt{2p}$ um den Ursprung. Dann hat K den Flächeninhalt $2\pi p > 4\Delta$; und natürlich ist eine Kreisscheibe konvex und zentralsymmetrisch. Der Satz von Minkowski garantiert die Existenz eines Gitterpunktes (x, y) in K ungleich dem Ursprung. Für diesen Gitterpunkt gilt

$$0 < x^2 + y^2 < 2p .$$

Da $x^2 + y^2 \equiv 0 \pmod{p}$ ist, muss $x^2 + y^2 = p$ gelten, also eine Darstellung von p als Summe zweier Quadratzahlen.

In [39] finden Sie eine exzellente Einführung in den Satz von Minkowski und seine Konsequenzen.

4.13 Satz von Lagrange

Satz von Lagrange *Jede natürliche Zahl ist die Summe von vier Quadratzahlen.*

Zum Beispiel ist

$$15 = 3^2 + 2^2 + 1^2 + 1^2 .$$

Drei Quadratzahlen sind nicht immer genug; beispielsweise lässt 7 sich nicht als die Summe dreier Quadrate darstellen.

Unser Beweis dieses Juwels der Zahlentheorie verwendet den Satz von Minkowski. Beginnen wir mit dem einfachsten Fall: Offensichtlich gilt

$$1 = 1^2 + 0^2 + 0^2 + 0^2 .$$

Nun müssen wir noch zeigen, dass jede natürliche Zahl größer als 1 die Summe von vier Quadratzahlen ist.

Wenn sowohl m als auch n Summe von vier Quadraten ist, dann gilt dies auch für das Produkt mn. Um das einzusehen, betrachten wir (überraschenderweise) ein anderes Zahlensystem. Der Betrag der komplexen Zahl $z = a + bi$ ist $|z| = \sqrt{a^2 + b^2}$. Es sei $z_1 = a + bi$ und $z_2 = c + di$. Wenn wir die Identität

$$|z_1|\,|z_2| = |z_1 z_2|$$

quadrieren, erhalten wir

$$\left(a^2 + b^2\right)\left(c^2 + d^2\right) = (ac - bd)^2 + (ad + bc)^2 \ .$$

Also ist das Produkt zweier Summen aus zwei Quadraten selbst wieder eine derartige Summe. Dieselbe Aussage erhalten wir auch für Summen aus vier Quadraten, wenn wir die im Abschn. 4.9 eingeführten Quaternionen verwenden. Der Betrag einer Quaternion $q = a + bi + cj + dk$ ist

$$|q| = \sqrt{a^2 + b^2 + c^2 + d^2} \,.$$

Es seien $q_1 = a + bi + cj + dk$ und $q_2 = w + xi + yj + zk$. Aus der Identität

$$|q_1|\,|q_2| = |q_1 q_2|$$

folgt dann

$$\begin{aligned}
&\left(a^2 + b^2 + c^2 + d^2\right)\left(w^2 + x^2 + y^2 + z^2\right) \\
&= (aw - bx - cy - dz)^2 + (ax + bw + cz - dy)^2 \\
&\quad + (ay - bz + cw + dx)^2 + (az + by - cx + dw)^2 \ .
\end{aligned}$$

Also ist das Produkt zweier Summen aus vier Quadratzahlen wieder eine Summe aus vier Quadraten. Da sich jede natürliche Zahl größer 1 in ein Produkt von Primzahlen faktorisieren lässt, müssen wir nur noch beweisen, dass sich jede Primzahl als Summe von vier Quadratzahlen darstellen lässt.

Dazu verwenden wir eine Verallgemeinerung des Satzes von Minkowski im d-dimensionalen Raum. Ein *Gitter* Λ im d-dimensionalen Raum ist die Menge aller ganzzahligen Linearkombinationen von d unabhängigen Vektoren, $v_1, \ldots, v_d$:

$$\Lambda = \{m_1 v_1 + \ldots + m_d v_d \colon m_1, \ldots, m_d \text{ ganze Zahlen}\} \ .$$

Es sei Δ das Volumen des von $v_1, \ldots, v_d$ aufgespannten Parallelepipeds.

Satz von Minkowski (für ein beliebiges Gitter im d-dimensionalen Raum) *Ein konvexes und zentralsymmetrisches Gebiet mit Volumen größer als $2^d \Delta$ enthält außer dem Ursprung noch einen weiteren Gitterpunkt.*

Es sei p eine Primzahl. Für $p = 2$ gilt $2 = 1^2 + 1^2 + 0^2 + 0^2$. Also können wir voraussetzen, dass p eine ungerade Primzahl ist. Um unseren Beweis durchzuführen, dass p eine Summe aus vier Quadratzahlen ist, werden wir nun ein Gitter im vierdimensionalen Raum beschreiben. Seine Definition beruht auf der Lösung einer Kongruenz modulo p.

Wir behaupten, dass es ganze Zahlen a und b gibt mit

$$a^2 + b^2 \equiv -1 \pmod{p} .$$

Es gibt genau $(p + 1)/2$ unterschiedliche Quadratzahlen modulo p, nämlich die Quadrate modulo p der ersten $(p + 1)/2$ Zahlen. Deshalb durchlaufen die Größen a^2 und $-(b^2 + 1)$ beide genau $(p + 1)/2$ Werte modulo p. Nach dem Schubfachprinzip muss es dann a und b geben, für welche diese Größen denselben Wert haben und die deshalb die Kongruenz erfüllen.

Wir definieren das Gitter Λ im vierdimensionalen Raum als die Menge aller ganzzahligen Linearkombinationen der Vektoren

$$\begin{aligned} v_1 &= (p, 0, 0, 0) \\ v_2 &= (0, p, 0, 0) \\ v_3 &= (a, b, 1, 0) \\ v_4 &= (b, -a, 0, 1) \ . \end{aligned}$$

In Kap. 1 haben wir bereits festgestellt, dass eine $(d \times d)$-Determinante das (orientierte) Volumen des von ihren Zeilenvektoren im d-dimensionalen Raum aufgespannten Parallelepipeds angibt. Es folgt

$$\Delta = \begin{vmatrix} p & 0 & 0 & 0 \\ 0 & p & 0 & 0 \\ a & b & 1 & 0 \\ b & -a & 0 & 1 \end{vmatrix} .$$

Diese untere Dreiecksdeterminante ist gleich dem Produkt ihrer Hauptdiagonaleinträge: $\Delta = p^2$.

Für $(x_1, x_2, x_3, x_4) \in \Lambda$ existieren ganze Zahlen m_1, m_2, m_3 und m_4 mit

$$\begin{aligned} (x_1, x_2, x_3, x_4) &= m_1 (p, 0, 0, 0) + m_2 (0, p, 0, 0) \\ &\quad + m_3 (a, b, 1, 0) + m_4 (b, -a, 0, 1) \\ &= (m_1 p + m_3 a + m_4 b, m_2 p + m_3 b - m_4 a, m_3, m_4) \ . \end{aligned}$$

Modulo p haben wir

$$\begin{aligned} x_1^2 + x_2^2 + x_3^2 + x_4^2 &\equiv (m_3 a + m_4 b)^2 + (m_3 b - m_4 a)^2 + m_3^2 + m_4^2 \\ &\equiv m_3 a^2 + m_4 b^2 + m_3 b^2 + m_4 a^2 + m_3^2 + m_4^2 \\ &\equiv \left(a^2 + b^2 + 1\right)\left(m_3^2 + m_4^2\right) \\ &\equiv 0 \, . \end{aligned}$$

Es sei K die offene vierdimensionale Kugel mit Radius $\sqrt{2p}$ um den Ursprung. Die Formel für das Volumen einer d-dimensionalen Kugel mit Radius r haben wir in Kap. 3 hergeleitet:

$$\frac{\pi^{d/2} r^d}{(d/2)!} .$$

Für unser K gelten $d = 4$ und $r = \sqrt{2p}$, sodass das Volumen gleich

$$2p^2\pi^2$$

ist. Wegen $\pi^2 > 8$ ist dieser Ausdruck größer als $16p^2$, sodass der Satz von Minkowski die Existenz eines weiteren Gitterpunktes (abgesehen vom Ursprung) in K impliziert. Wenn (x_1, x_2, x_3, x_4) ein derartiger Punkt ist, dann folgt

$$0 < x_1^2 + x_2^2 + x_3^2 + x_4^2 < 2p ,$$

und deshalb muss $x_1^2 + x_2^2 + x_3^2 + x_4^2 = p$ gelten, eine Darstellung von p als Summe von vier Quadratzahlen. Und damit ist der Beweis des Satzes von Lagrange abgeschlossen.

4.14 Satz von van der Waerden

Eine *arithmetische Progression* der Länge l (kurz l-AP) ist eine Folge

$$a,\ a+d,\ a+2d,\ \ldots,\ a+(l-1)\,d\ ,$$

wobei a als das *Anfangsglied* der Folge und d als die *gemeinsame Differenz* zwischen zwei aufeinanderfolgenden Gliedern bezeichnet wird. Beispielsweise ist

$$10,\ 15,\ 20,\ 25,\ 30,\ 35,\ 40$$

eine 7-AP mit Anfangsglied 10 und gemeinsamer Differenz 5.

Im Jahr 1927 zeigte B. L. van der Waerden[11], dass bei jeder Partition der natürlichen Zahlen in zwei Klassen mindestens eine der Klassen beliebig lange arithmetische Progressionen enthält.

Satz von van der Waerden *Wenn die Menge der natürlichen Zahlen* ($\mathbb{N}$) *in zwei Klassen partitioniert wird, dann enthält wenigstens eine davon eine l-AP für jedes* $l \geq 1$.

Der Satz besagt *nicht*, dass eine Klasse eine unendliche arithmetische Progression enthalten muss. Das ist auch nicht immer richtig, wie Sie sehen können, wenn

[11] Bartel Leendert van der Waerden (1903–1996) leistete Beiträge zur Algebra und schrieb ein bekanntes Lehrbuch mit dem Titel *Moderne Algebra* über das Gebiet.

Sie die Klassen so definieren, dass 1 in der ersten Klasse ist, 2 und 3 in der zweiten Klasse, 4, 5 und 6 wieder in der ersten, 7, 8, 9 und 10 in der zweiten und so weiter. Keine der beiden Klassen enthält eine unendliche arithmetische Progression.

Zum Beweis des Satzes von van der Waerden verallgemeinern wir ihn zunächst, indem wir Partitionen von $\mathbb{N}$ in eine beliebige endliche Anzahl von Klassen erlauben.

Satz von van der Waerden (unendliche Version) *Es sei r eine natürliche Zahl größer als* 1. *Wenn die Menge der natürlichen Zahlen* ($\mathbb{N}$) *in r Klassen partitioniert wird, dann enthält wenigstens eine der Klassen eine l-AP für jedes $l \geq 1$.*

Wir nennen diesen Satz die „unendliche Version", weil eine andere Version des Satzes von van der Waerden existiert, bei der nur endliche Abschnitte der natürlichen Zahlen betrachtet werden. Diese Aussage wird als die „endliche Version" des Satzes bezeichnet.

Wir setzen $\mathbb{N}(n) = \{1, 2, 3, \ldots, n\}$.

Satz von van der Waerden (endliche Version) *Zu gegebenen natürlichen Zahlen $r \geq 1$ und $l \geq 1$ gibt es eine kleinste natürliche Zahl $W(r, l)$ mit der Eigenschaft: Wenn $\mathbb{N}(W(r, l))$ in r Klassen partitioniert wird, dann enthält wenigstens eine der Klassen eine l-AP.*

Die Zahlen $W(r, l)$ heißen *van-der-Waerden-Zahlen.* Manchmal werden die Klassen auch als *Farben* und die Partition von $\mathbb{N}(W(r, l))$ als *r-Färbung* bezeichnet. Eine l-AP, die in einer einzigen Klasse enthalten ist, heißt *monochromatische* l-AP.

Die Verallgemeinerung auf r Farben ist äquivalent zu der Einschränkung auf zwei Farben. Denn wenn wir eine Färbung mit r Farben haben, dann könnten wir alle Farben bis auf eine in einer einzigen Farbe vereinen und so eine Färbung mit zwei Farben erzeugen. Wenn wir dann die monochromatische l-AP in der einzeln gebliebenen Farbe finden, sind wir fertig; andernfalls können wir das Argument wiederholen, bis wir eine monochromatische l-AP in einer der r Farben gefunden haben.[12]

Die endliche Version des Satzes von van der Waerden ist äquivalent zu der unendlichen Version. Um einzusehen, dass die endliche Version die unendliche impliziert, setzen wir voraus, dass eine Partition von $\mathbb{N}$ in r Klassen vorliegt. Wir wollen zeigen, dass eine der Klassen beliebig lange (aber endliche) arithmetische Progressionen enthält. Für jedes l gibt es eine ganze Zahl $W(r, l)$, sodass unabhängig davon, wie $\mathbb{N}(W(r, l))$ in r Klassen aufgeteilt ist, eine dieser Klassen eine l-AP enthält. Es gibt also für jedes $l \geq 1$ eine Klasse in der Partition von $\mathbb{N}$, die eine l-AP enthält. Da es nur endlich viele Klassen gibt, muss eine dieser Klassen l-APs für unendlich viele l und damit also beliebig lange arithmetische Progressionen enthalten.

---

[12] Als er den Satz bewies, der seinen Namen trägt, arbeitete van der Waerden mit Emil Artin (1898–1962) und Otto Schreier (1901–1929) zusammen. Schreier schlug die endliche Version des Satzes vor, während Artin die Verallgemeinerung auf beliebig viele Farben anregte.

Nun zeigen wir, dass für $r = 2$ die unendliche Version auch die endliche impliziert (der allgemeine Fall wird entsprechend behandelt). Tatsächlich werden wir die Kontraposition beweisen; wir werden also annehmen, dass die endliche Version falsch ist, und zeigen, dass die unendliche Version dann auch falsch ist. Wenn die endliche Version für $r = 2$ falsch ist, dann gibt es eine natürliche Zahl l, sodass für jede natürliche Zahl n eine Partition von $\mathbb{N}(n)$ in zwei Klassen existiert, bei der in keiner Klasse eine l-AP enthalten ist. Konkret bezeichne $D(n)$ für jedes $n = 1, 2, 3, \ldots$ eine Partition von $\mathbb{N}(n)$ in zwei Klassen, A und B, die beide keine l-AP enthalten. Wenn zum Beispiel $l = 3$ und $n = 6$ ist, dann können wir für $D(6)$ die Partition $\mathbb{N}(6) = \{1, 3, 4, 6\} \cup \{2, 5\}$ nehmen, da keine dieser Teilmengen eine 3-AP enthält. Betrachten Sie nun die Folge S solcher Partitionen:

$$S = \{D(1),\ D(2),\ D(3),\ \ldots\}\ .$$

Die natürliche Zahl 1 kommt bei jeder Partition in einer dieser Klassen vor, also gibt es unendlich viele Partitionen, bei denen sie stets in derselben Klasse, entweder A oder B, enthalten ist. Es sei

$$S(1) = \{D(1,1),\ D(1,2),\ D(1,3),\ \ldots\}$$

eine Teilfolge von S, die aus solchen Partitionen besteht, bei denen die 1 stets in derselben Klasse auftritt. In der gleichen Weise können wir eine Teilfolge $S(2)$ von $S(1)$ bilden, die aus solchen Partitionen besteht, bei denen sowohl die 1 stets in derselben Klasse als auch die 2 stets in derselben Klasse auftritt (allerdings können die 1 und die 2 dabei in verschiedenen Klassen liegen):

$$S(2) = \{D(2,2),\ D(2,2),\ D(2,3),\ \ldots\}\ .$$

Wenn wir das fortsetzen, können wir eine Folge

$$S(n) = \{D(n,n),\ D(n,n+1),\ D(n,n+2),\ \ldots\}$$

konstruieren, bei der jede natürliche Zahl i mit $i = 1, \ldots, n$ in jeder Partition in derselben Klasse auftritt.

Nun definieren wir eine Partition D von $\mathbb{N} = \{1, 2, 3, \ldots\}$, indem wir m in diejenige Klasse packen, in der es in $D(m,m)$ auftritt. Wenn die unendliche Version wahr wäre, dann würde eine Klasse der Partition D innerhalb der ersten k natürlichen Zahlen eine l-AP enthalten. Doch dann würde auch $D(k,k)$ eine l-AP enthalten. Das widerspricht der Konstruktion von $D(k,k)$ als Klasse ohne l-AP. Also muss die unendliche Version falsch sein. Die Kontraposition dieser Implikation besagt, dass die unendliche Version die endliche impliziert. Das ist, was wir zeigen wollten.

Wir werden nun die endliche Version des Satzes von van der Waerden beweisen. Der Beweis benutzt vollständige Induktion über l, die Anzahl der Terme in der monochromatischen arithmetischen Progression. Für $l = 1$ ist die Aussage trivialerweise richtig, da $W(r, 1) = 1$ für alle r ist. Sie ist ebenso trivialerweise richtig für $l = 2$, da $W(r,2) = r + 1$ für alle r gilt. Dies ist der Induktionsanfang. Wenn nun $l \geq 2$ gegeben ist, können wir voraussetzen, dass $W(r,l)$ für alle $r \geq 2$ existiert. Damit werden wir die Existenz von $W(r,l+1)$ für alle $r \geq 2$ beweisen und so die Induktion abschließen.

Wir behaupten, dass $W(r,l+1)$ existiert und $W(r,l+1) \leq f(r)$ erfüllt, wobei f wie folgt rekursiv definiert ist:

$$f(1) = 2W(r,l)\,,$$
$$f(n) = 2W(r^{f(n-1)},l)f(n-1), \quad n \geq 2\,.$$

Wir nehmen nun an, dass $\mathbb{N}(f(r))$, das wir als r-*Block* bezeichnen, r-gefärbt ist, ohne dass eine monochromatische $(l+1)$-AP existiert. Wir partitionieren $\mathbb{N}(f(r))$ in $f(r)/f(r-1)$ Blöcke aus $f(r-1)$ aufeinanderfolgenden Zahlen. Diese Blöcke nennen wir $(r-1)$-Blöcke. In derselben Weise partitionieren wir jeden $(r-1)$-Block in $f(r-1)/f(r-2)$ Blöcke aus $f(r-2)$ aufeinanderfolgenden Zahlen, die wir $(r-2)$-Blöcke nennen. Diese Partition führen wir in jedem der r Level durch, bis jeder 1-Block in $2W(r,l)$ 0-Blöcke partitioniert ist (jeder davon ist dann eine einzelne Zahl).

Nach Definition von $W(r,l)$ enthält die erste Hälfte jedes 1-Blocks eine monochromatische l-AP. Die Färbung der Elemente eines 1-Blocks induziert eine Färbung des 1-Blocks selber: Es gibt $r^{f(1)}$ Möglichkeiten, die Elemente eines 1-Blocks zu färben, und jede dieser Möglichkeiten ist eine der möglichen Farben des 1-Blocks. Wegen $f(2) = 2W(r^{f(1)},l)f(1)$ enthält jeder 2-Block $2W(r^{f(1)},l)$ 1-Blöcke, sodass nach Definition von $W(r^{f(1)},l)$ die erste Hälfte jedes 2-Blocks eine monochromatische l-AP aus 1-Blöcken enthält. Mit entsprechender Argumentation enthält auch die erste Hälfte jedes 3-Blocks eine monochromatische l-AP aus 2-Blöcken. Dies gilt auf jedem Level, bis auch die erste Hälfte von $\mathbb{N}(f(r+1))$ eine monochromatische l-AP aus r-Blöcken enthält. Wir betrachten nun nur noch solche Zahlen, die auf jedem der r Level aus Blöcken in einer l-AP liegen. Jeder solchen Zahl weisen wir Koordinaten

$$x = (x_1, \ldots, x_r)$$

mit $1 \leq x_i \leq l$ zu, wobei x_i die Position von x in der monochromatischen l-AP des i-Blocks ist, in der x auftritt. Alle dieser Zahlen haben dieselbe Farbe, etwa α_1. Innerhalb jeden 1-Blocks bilden die l Zahlen

$$(1, x_2, \ldots, x_r)\,,\ (2, x_2, \ldots, x_r)\,,\ \ldots,\ (l, x_2, \ldots, x_r)$$

eine monochromatische l-AP. Also muss die Zahl $(l+1, x_2, \ldots, x_r)$ eine andere Farbe als α_1 haben, etwa α_2. Zudem impliziert der Faktor 2 in der Definition von $f(1)$, dass $(l+1, x_2, \ldots, x_r)$ noch im 1-Block liegt.

An dieser Stelle führen wir nun den Begriff des Fokussierens ein. Innerhalb eines 2-Blocks bilden die l Zahlen

$$(l+1, 1, x_3, \ldots, x_r)\,,\ (l+1, 2, x_3, \ldots, x_r)\,,\ \ldots,\ (l+1, l, x_3, \ldots, x_r)$$

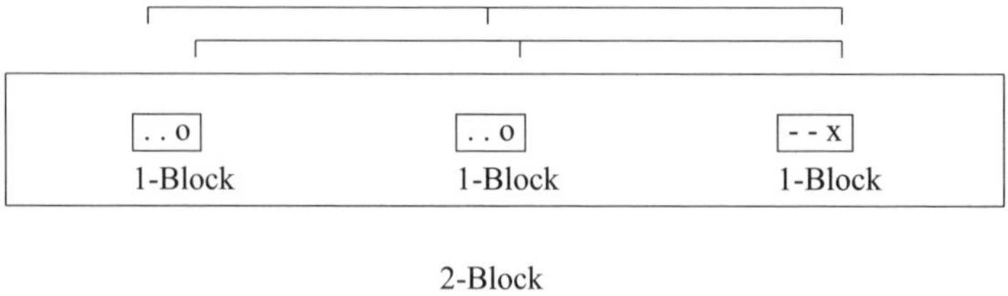

Abb. 4.20 Fokussierung in einem 2-Block

eine monochromatische l-AP der Farbe α_2. Also muss die Zahl $(l+1, l+1, x_3, \ldots, x_r)$ eine andere Farbe als α_2 haben. Jedoch können wir noch eine zweite l-AP auf diese Zahl fokussieren, nämlich

$$(1, 1, x_3, \ldots, x_r),\ (2, 2, x_3, \ldots, x_r),\ \ldots,\ (l, l, x_3, \ldots, x_r)\ .$$

Also kann $(l+1, l+1, x_3, \ldots, x_r)$ weder die Farbe α_1 noch die Farbe α_2 haben; wir bezeichnen ihre Farbe mit α_3. Abbildung 4.20 zeigt die beiden fokussierten Progressionen, wobei die Farben α_1, α_2 und α_3 jeweils mit Punkten, Kreisen und einem x dargestellt sind. Die Striche stehen für Zahlen mit unbestimmten Farben. Wenn wir diesen Fokussierungsprozess auf jedem der r Level weiterführen, können wir schlussfolgern, dass $(l+1, l+1, \ldots, l+1)$ keine der Farben $\alpha_1, \ldots, \alpha_r$ haben kann, was ein Widerspruch ist. Also muss es eine monochromatische $(l+1)$-AP geben. Damit ist die Induktion abgeschlossen.

Hier ist ein Beispiel für den Satz von van der Waerden: Es gibt ein n, sodass unabhängig davon, wie $\mathbb{N}(n)$ in zwei Klassen partitioniert ist, eine der Klassen stets eine 3-AP enthalten wird. Wie sich herausstellt, ist das kleinste solche n gleich 9. Das bedeutet, dass unabhängig davon, wie wir $\mathbb{N}(9)$ in zwei Klassen partitionieren, eine der beiden Klassen stets eine 3-AP enthält. Bei der Partition $\mathbb{N}(9) = \{1, 3, 4, 6, 8\} \cup \{2, 5, 7, 9\}$ enthält die erste Teilmenge die Zahlen 4, 6, 8, also eine 3-AP.

Jedoch können wir für n nicht 8 nehmen und immer noch stets eine 3-AP in einer Klasse erwarten. Hier ist eine Partition von $\mathbb{N}(8)$ in zwei Klassen, von denen keine eine 3-AP enthält:

$$\mathbb{N}(8) = \{1, 2, 3, 4, 5, 6, 7, 8\} = \{1, 3, 6, 8\} \cup \{2, 4, 5, 7\}\ .$$

Wenn wir nach 4-APs fragen, dann stellt sich heraus, dass wir mindestens $\mathbb{N}(35)$ in zwei Klassen partitionieren müssen, um eine solche AP zu garantieren. Das allgemeinere Problem, $W(2, l)$ für verschiedene Werte von l zu bestimmen, ist nur für $l \leq 6$ gelöst. Trivial ist $W(2, 1) = 1$, denn die Klasse, die das einzige Element von $\mathbb{N}(1)$ enthält, hat damit auch eine arithmetische Progression der Länge 1. Ebenso unmittelbar klar ist $W(2, 2) = 3$, denn wenn drei Zahlen in zwei Klassen partitioniert werden, dann muss eine Klasse mindestens zwei Zahlen und damit eine 2-AP enthalten. Dass $W(2, 3) = 9$ ist, haben wir bereits gesagt. Zu zeigen, dass

$W(2,4) = 35$, $W(2,5) = 178$ und $W(2,6) = 1132$ gilt, ist schon nichttrivial. Für $W(r,l)$ mit $r \geq 2$ und $l \geq 3$ sind außer den genannten noch $W(3,3) = 27$, $W(3,4) = 293$ und $W(4,3) = 76$ bekannt. Wie die obere Schranke für $f(r)$ in unserem Beweis des Satzes von van der Waerden bereits andeutet, wissen wir, dass $W(r,l)$ sehr schnell anwächst.

Der Satz von van der Waerden ist in einem Teilgebiet der Kombinatorik wichtig, das *Ramsey-Theorie* heißt. Ramsey-Theorie ist der Teil der Kombinatorik, der sich mit der Frage beschäftigt: „Wie viel Ordnung existiert in der Unordnung?" Graphen und arithmetische Folgen sind die natürlichen Schauplätze für diese Frage; hier finden wir auch ihre grundlegendsten Ergebnisse (den Satz von Ramsey und den Satz von van der Waerden). Der Satz von van der Waerden besagt, dass wir bei einer Färbung der natürlichen Zahlen mit endlich vielen Farben eine unendliche Menge an Information besitzen. Die Ordnung in dieser unendlichen Informationsmenge besteht in der Existenz von beliebig langen arithmetischen Progressionen.

Das wohl beste Buch zur Ramsey-Theorie, [22], behandelt verschiedene Verallgemeinerungen des Satzes von van der Waerden.

4.15 Lateinische Quadrate und projektive Ebenen

Ein *lateinisches Quadrat*[13] der Ordnung n ist ein $(n \times n)$-Raster, in dem alle Zahlen von 1 bis n in jeder Zeile und in jeder Spalte vorkommen.

Zwei lateinische Quadrate der Ordnung 3 sind

$$\begin{array}{ccc} 1 & 2 & 3 \\ 2 & 3 & 1 \\ 3 & 1 & 2 \end{array} \quad \text{und} \quad \begin{array}{ccc} 1 & 2 & 3 \\ 3 & 1 & 2 \\ 2 & 3 & 1 \end{array}.$$

In beiden Rastern erscheinen die Zahlen 1, 2 und 3 in jeder Zeile und in jeder Spalte.

Wenn wir sie übereinanderlegen, tritt jedes geordnete Paar aus den Zahlen 1, 2 und 3 genau einmal auf. Solche lateinischen Quadrate heißen *orthogonal* zueinander:

$$\begin{array}{ccc} 11 & 22 & 33 \\ 23 & 31 & 12 \\ 32 & 13 & 21 \end{array}.$$

Aus den beiden orthogonalen lateinischen Quadraten der Ordnung 3 können wir die in Abb. 2.5 gezeigte projektive Ebene der Ordnung 3 konstruieren. Dazu ändern wir die Zahlen in den lateinischen Quadraten von 1, 2 und 3 zu 0, 1 und 2. Eine projektive Ebene der Ordnung 3 hat dreizehn Punkte und dreizehn Geraden. Die dreizehn Punkte sind zum einen die geordneten Paare

$$00,\ 01,\ 02,\ 10,\ 11,\ 12,\ 20,\ 21,\ 22$$

[13] Der Ausdruck „lateinisches Quadrat" entstand, weil Leonhard Euler (1707–1783) darin lateinische Buchstaben anstelle von Zahlen verwendete.

und zum anderen die Fernpunkte $\overline{0}$, $\overline{1}$, $\overline{2}$ und ∞. Wir ordnen die neun nichtidealen Punkte in einem (3×3)-Raster an und die vier Fernpunkte um das Raster herum, so wie in Abb. 2.5.

Nun müssen wir dreizehn Geraden definieren. Die ersten drei sind die waagerechten Geraden

$$\{00, 10, 20, \overline{0}\}\,,$$
$$\{01, 11, 21, \overline{0}\}\,,$$
$$\{02, 12, 22, \overline{0}\}\,.$$

Die nächsten drei sind die senkrechten Geraden

$$\{00, 01, 02, \infty\}\,,$$
$$\{10, 11, 12, \infty\}\,,$$
$$\{20, 21, 22, \infty\}\,.$$

Die nächsten drei Geraden gehen durch die Punkte, bei denen das erste lateinische Quadrat jeweils konstante Werte hat (und durch $\overline{1}$):

$$\{02, 10, 21, \overline{1}\}\,,$$
$$\{01, 12, 20, \overline{1}\}\,,$$
$$\{00, 11, 22, \overline{1}\}\,.$$

Die nächsten drei Geraden gehen durch die Punkte, bei denen das zweite lateinische Quadrat jeweils konstante Werte hat (und durch $\overline{2}$):

$$\{02, 11, 20, \overline{2}\}\,,$$
$$\{00, 12, 21, \overline{2}\}\,,$$
$$\{01, 10, 22, \overline{2}\}\,.$$

Und schließlich nehmen wir noch die Ferngerade

$$\{\overline{0}, \overline{1}, \overline{2}, \infty\}\,.$$

Es lässt sich leicht nachprüfen, dass jede Gerade vier Punkte enthält und dass jeder Punkt auf vier Geraden liegt. Außerdem lässt sich prüfen, dass je zwei Punkte genau eine gemeinsame Gerade haben und dass je zwei Geraden sich in genau einem Punkt schneiden.

Mehrere lateinische Quadrate der Ordnung n, die paarweise orthogonal zueinander sind, bezeichnen wir als MOLS (*mutually orthogonal latin squares*).

Die maximal mögliche Anzahl von MOLS der Ordnung n ist $n - 1$. Um das einzusehen, nehmen wir an, wir hätten n MOLS der Ordnung n. Falls nötig, können wir die Zahlen in jedem lateinischen Quadrat so umbenennen, dass in der untersten (der „nullten") Zeile stets $0, 1, \ldots, n - 1$ steht. Eine solche Umbenennung ändert nichts daran, dass die Quadrate lateinisch oder orthogonal zueinander sind. Betrachten Sie nun den Eintrag an der Stelle $(0,1)$ in jedem Quadrat. Eine 0 kann es nicht sein, denn in dieser Spalte steht eine 0 schon in der nullten Zeile. Also gibt es für diesen Eintrag nur $n-1$ Möglichkeiten, und nach dem Schubfachprinzip muss es zwei Quadrate geben, die hier denselben Eintrag haben, etwa m. Wenn wir diese beiden Quadrate jedoch übereinanderlegen, erhalten wir zweimal den Eintrag mm, einmal an der Position $(0,1)$ und einmal an der Position $(m,0)$; also können sie nicht orthogonal zueinander sein. Aus diesem Widerspruch folgt, dass die höchstmögliche Anzahl von MOLS der Ordnung n nicht mehr als $n-1$ sein kann.

In Kap. 2 hatten wir eine projektive Ebene der Ordnung n definiert als eine Struktur aus n^2+n+1 Punkten und n^2+n+1 Geraden, sodass jede Gerade $n+1$ Punkte enthält, jeder Punkt auf $n+1$ Geraden liegt, je zwei Punkte genau eine gemeinsame Gerade haben und je zwei Geraden sich in genau einem Punkt schneiden.

Wie in unserem Beispiel mit $n=3$ ist eine projektive Ebene der Ordnung n äquivalent zu einer Menge aus $n-1$ MOLS der Ordnung n.

Satz *Eine projektive Ebene der Ordnung n ist äquivalent zu einer Menge aus $n-1$ MOLS der Ordnung n.*[14]

Wenn wir eine Menge aus $n-1$ MOLS der Ordnung n haben, dann funktioniert die Konstruktion einer projektiven Ebene der Ordnung n so wie in unserem Beispiel mit $n=3$. Dazu seien die MOLS mit $1,\ldots,n-1$ durchnummeriert, während die Einträge in jedem Quadrat von 0 bis $n-1$ gehen. Die Punkte der projektiven Ebene seien zum einen die geordneten Paare (x,y) mit $0 \le x,y \le n-1$, zum anderen die Fernpunkte $\overline{0},\overline{1},\ldots,\overline{n-1},\infty$. Damit haben wir insgesamt n^2+n+1 Punkte. Die Geraden sind die n waagerechten Geraden

$$\{(x,b): 0 \le x \le n-1\} \cup \{\overline{0}\}, \quad 0 \le b \le n-1,$$

die n senkrechten Geraden

$$\{(a,y): 0 \le y \le n-1\} \cup \{\infty\}, \quad 0 \le a \le n-1,$$

die Ferngerade

$$\{\overline{0},\overline{1},\ldots,\overline{n-1},\infty\}$$

und für jedes $1 \le i \le n-1$ die Mengen der Punkte, bei denen das i-te lateinische Quadrat jeweils konstante Werte hat, zusammen mit dem Fernpunkt $\overline{i}$:

$$\{(x,y)\colon \text{Eintrag } (x,y) \text{ des } i\text{-ten lateinischen Quadrats ist gleich } j\} \cup \{\overline{i}\},$$
$$0 \le j \le n-1.$$

Damit haben wir insgesamt $n+n+1+(n-1)n = n^2+n+1$ Geraden.

Offensichtlich sind die Definitionen so gewählt, dass jede Gerade $n+1$ Punkte enthält und jeder Punkt auf $n+1$ Geraden liegt.

---

[14] Dieser Satz wurde zuerst im Jahr 1938 von Raj Chandra Bose (1901–1987) bewiesen, von dem fundamentale Beiträge zur Kombinatorik stammen (Blockpläne, kombinatorische Codes).

Wenn ein beliebiger Punkt P gegeben ist, dann enthalten die $n + 1$ Geraden, auf denen P liegt, außer P noch $(n + 1)n = n^2 + n$ weitere Punkte. Da die Quadrate lateinisch und orthogonal sind, sind diese Punkte alle verschieden. Da wir damit alle Punkte erfasst haben, liegt jeder Punkt auf einer gemeinsamen Geraden mit P. Außerdem folgt aus der Definition, dass je zwei Punkte höchstens eine gemeinsame Gerade haben. Also geht durch je zwei Punkte stets genau eine Gerade.

Wenn eine beliebige Gerade g gegeben ist, dann enthält sie $n + 1$ Punkte, und diese Punkte liegen noch auf $(n + 1)n$ anderen Geraden. Da zwei Punkte stets genau eine Gerade festlegen, sind diese Geraden alle verschieden. Da wir damit alle Geraden erfasst haben, schneidet sich jede Gerade mit g. Keine zwei Geraden schneiden sich in mehr als einem Punkt, denn wenn sich zwei Geraden in zwei Punkten schneiden würden, dann hätten diese beiden Punkte mehr als eine Gerade gemeinsam. Also schneiden sich je zwei Geraden stets in genau einem Punkt.

Bis jetzt haben wir gezeigt, wie man aus $n - 1$ MOLS der Ordnung n eine projektive Ebene der Ordnung n konstruieren kann. Nun gehen wir in die umgekehrte Richtung und setzen voraus, dass wir eine projektive Ebene der Ordnung n vorliegen haben. Wir wählen eine ihrer Geraden, bezeichnen sie als x-Achse und nummerieren ihre $n + 1$ Punkte mit $0, 1, \ldots, n - 1, \overline{0}$ durch. Dann wählen wir eine zweite Gerade durch 0, bezeichnen sie als y-Achse und nummerieren ihre Punkte mit $0, 1, \ldots, n - 1, \infty$ durch, wobei der Schnittpunkt beider Achsen auch hier die 0 erhält. Die Gerade durch $\overline{0}$ und ∞ nennen wir die Ferngerade. Für jeden Punkt P, der nicht auf der Ferngeraden liegt, hat die Gerade durch P und ∞ (eine „senkrechte Gerade“) einen Schnittpunkt x mit der x-Achse; zudem hat die Gerade durch P und $\overline{0}$ (eine „waagerechte Gerade“) einen Schnittpunkt y mit der y-Achse. Wir weisen P die Koordinaten (x, y) zu, was auch für die Punkte auf den Achsen definiert ist. Neben $\overline{0}$ und ∞ enthält die Ferngerade noch $n - 1$ weitere Punkte. Für jeden dieser Punkte erzeugen wir nun ein $(n \times n)$-Quadrat wie folgt. Durch den Punkt gehen außer der Ferngeraden noch n weitere Geraden. Die Punkte, die auf der i-ten dieser Geraden liegen, haben gewisse Koordinaten (x, y) mit $0 \leq x, y \leq n - 1$. Im Quadrat tragen wir dann an den Stellen (x, y) den Wert i ein. Vielleicht wollen Sie selbst überprüfen, dass dabei Quadrate entstehen, die lateinisch und paarweise orthogonal sind.

Insgesamt haben wir damit gezeigt, dass eine projektive Ebene der Ordnung n äquivalent zu einer Menge aus $n - 1$ MOLS der Ordnung n ist.

Es ist stets möglich, eine projektive Ebene der Ordnung n (oder äquivalent eine Menge aus $n - 1$ MOLS der Ordnung n) aus einem Körper der Ordnung n zu konstruieren. Ein Körper der Ordnung n existiert dann und nur dann, wenn n eine Primzahlpotenz ist (Kap. 8). Allerdings gibt es projektive Ebenen mit Primpotenzordnung, die nicht von einem Körper abstammen. Bislang hat noch niemand eine endliche projektive Ebene gefunden, deren Ordnung keine Primzahlpotenz ist, und andererseits hat auch noch niemand bewiesen, dass es eine solche Ebene nicht geben kann.

Hier ist die Hauptidee bei der Konstruktion einer Menge von $n - 1$ MOLS der Ordnung n aus einem Körper dieser Ordnung. Wir bezeichnen die Elemente des Körpers, abgesehen von der 0, mit $k_1, \ldots, k_{n-1}$. Für jedes k_i $(1 \leq i \leq n - 1)$

definieren wir ein lateinisches Quadrat, indem wir den Eintrag an der Stelle (x, y) für $0 \leq x, y \leq n-1$ gleich

$$k_i k_x + k_y$$

setzen. Ich überlasse es Ihnen als Übungsaufgabe zu zeigen, dass auf diese Weise paarweise orthogonale lateinische Quadrate entstehen. Die beiden orthogonalen lateinischen Quadrate der Ordnung 3 vom Beginn dieses Abschnitts sind aus dem Körper $\mathbb{Z}_3$ entstanden.

Mehr Informationen über die Zusammenhänge zwischen lateinischen Quadraten und endlichen Geometrien finden Sie in [29].

4.16 Ein Wiedersehen mit der Lemniskate

Wie Sie sich erinnern werden, hatten wir in Kap. 1 die Lemniskate (Abb. 1.2) mithilfe der Parameterdarstellung

$$x = \frac{\cos t}{1 + \sin^2 t},$$

$$y = \frac{\sin t \cos t}{1 + \sin^2 t}, \qquad -\infty < t < \infty,$$

definiert.

Wenn t von 0 bis 2π geht, durchläuft ein von t abhängender Punkt (x, y) den Graphen einmal und dann (wenn t größer wird) immer wieder mit einer Periode von 2π. Welchen Weg legt er dabei zurück? Anders gefragt, welche Bogenlänge hat der Graph der Lemniskate?

Um die Länge einer Kurve zu finden, integrieren wir das Differenzial der Bogenlänge

$$\sqrt{\left(\frac{dx}{dt}\right)^2 + \left(\frac{dy}{dt}\right)^2}\, dt .$$

Bei der Lemniskate ist dies

$$\frac{dt}{\sqrt{1 + \sin^2 t}} .$$

Die Länge L der Lemniskate finden wir also durch Integration dieses Ausdrucks über das komplette t-Intervall:

$$L = \int_0^{2\pi} \frac{dt}{\sqrt{1 + \sin^2 t}} .$$

Integrale dieses Typs sind unter dem Namen *elliptische Integrale* bekannt, weil sie im Zusammenhang mit der Bestimmung der Bogenlänge einer Ellipse auftreten.

Es ist nicht leicht, dieses Integral auszuwerten. Wenn wir es mithilfe eines Computeralgebrasystems numerisch berechnen, finden wir die folgende Approximation für die Bogenlänge der Lemniskate:

$$L \approx 5{,}244115108\,.$$

Carl Friedrich Gauß (1777–1855) entdeckte, dass es einen Zusammenhang zwischen dieser Zahl und π gibt. Der Umfang des Einheitskreises beträgt

$$2\pi \approx 6{,}283185307\,.$$

Also hat das Verhältnis zwischen dem Umfang des Einheitskreises und der Länge der Lemniskate den Wert

$$\frac{2\pi}{L} \approx 1{,}198140234\,.$$

Diese Zahl mag Ihnen vielleicht nicht bekannt vorkommen, aber Gauß identifizierte sie als das arithmetisch-geometrische Mittel von 1 und $\sqrt{2}$.

Für zwei positive reelle Zahlen a und b definieren wir das arithmetisch-geometrische Mittel wie folgt. Wir setzen $a_0 = a$ und $b_0 = b$. Weiter sei a_1 das arithmetische Mittel von a_0 und b_0, also $a_1 = (a_0 + b_0)/2$; und es sei b_1 das geometrische Mittel von a_0 und b_0, also $b_1 = \sqrt{a_0 b_0}$. Dieser Prozess wird mit den Zahlen a_1 und b_1 wiederholt, sodass wir $a_2 = (a_1 + b_1)/2$ und $b_2 = \sqrt{a_1 b_1}$ erhalten. Auf diese Weise entstehen zwei Folgen $\{a_n\}$ und $\{b_n\}$, die gegen denselben Grenzwert konvergieren. Dieser Grenzwert wird als das arithmetisch-geometrische Mittel von a und b bezeichnet, in Symbolen $M(a, b)$. Für den Beweis der Konvergenz nutzen wir aus, dass das arithmetische Mittel stets mindestens so groß ist wie das geometrische Mittel, wie im Abschn. 4.5 bewiesen. Deshalb gilt (falls etwa $b_0 \leq a_0$ ist)

$$b_0 \leq b_1 \leq a_1 \leq a_0\,.$$

Damit sehen wir, dass $\{b_n\}$ eine monoton wachsende, nach oben beschränkte Folge, also konvergent ist. Entsprechend ist $\{a_n\}$ eine monoton fallende, nach unten beschränkte Folge, also ebenfalls konvergent. Der Grenzwert von $\{a_n\}$ sei L_1 und der von $\{b_n\}$ sei L_2. Dann folgt $(L_1 + L_2)/2 = L_1$, also $L_1 = L_2$, sodass die beiden Folgen gegen denselben Grenzwert konvergieren.

Durch Rechnung ermitteln wir das arithmetisch-geometrische Mittel von 1 und $\sqrt{2}$ ungefähr zu

$$M(1, \sqrt{2}) \approx 1{,}198140234\,.$$

Man kann zeigen, dass $M(1, \sqrt{2})$ eine transzendente Zahl ist (sie ist keine Nullstelle eines Polynoms mit ganzzahligen Koeffizienten).

Wie es schon Gauß tat, werden wir die Identität

$$\frac{2\pi}{L} = M(1, \sqrt{2})$$

zeigen.

Die Idee ist, das Bogenlängenintegral zu verallgemeinern. In der Mathematik ist es oft so, dass sich Probleme leichter lösen lassen, wenn man sie verallgemeinert. Es sei also

$$I(a,b) = \int_0^{\pi/2} \frac{dt}{\sqrt{a^2\cos^2 t + b^2 \sin^2 t}} .$$

Wegen der Symmetrie und wegen $1 + \sin^2 t = \cos^2 t + 2\sin^2 t$ ist das Integral für die Länge der Lemniskate gleich $4I(1, \sqrt{2})$.

Der Schlüssel zum Beweis besteht nun darin, die Aussage

$$I(a,b) = I\left(\frac{a+b}{2}, \sqrt{ab}\right) \qquad (*)$$

zu zeigen. Nachdem uns das gelungen ist, wird der Rest des Beweises einfach sein. Denn dann können wir $(*)$ wiederholt anwenden und erhalten

$$I(a,b) = I(a_1,b_1) = I(a_2,b_2) = \ldots = I(M(a,b), M(a,b)) .$$

Damit folgt

$$\begin{aligned} I(a,b) &= I(M(a,b), M(a,b)) \\ &= \int_0^{\pi/2} \frac{dt}{\sqrt{M(a,b)^2\cos^2 t + M(a,b)^2 \sin^2 t}} \\ &= \frac{1}{M(a,b)} \int_0^{\pi/2} dt \\ &= \frac{\pi/2}{M(a,b)} . \end{aligned}$$

Da für die Lemniskate $L = 4I(1, \sqrt{2})$ gilt, ergibt sich nun sofort die Relation $2\pi/L = M(1, \sqrt{2})$.

Um also den Beweis abzuschließen, müssen wir noch $(*)$ zeigen. Mit der Substitution

$$\sin t = \frac{2a \sin u}{a + b + (a-b)\sin^2 u}$$

für $0 \le t, u \le \pi/2$ erhalten wir

$$\cos t \, dt = \frac{2a\cos u\left(a+b+(b-a)\sin^2 u\right)}{\left(a+b+(a-b)\sin^2 u\right)^2} du ,$$

und mit etwas Algebra und Trigonometrie wird daraus

$$\frac{dt}{\sqrt{a^2 \cos^2 t + b^2 \sin^2 t}} = \frac{du}{\sqrt{\left(\frac{a+b}{2}\right)^2 - \left(\frac{a-b}{2}\right)^2 \sin^2 u}} = \frac{du}{\sqrt{a_1^2 \cos^2 u + b_1^2 \sin^2 u}} .$$

Damit ist $(*)$ bewiesen, sodass wir die Entdeckung von Gauß nun als Satz formulieren können.

Satz *Es sei L die Länge der durch die Parameterdarstellung*

$$x = \frac{\cos t}{1 + \sin^2 t} ,$$

$$y = \frac{\sin t \cos t}{1 + \sin^2 t}, \quad 0 \le t \le 2\pi ,$$

gegebenen Lemniskate. Dann gilt

$$\frac{2\pi}{L} = M(1, \sqrt{2}) ,$$

wobei $M(1, \sqrt{2})$ das arithmetisch-geometrische Mittel von 1 und $\sqrt{2}$ ist.

In [10] wird der Zusammenhang zwischen elliptischen Integralen und elliptischen Kurven ausführlicher diskutiert.

Gefällige Beweise 5

> Richtige Mathematik … muss als Kunst gerechtfertigt werden, wenn sie sich überhaupt rechtfertigen lässt.
>
> G. H. HARDY (1877–1947), *A Mathematician's Apology*[1]

In der Mathematik ist es möglich, Behauptungen zu beweisen; dies unterscheidet die Mathematik von anderen Disziplinen. Mathematisches Wissen ist daher absolut und allgemeingültig, unabhängig von Raum und Zeit. In diesem Kapitel präsentieren wir einige Beweise, die besonders einprägsam sind. Die meisten davon sind nicht sehr bekannt, würden aber eine weitere Verbreitung verdienen.

5.1 Der Satz von Pythagoras

Der Satz von Pythagoras sagt aus, dass bei einem gegebenen rechtwinkligen Dreieck die Fläche des über der Hypotenuse gebildeten Quadrats gleich der Summe aus den Flächen der über den beiden Katheten gebildeten Quadrate ist.

Für diesen wichtigen Satz gibt es viele Beweise. Abbildung 5.1 zeigt einen Parkettierungsbeweis. Die Ebene wird sowohl mit Kopien des Quadrats über der Hypotenuse (in der Abbildung hervorgehoben) als auch mit Kopien der Quadrate über den beiden Katheten parkettiert (gepflastert). Dies zeigt, dass das Quadrat über der Hypotenuse in fünf Teile aufgeteilt werden kann, die sich wiederum zu den Quadraten über den beiden Katheten zusammensetzen lassen. Das kleinere Quadrat besteht aus zwei und das größere aus drei Teilen.

[1] Hardy, G.H., *A Mathematician's Apology*, S. 139, Cambridge University Press, 1967. Reprinted with permission.

M. Erickson, *Mathematische Appetithäppchen*, DOI 10.1007/978-3-662-45459-6_5

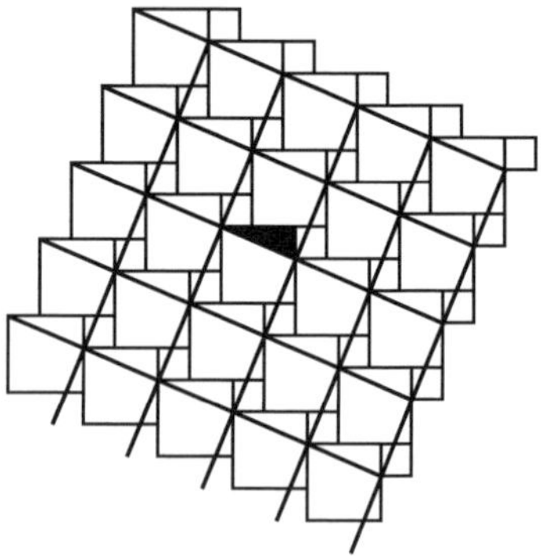

Abb. 5.1 Ein Parkettierungsbeweis des Satzes von Pythagoras

5.2 Die Erdős-Mordell-Ungleichung

Im Jahr 1935 vermutete Paul Erdős eine geometrische Ungleichung. Es sei ABC ein Dreieck und M ein Punkt in dessen Inneren oder auf dem Rand. Die Abstände von M zu den Punkten A, B und C seien jeweils mit x, y und z bezeichnet, und die Abstände von M zu den Seiten AB, BC, CA jeweils mit r, p und q. Dann gilt

$$x + y + z \geq 2(p + q + r) ,$$

wobei Gleichheit dann und nur dann auftritt, wenn ABC gleichseitig und M sein Inkreismittelpunkt ist. Die Ungleichung ist in Abb. 5.2 dargestellt (die Schattierung wird gleich erläutert).

Nicht lange, nachdem die Vermutung formuliert worden war, wurde sie durch Louis Mordell und D. F. Barrow bewiesen; der Beweis war jedoch kompliziert. Im Laufe der Zeit wurden andere Beweise gefunden, und ein wirklich einfacher Beweis stammt aus dem Jahr 2007 von Claudi Alsina und Roger B. Nelsen [2]. Der Beweis ist so hübsch, dass er Bewunderung verdient.

Die Schlüsselidee ist die Ungleichung $ax \geq br + cq$, die wir nun beweisen werden. Skalieren Sie dazu das gegebene Dreieck um den Faktor x, das hell schattierte Dreieck um den Faktor b und das dunkel schattierte Dreieck um den Faktor c. Setzen Sie dann die Dreiecke so zusammen wie in Abb. 5.3 gezeigt.

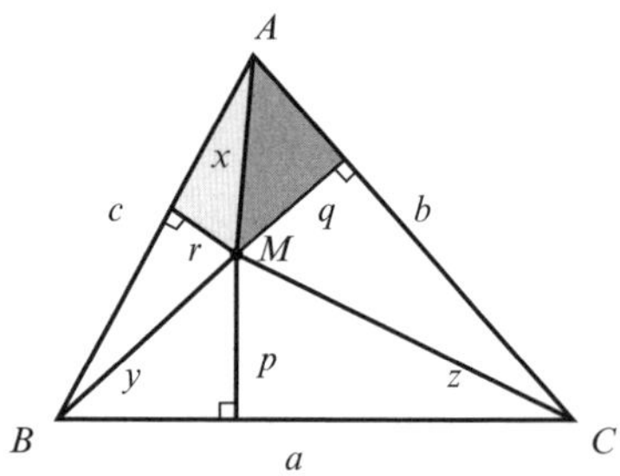

Abb. 5.2 Die Erdős-Mordell-Ungleichung

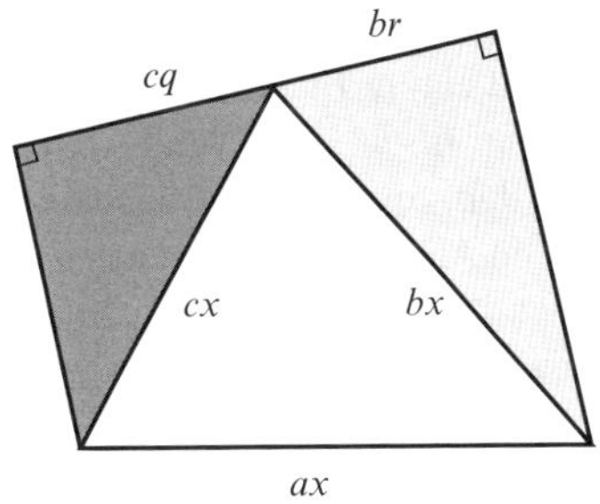

Abb. 5.3 Die skalierten Dreiecke neu zusammengefügt

Wir behaupten, dass es sich bei dieser Figur um ein rechtwinkliges Trapez handelt. Um einzusehen, dass die Basis tatsächlich eine gerade Linie bildet, beachten Sie, dass die vier Winkel, die sich in Abb. 5.3 um diejenige Ecke gruppieren, die der Ecke A in Abb. 5.2 entspricht, aus zwei Paaren komplementärer Winkel bestehen. In einem rechtwinkligen Trapez ist aufgrund des Satzes von Pythagoras die der Basis gegenüberliegende Seite mindestens so lang wie die Basis selbst. Also folgt $ax \geq br + cq$. Gleichheit tritt nur ein, wenn das Trapez ein Rechteck ist.

Mit analoger Argumentation erhält man ebenso $by \geq cp+ar$ und $cz \geq aq+bp$. Aus diesen drei Ungleichungen folgt

$$x + y + z \geq \left(\frac{b}{c} + \frac{c}{b}\right) p + \left(\frac{a}{c} + \frac{c}{a}\right) q + \left(\frac{b}{a} + \frac{a}{b}\right) r \, .$$

Die Ungleichung vom arithmetischen und geometrischen Mittel impliziert nun, dass die Ausdrücke in den Klammern größer oder gleich 2 sind. Damit ist die Erdős-Mordell-Ungleichung bewiesen. Zudem tritt Gleichheit in der AGM-Ungleichung nur dann ein, wenn $a = b = c$ ist, wenn also ABC ein gleichseitiges Dreieck ist. Falls nun ABC ein gleichseitiges Dreieck ist und das Trapez in Abb. 5.3 demnach ein Rechteck, dann sind die beiden rechtwinkligen Dreiecke dort kongruent, und es folgt $q = r$. Entsprechend zeigt man $p = q$, sodass M dann der Inkreismittelpunkt von ABC ist.

Im Jahr 2008 bewies Victor Pambuccian ([41]), dass in absoluter Geometrie (das ist euklidische Geometrie ohne das Parallelenaxiom) die Erdős-Mordell-Ungleichung äquivalent ist zu der Aussage, dass die Summe der Winkel eines Dreiecks höchstens 180° beträgt.

5.3 Dreiecke, deren Fläche und Umfang vorgegeben sind

Wie groß kann die Fläche eines Dreiecks mit einem Umfang von 6 sein? Mit ein wenig Nachdenken können Sie sich überlegen, dass es genau ein Dreieck mit Umfang 6 und maximaler Fläche gibt, nämlich das gleichseitige Dreieck der Seitenlänge 2. Seine Höhe beträgt $\sqrt{3}$ und seine Fläche daher auch $\sqrt{3}$. Doch lassen Sie uns die Frage ein wenig abändern. Lassen Sie uns ein Dreieck mit einem Umfang von 6 und einem Flächeninhalt verlangen, der gleich einer gegebenen Zahl ist, welche *kleiner als* $\sqrt{3}$ ist. Dann stellt sich heraus, dass es *unendlich viele* solche Dreiecke mit dem festgelegten Flächeninhalt gibt.

Im Allgemeinen gibt es zu positiven reellen Zahlen A und U mit $A < \sqrt{3}U^2/36$ unendlich viele Dreiecke mit Fläche A und Umfang U. Das werden wir gleich beweisen. Doch zunächst werden wir zeigen, dass die Fläche A nicht größer werden kann als $\sqrt{3}U^2/36$, wobei U der Umfang ist. Erinnern Sie sich an die heronische Formel für die Fläche eines Dreiecks (Kap. 3):

$$A = \sqrt{s\,(s-a)\,(s-b)\,(s-c)}\,,$$

wobei a, b, c die Seitenlängen und $s = (a+b+c)/2$ der halbe Umfang ist. Mit der Ungleichung vom arithmetischen und geometrischen Mittel (siehe Kap. 4) erhalten wir

$$\begin{aligned} A &= \sqrt{s}\sqrt{(s-a)\,(s-b)\,(s-c)} \\ &\le \sqrt{s}\left(\frac{s-a+s-b+s-c}{3}\right)^{3/2} \\ &= \sqrt{s}\left(\frac{s}{3}\right)^{3/2} = \frac{s^2}{3\sqrt{3}} = \frac{\sqrt{3}U^2}{36}\,. \end{aligned}$$

Dies zeigt, dass die Fläche eines Dreiecks höchstens $\sqrt{3}U^2/36$ beträgt und dass das Maximum nur für ein gleichseitiges Dreieck mit Seitenlängen $U/3$ angenommen wird.

Nun wollen wir beweisen, dass es zu jeder positiven Zahl A unterhalb von $\sqrt{3}U^2/36$ unendlich viele Dreiecke mit Fläche A und Umfang U gibt. Wenn wir beide Seiten der heronischen Formel quadrieren und dann ausnutzen, dass $U = 2s$ ist, erhalten wir

$$16A^2 = U\,(U-2a)\,(U-2b)\,(U-2c)\ .$$

Wegen $U - 2c = 2a + 2b - U$ wird daraus

$$16A^2 = U\,(U-2a)\,(U-2b)\,(2a+2b-U)\ .$$

Wenn wir das mithilfe der Lösungsformel für quadratische Gleichungen nach b auflösen, erhalten wir

$$b = \frac{U-a}{2} \pm \sqrt{a^2 - \frac{16A^2}{U\,(U-2a)}}\,.$$

Das eine Vorzeichen ergibt b, das andere c.

Als Schlüssel erweist sich nun die Beobachtung, dass diese Formel zu einem sinnvollen Dreieck führt, wenn der Wert innerhalb der Wurzel nichtnegativ ist, wenn also

$$a^2 - \frac{16A^2}{U\,(U - 2a)} \geq 0$$

oder vereinfacht

$$a^2 U\,(U - 2a) \geq 16A^2$$

gilt. Wir müssen nun noch zeigen, dass es unendlich viele zulässige Möglichkeiten für a gibt, solange nur $A < \sqrt{3}U^2/36$ ist.

Die Funktion

$$f(a) = a^2 U\,(U - 2a)$$

ist ein kubisches Polynom mit einer zweifachen Nullstelle bei $a = 0$ und mit der dritten Nullstelle bei $a = U/2$. Man kann leicht zeigen, dass f ein lokales Maximum bei $(U/3, U^4/27)$ hat. Wenn $16A^2 = U^4/27$ (oder gleichbedeutend $A = \sqrt{3}U^2/36$) ist, dann gibt es nur einen Wert für a mit $f(a) \geq 16A^2$, nämlich $a = U/3$, was dem gleichseitigen Dreieck mit Seitenlänge $U/3$ entspricht. Wenn jedoch $A < \sqrt{3}U^2/36$ ist, dann gibt es unendlich viele Werte für a in einem Intervall um $U/3$, sodass $f(a) \geq 16A^2$ ist. Jedes solche a liefert ein Dreieck mit Fläche A und Umfang U.

Beachten Sie, dass wir die AGM-Ungleichung zu Beginn unserer Analyse nicht unbedingt benötigt haben. Unser Argument lässt sich auf die heronische Formel, die quadratische Lösungsformel und einfache Eigenschaften kubischer Polynome reduzieren.

5.4 Eine Eigenschaft der Leitlinie einer Parabel

Zu einer gegebenen Parabel und einem Punkt in ihrem „Äußeren" gibt es zwei Tangenten an die Parabel, die durch den Punkt gehen. Der geometrische Ort derjenigen Punkte, für welche die beiden Tangenten senkrecht aufeinander stehen, ist die Leitlinie der Parabel. Wir werden diese Aussagen beweisen.

Ohne Beschränkung der Allgemeinheit betrachten wir die Parabel $y = kx^2$. Weiter sei $P = (x_0, y_0)$ ein Punkt im Äußeren der Parabel, es gelte also $y_0 < kx_0^2$. Eine Tangente durch P, welche die Parabel im Punkt (a, ka^2) berührt, hat die Gleichung

$$y_0 - ka^2 = m\,(x_0 - a)$$

mit Steigung m. Da $m = 2ka$ gilt, erhalten wir

$$y_0 - \frac{m^2}{4k} = m\left(x_0 - \frac{m}{2k}\right)$$

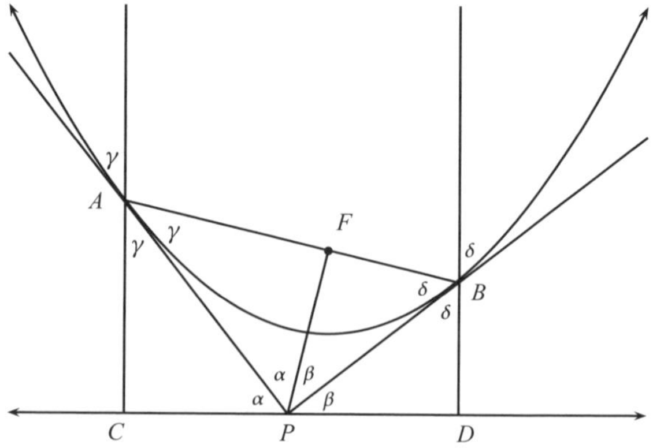

Abb. 5.4 Ein geometrischer Beweis für die Eigenschaft der Leitlinie

oder

$$m^2 - 4kx_0m + 4ky_0 = 0\,.$$

Die Bedingung $y_0 < kx_0^2$ garantiert, dass die Diskriminante der quadratischen Gleichung positiv ist; also gibt es zwei mögliche Werte für m und damit auch zwei Tangenten an die Parabel durch den Punkt P. Diese Tangenten stehen genau dann senkrecht aufeinander, wenn das Produkt ihrer Steigungen -1 ergibt. Das Produkt der Steigungen ist der konstante Term der quadratischen Gleichung, $4ky_0$. Also sind die beiden Tangenten durch P genau dann senkrecht zueinander, wenn $y_0 = -1/(4k)$ ist, wenn also P auf der Leitlinie der Parabel liegt.

Zusätzlich geben wir nun noch einen geometrischen Beweis, dass jeder Punkt auf der Leitlinie die geforderte Eigenschaft hat.

Wie in Abb. 5.4 sei P ein Punkt auf der Leitlinie der Parabel. Ziehen Sie Tangenten von P an die Parabel in den Punkten A und B, sodass sie mit der Leitlinie die Winkel α und β bilden. Die Komplementärwinkel zu α und β seien jeweils γ und δ. Das Lot aus den Punkten A und B auf die Leitlinie treffe diese in den Punkten C und D. Dann ist $\angle PAC = \gamma$ und $\angle PBD = \delta$. Zeichnen Sie nun noch die Strecken AF, BF und PF ein, wobei F der Fokus der Parabel ist. Eine Parabel hat die Eigenschaft, dass ein Strahl, der parallel zu ihrer Symmetrieachse verläuft, von der Parabel durch den Fokus reflektiert wird. Deshalb gilt $\angle PAF = \gamma$ und $\angle PBF = \delta$. Da nach Definition der Leitlinie $FA = AC$ ist, sind die Dreiecke PAC und PAF kongruent und damit $\angle FPA = \alpha$. Entsprechend erhält man $\angle FPB = \beta$. Daraus folgt nun $2\alpha + 2\beta = 180°$, und deshalb ist $\angle APB$ ein rechter Winkel. (Es folgt auch, dass $\gamma = \beta$ und $\delta = \alpha$ ist und dass AFB geradlinig verläuft.)

Zudem lässt sich leicht zeigen, dass für jeden Punkt im Äußeren der Parabel, der *nicht* auf der Leitlinie liegt, die beiden Tangenten durch diesen Punkt nicht senkrecht zueinander stehen. Hinweis: Betrachten Sie den Schnittpunkt einer dieser Tangenten mit der Leitlinie.

5.5 Ein klassisches Integral

Die klassische Integralformel

$$I = \int_{-\infty}^{\infty} e^{-x^2}\, dx = \sqrt{\pi}$$

lässt sich mithilfe eines cleveren Tricks beweisen, den man einmal gesehen haben sollte.

Überraschenderweise beruht die Methode nämlich darauf, ein Doppelintegral auszuwerten:

$$I^2 = \int_{-\infty}^{\infty} e^{-x^2}\, dx \int_{-\infty}^{\infty} e^{-y^2}\, dy = \int_{-\infty}^{\infty}\int_{-\infty}^{\infty} e^{-x^2-y^2}\, dx\, dy\,.$$

Für die Auswertung verwenden wir die Polarkoordinaten r und θ ($0 \le r < \infty$ und $0 \le \theta \le 2\pi$) mit $x^2 + y^2 = r^2$ und $dx\, dy = r\, dr\, d\theta$. Dann gilt

$$\begin{aligned} I^2 &= \int_0^{2\pi}\int_0^{\infty} e^{-r^2} r\, dr\, d\theta \\ &= \int_0^{2\pi} d\theta \int_0^{\infty} re^{-r^2}\, dr \\ &= 2\pi \left(-\frac{1}{2}e^{-r^2}\right)\Big|_0^{\infty} \\ &= 2\pi \cdot \frac{1}{2} \\ &= \pi\,. \end{aligned}$$

Also folgt

$$I = \sqrt{\pi}\,.$$

Der Wert dieses Integrals erscheint vielleicht auf den ersten Blick überraschend.

5.6 Partitionen natürlicher Zahlen

Eine *Partition* einer natürlichen Zahl n ist eine Darstellung von n als Summe natürlicher Zahlen, wobei es auf die Reihenfolge der Summanden nicht ankommt. Die Partitionen von 5 sind beispielsweise

$$5,\ 4+1,\ 3+2,\ 3+1+1,\ 2+2+1,\ 2+1+1+1,\ 1+1+1+1+1\,.$$

Es gibt eine reichhaltige Literatur über Partitionen natürlicher Zahlen. Gute Quellen sind [3] und [32]. Eine von vielen Aussagen über Partitionen ist, dass die Anzahl der Partitionen von n in ungerade Summanden gleich der Anzahl der Partitionen von n in paarweise verschiedene Summanden ist. Beispielsweise gibt es drei Partitionen von 5 in ungerade Summanden:

$$5,\ 3+1+1,\ 1+1+1+1+1\,.$$

Und ebenso gibt es drei Partitionen von 5 in verschiedene Summanden:

$$5,\ 4+1,\ 3+2\,.$$

Wir werden unsere Behauptung für alle natürlichen Zahlen n beweisen, indem wir für jedes n eine Bijektion (eine eineindeutige Zuordnung) zwischen der Menge der Partitionen von n in ungerade Summanden und der Menge der Partitionen von n in verschiedene Summanden beschreiben. Es sei eine Partition von n in ungerade Summanden gegeben. Wenn zwei davon gleich sind, ersetzen wir sie durch ihre Summe. Damit fahren wir so lange fort, bis es nur noch verschiedene Summanden gibt. In der anderen Richtung beginnen wir mit einer Partition von n in unterschiedliche Summanden. Wenn ein Summand gerade ist, ersetzen wir ihn durch seine beiden Hälften. Damit fahren wir so lange fort, bis alle Summanden ungerade sind. Dies ist die explizite Darstellung der Bijektion.

Die Bijektion ordnet die Partitionen von 5 in ungerade Summanden und die Partitionen von 5 in verschiedene Summanden einander wie folgt zu:

$$\begin{aligned} 5 &\leftrightarrow 5 \\ 3+1+1 &\leftrightarrow 3+2 \\ 1+1+1+1+1 &\leftrightarrow 4+1\,. \end{aligned}$$

Als Übungsaufgabe können Sie diese Bijektion für $n = 6$ darstellen (dann gibt es vier Partitionen von jedem Typ).

Natürlich müssen wir uns vergewissern, dass die Bijektion wohldefiniert ist. Das bedeutet: Wenn wir mit einer Partition von n in ungerade Summanden beginnen, dann gibt es nur eine Möglichkeit, nach Kombination gleicher Terme bei einer Partition in verschiedene Summanden zu landen. Und wenn wir umgekehrt mit einer Partition von n in unterschiedliche Summanden beginnen, dann können uns die Halbierungen nur zu einer einzigen Partition in ungerade Summanden führen. Zudem müssen wir zeigen, dass diese beiden Operationen zueinander invers sind. Dies alles folgt aus der Beobachtung, dass das Kombinieren zweier Summanden keinen Einfluss auf die anderen Summanden hat und dass das Aufteilen eines Summanden in zwei Teile ebenfalls die anderen Summanden nicht beeinflusst.

5.7 Ganzzahlige Dreiecke

Ein *ganzzahliges Dreieck* ist ein Dreieck mit ganzzahligen Seitenlängen. Zu einer natürlichen Zahl n sei $t(n)$ die Anzahl der zueinander nicht kongruenten ganzzahligen Dreiecke mit Umfang n. Beispielsweise ist $t(10) = 2$, da es zwei verschiedene ganzzahlige Dreiecke mit Umfang 10 gibt, nämlich $(3, 3, 4)$ und $(2, 4, 4)$. Dabei schreiben wir ein Dreieck als ein geordnetes Tripel (a, b, c) mit $a \leq b \leq c$. Die ersten Werte der Folge $\{t(n)\}$, die auch als die *Alkuin-Folge* bekannt ist, sind:

n	0	1	2	3	4	5	6	7	8	9	10
$t(n)$	0	0	0	1	0	1	1	2	1	3	2

Gibt es eine geschlossene Formel für die $t(n)$? Ich werde Ihnen die einfachste Herleitung zeigen, die ich kenne. Sie setzt ganzzahlige Dreiecke in Beziehung zu den Partitionen einer natürlichen Zahl in drei Summanden. Der Schlüssel ist die Beobachtung, dass

$$t(2n) = u(n), \quad n \geq 0,$$

gilt, wobei $u(n)$ die Anzahl der Möglichkeiten ist, n als Summe dreier natürlicher Zahlen zu schreiben (ohne Berücksichtigung der Reihenfolge). Beispielsweise ist $t(10) = u(5) = 2$, da es zwei Partitionen der 5 in drei Teile gibt, nämlich

$$2 + 2 + 1 \quad \text{und} \quad 3 + 1 + 1 .$$

Die Funktion $u(n)$ wird oft auch mit $p(n, 3)$ oder $p_3(n)$ bezeichnet.

Die Identität $t(2n) = u(n)$ für alle $n \geq 0$ können wir mithilfe der Bijektion

$$(a, b, c) \leftrightarrow \{n - a, n - b, n - c\}$$

einsehen, wobei (a, b, c) die Seiten eines ganzzahligen Dreiecks mit Umfang $2n$ darstellt und $\{n - a, n - b, n - c\}$ die Summanden einer Partition von n in drei Teile. Beachten Sie, dass für a, b und c die Dreiecksungleichung dann und nur dann gilt, wenn jede dieser Zahlen kleiner als n ist, und dies ist wiederum dann und nur dann richtig, wenn $n - a$, $n - b$ und $n - c$ positiv sind.

Nun werden wir zeigen, dass $\{u(n)\}$ eine einfache Rekursionsgleichung erfüllt. Betrachten Sie dazu drei Fälle, die von der Größe des letzten Terms einer Partition von $n + 6$ in drei Summanden abhängen, wobei die Summanden in absteigender Reihenfolge aufgeschrieben werden. Wenn dieser letzte Summand 3 oder größer ist, dann können wir 2 von jedem Summanden abziehen und erhalten so eine Partition von n in drei Summanden. Wenn der letzte Summand gleich 2 ist, dann können wir 2 von jedem Summanden abziehen und erhalten so eine Partition von n in einen oder zwei Summanden. Wenn der letzte Summand gleich 1 ist, dann können wir

1 von jedem Summanden abziehen und erhalten so eine Partition von $n + 3$ in einen oder zwei Summanden. Für jede natürliche Zahl m beträgt die Anzahl der Partitionen von m in einen einzigen Summanden genau 1, während die Anzahl der Partitionen von m in zwei Summanden $\lfloor m/2 \rfloor$ beträgt, wobei $\lfloor x \rfloor$ die *Abrundungsfunktion* bezeichnet, also die größte ganze Zahl, die kleiner oder gleich x ist. Es folgt

$$u(n+6) = u(n) + 1 + \left\lfloor \frac{n}{2} \right\rfloor + 1 + \left\lfloor \frac{n+3}{2} \right\rfloor, \quad n \geq 0\,.$$

Wenn wir die Fälle n gerade und n ungerade einzeln betrachten, können wir dies noch vereinfachen und erhalten die Rekursionsgleichung

$$u(n+6) = u(n) + n + 3, \quad n \geq 0\,.$$

Mit $u(n) = t(2n)$ erhalten wir aus der vorherigen Tabelle die Anfangswerte

n	0	1	2	3	4	5
$u(n)$	0	0	0	1	1	2

.

Mithilfe der Rekursionsformel und den Anfangswerten können wir weitere Folgenglieder erzeugen und damit die folgende Formel raten:

$$u(n) = \left[\frac{n^2}{12} \right], \quad n \geq 0\,,$$

wobei $[x]$ zur nächstgelegenen ganzen Zahl rundet. Da $n^2/12$ niemals die Hälfte einer ganzen Zahl ist, ist der obige Ausdruck wohldefiniert. Für den Beweis stellen wir fest, dass diese Formel mit den richtigen Anfangswerten beginnt. Also muss nur noch gezeigt werden, dass sie dieselbe Rekursionsformel wie $\{u(n)\}$ erfüllt. Das ist einfach:

$$\left[\frac{(n+6)^2}{12} \right] = \left[\frac{n^2 + 12n + 36}{12} \right] = \left[\frac{n^2}{12} \right] + n + 3\,.$$

Bislang haben wir also eine Formel für $t(n)$ für den Fall gerader n gefunden:

$$t(n) = u(n/2) = \left[n^2/48 \right]\,.$$

Nach einem weiteren Blick auf die Daten vermuten wir, dass außerdem gilt:

$$t(n) = t(n+3) \quad \text{für ungerades } n\,.$$

Damit können wir $t(n)$ auch für ungerade n berechnen. Diese Beziehung können Sie zeigen, indem Sie die Bijektion

$$(a, b, c) \leftrightarrow (a+1, b+1, c+1)$$

begründen, wobei (a, b, c) ein Dreieck mit ungeradem Umfang n darstellt.

Wenn wir nun alle Teile zusammenfügen, erhalten wir eine Formel für die Anzahl der inkongruenten ganzzahligen Dreiecke mit Umfang n:

$$t(n) = \begin{cases} \left[\frac{n^2}{48}\right] & \text{für } n \text{ gerade}, \\ \left[\frac{(n+3)^2}{48}\right] & \text{für } n \text{ ungerade}, \end{cases} \qquad n \geq 0 .$$

Die Alkuin-Folge ist zu Ehren von Alkuin von York (732–804) benannt. Ihm wird ein Buch mit dem Titel *Aufgaben von Alkuin, ein Lehrer Karls des Großen, zur Schärfung des Geistes der Jugend* zugeschrieben. Das Buch enthält 53 mathematische Textaufgaben, die mittels einfacher Arithmetik, Algebra oder Geometrie gelöst werden können. Das zwölfte Problem ist ein Zuteilungsproblem.

XII. Problem vom Vater und seinen drei Söhnen *Ein sterbender Vater vererbte seinen drei Söhnen* 30 *Glasfläschchen, von denen* 10 *mit Öl gefüllt,* 10 *halb voll und* 10 *leer waren. Verteile, falls möglich, das Öl und die Fläschchen so, dass die drei Söhne sowohl dieselbe Anzahl an Flaschen als auch dieselbe Menge an Öl erhalten.*

Jeder Sohn bekommt zehn Flaschen. Es gibt fünf Lösungen, die anhand der Anzahl der vollen Flaschen, die jeder Sohn erhält, aufgelistet werden können: $\{5, 5, 0\}$, $\{5, 4, 1\}$, $\{5, 3, 2\}$, $\{4, 4, 2\}$ und $\{4, 3, 3\}$. Permutationen einer Lösung unterscheiden wir nicht. Jeder Sohn bekommt ebenso viele volle wie leere Flaschen; dazu kommen noch so viele halb volle Flaschen, dass es insgesamt zehn sind.

Die Anzahl der Möglichkeiten, n volle, n halb volle und n leere Flaschen so auf drei Personen aufzuteilen, dass jede Person dieselbe Anzahl an Flaschen und dieselbe Menge an Öl bekommt, beträgt $t(n+3)$. Das ist der Grund, warum $\{t(n)\}$ als die Alkuin-Folge bezeichnet wird.

Die Alkuin-Folge hat viele wunderbare Eigenschaften. Beispielsweise ist sie eine *Zickzack-Folge*: Ab $n = 6$ steigt und fällt die Folge immer abwechselnd von einem zum nächsten Folgenglied. Sie kann mithilfe unserer Formel auf negative Werte von n erweitert werden, und diese doppelt-unendliche Folge ist ein *Palindrom*: Sie erfüllt dieselbe Rekursionsgleichung in die positive wie in die negative Richtung. Diese Rekursionsgleichung neunter Ordnung mit konstanten Koeffizienten lautet

$$\begin{aligned} t(n) = {} & t(n-2) + t(n-3) + t(n-4) \\ & - t(n-5) - t(n-6) - t(n-7) + t(n-9), \quad n \geq 9 . \end{aligned}$$

Die Form dieser Rekursionsgleichung können wir auch nach Ausmultiplizieren im Nenner der rationalen erzeugenden Funktion der Alkuin-Folge erkennen:

$$\frac{x^3}{(1-x^2)(1-x^3)(1-x^4)} = \frac{x^3}{1 - x^2 - x^3 - x^4 + x^5 + x^6 + x^7 - x^9} .$$

Die *Periodenlänge* einer Folge ist die kleinste natürliche Zahl k, mit der $a(n+k) = a(n)$ für alle n gilt. Für jedes $m \geq 2$ ist die Periodenlänge der

Folge $\{t(n) \bmod m\}$ gleich $12m$. Beispielsweise beginnt die Alkuin-Folge modulo 2 mit den Werten

$$0, 0, 0, 1, 0, 1, 1, 0, 1, 1, 0, 0, 1, 1, 0, 1, 1, 0, 1, 0, 0, 0, 0, 0\,,$$

und dieses Muster wiederholt sich mit einer Periodenlänge von 24. Dieses Ergebnis ist verblüffend, denn das entsprechende Problem für die Fibonacci-Folge ist noch ungelöst, außer wenn m eine Potenz von 2 oder von 5 ist.

Wir wollen diese Behauptung beweisen. Zunächst zeigen wir, dass sich die Folge $\{t(n) \bmod m\}$ in einem Zyklus der Länge $12m$ wiederholt. Daraus folgt dann, dass ihre Periodenlänge ein Teiler von $12m$ ist. Wenn das Argument gerade ist, haben wir

$$t(2n+12m) = \left[(2n + 12m)^2 /48\right] = \left[(2n)^2 /48\right] + m + 3m^2 \equiv t(2n) \pmod{m}.$$

Für ungerade n haben wir

$$t(n + 12m) = t(n + 3 + 12m) \equiv t(n + 3) = t(n) \pmod{m}\,.$$

Als Nächstes zeigen wir, dass die Periodenlänge von $\{t(n) \bmod m\}$ kein echter Teiler von $12m$ ist. Da die Periode jedenfalls ein Teiler von $12m$ ist, hat sie entweder die Form $12r$ mit $r \leq m$, oder die Folge wiederholt sich in einem Zyklus der Länge $6m$ oder $4m$. Im ersten Fall ist m sowohl ein Teiler von $t(12r) = 3r^2$ (da $t(0) = 0$ ist) als auch ein Teiler von $t(12r + 2) = 3r^2 + r$ (da $t(2) = 0$ ist). Folglich teilt m auch die Differenz, also r, und damit haben wir $m \leq r$.

Nun zeigen wir, dass sich die Folge $\{t(n) \bmod m\}$ nicht in einem Zyklus der Länge $6m$ wiederholt. Den Fall $m = 2s$ haben wir gerade erledigt. Nun sei $m = 4s + 1$. Dann folgt $6m = 24s + 6$ und daher $t(6m) = 12s^2 + 6s + 1 = 3s(4s + 1) + 3s + 1$, und wir können erkennen, dass m kein Teiler von $t(6m)$ ist. Der Fall $m = 4s + 3$ ist ähnlich.

Schließlich zeigen wir noch, dass sich die Folge $\{t(n) \bmod m\}$ nicht in einem Zyklus der Länge $4m$ wiederholt. Den Fall $m = 3s$ haben wir bereits erledigt. Es sei $m = 3s + 1$. Dann folgt $4m = 12s + 4$ und daher $t(4m) = s(3s + 1) + s$, und wieder können wir erkennen, dass m kein Teiler von $t(4m)$ ist. Der Fall $m = 3s+2$ ist ähnlich.

Insgesamt muss daher die Periodenlänge der Folge $\{t(n) \bmod m\}$ gleich $12m$ sein.

Man kann zeigen, dass die Folge $\{t(n) \bmod m\}$ genau dann jeden Wert modulo m annimmt, wenn m eine der folgenden Zahlen ist ([8]):

$$7,\ 10,\ 19,\ 2^j,\ 3^j,\ 5^j,\ 11^j,\ 13^j,\ 41^j,\ 2 \cdot 3^j,\ 5 \cdot 3^j \quad \text{für } j \geq 1\,.$$

5.8 Dreieckszerstörung

Der *vollständige Graph* der Ordnung n besteht aus n *Ecken*, und jedes Paar zweier Ecken ist durch eine *Kante* verbunden. Die Kanten können gerade oder gekrümmt sein, und sie können sich überschneiden. Den vollständigen Graphen mit 17 Ecken zeigte schon Abb. 2.6. In Abb. 5.5 ist dieser Graph ohne die Zweifärbung der Kanten zu sehen.

Auf diesem Graphen wird ein Spiel namens *Dreieckszerstörung* gespielt. Zwei Spieler, Oh und Ix, entfernen abwechselnd Kanten. Oh beginnt und entfernt die erste Kante. Dann ist Ix am Zug und entfernt irgendeine andere Kante. Dann ist wieder Oh an der Reihe und so weiter. Derjenige Spieler, der das letzte Dreieck aus dem Graphen eliminiert, hat das Spiel gewonnen. Wenn beide Spieler bestmöglich spielen, wer wird dann bei *Dreieckszerstörung* gewinnen?

Der Schlüssel zur Antwort besteht darin, sich zu überlegen, wie der Graph direkt vor dem vorletzten Zug aussieht. Der Spieler, der nun an der Reihe ist, kann das Spiel nicht gewinnen, doch egal, welchen Zug er oder sie durchführt, kann der andere Spieler dann unmittelbar seinen oder ihren Gewinnzug machen. Also muss der Graph vor dem vorletzten Zug noch zwei Dreiecke enthalten, denn hätte er kein Dreieck mehr, dann wäre das Spiel bereits vorbei, und hätte er nur noch ein Dreieck, dann könnte der Spieler, der nun an der Reihe ist, dieses Dreieck zerstören und damit gewinnen.

Es gibt drei Fälle:

Fall 1: Der Graph enthält zwei disjunkte Dreiecke, Abb. 5.6. In diesem Fall enthält der Graph keine anderen Kanten mehr, denn sonst könnte der Spieler, der jetzt an der Reihe ist, eine der übrigen Kanten eliminieren und würde so im nächsten Zug nicht verlieren.

Fall 2: Der Graph enthält zwei Dreiecke mit einer gemeinsamen Ecke, Abb. 5.7. Das ist im Wesentlichen dasselbe wie bei Fall 1. Der Graph enthält keine anderen Kanten, denn sonst könnte der Spieler, der jetzt an der Reihe ist, eine der übrigen Kanten eliminieren und würde so im nächsten Zug nicht verlieren.

Fall 3: Der Graph enthält zwei Dreiecke mit einer gemeinsamen Kante, Abb. 5.8. In diesem Fall sind noch mindestens vier Ecken und fünf Kanten übrig. Außerhalb des vollständigen Graphen auf diesen vier Ecken kann es allerdings keine Kanten mehr geben, denn sonst könnte der Spieler, der jetzt an der Reihe ist, eine der übrigen Kanten eliminieren und würde so im nächsten Zug nicht verlieren. Die sechste Kante (hier gepunktet dargestellt), die den Graph vervollständigt, muss allerdings

Abb. 5.5 Der vollständige Graph der Ordnung 17

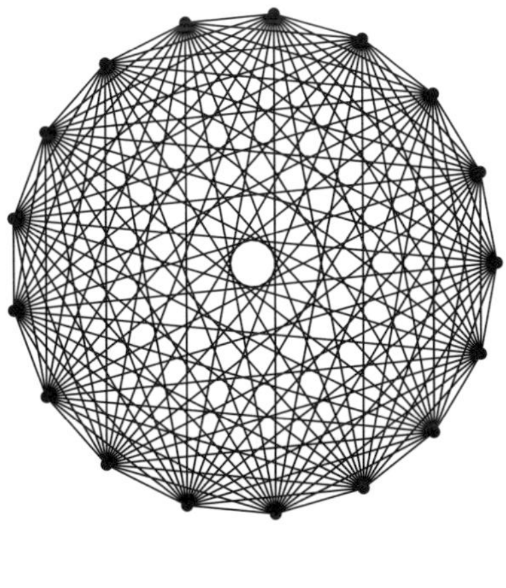

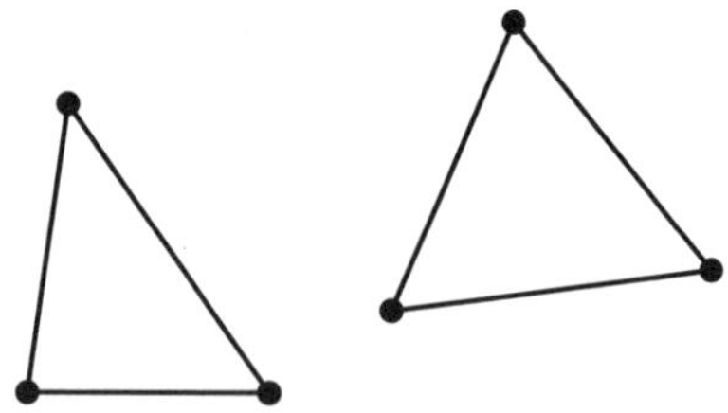

Abb. 5.6 Fall 1: Zwei disjunkte Dreiecke

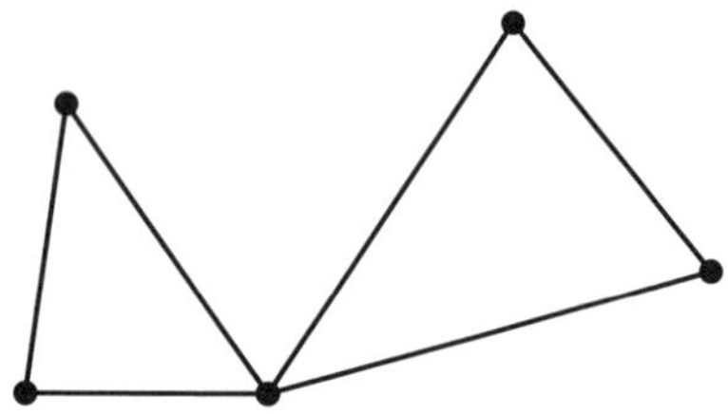

Abb. 5.7 Fall 2: Zwei Dreiecke mit gemeinsamer Ecke

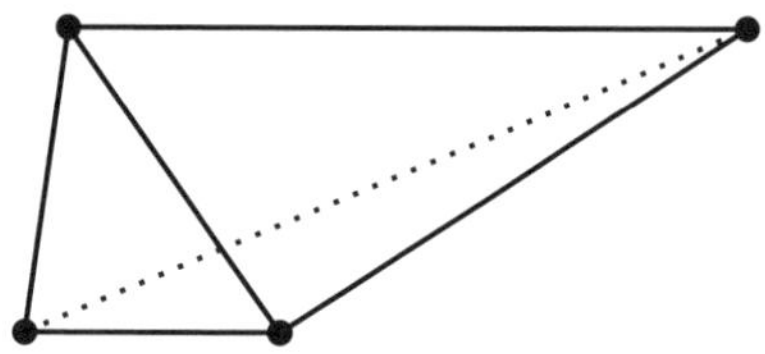

Abb. 5.8 Fall 3: Zwei Dreiecke mit gemeinsamer Kante

noch da sein, denn sonst könnte der Spieler, der jetzt an der Reihe ist, die gemeinsame Kante zwischen beiden Dreiecken entfernen und damit beide zerstören.

In allen Fällen gibt es in diesem Stadium noch sechs Kanten, eine gerade Zahl. Da wir mit einem Graphen mit $\binom{17}{2} = 136$ Kanten begonnen haben, muss eine gerade Anzahl an Zügen stattgefunden haben. Also ist Oh nun an der Reihe. Deshalb wird Ix das Spiel gewinnen.

Dreieckszerstörung kann auf einem vollständigen Graphen der Ordnung n gespielt werden. Mit denselben Überlegungen wie im Fall $n = 17$ sehen wir, dass Ix bei $n \equiv 0, 1 \pmod 4$ und Oh bei $n \equiv 2, 3 \pmod 4$ gewinnt.

5.9 Quadratzahlen in arithmetischer Progression

Die Zahlen 1, 25 und 49 sind drei Quadratzahlen in arithmetischer Progression (da $25 - 1 = 49 - 25$ ist). Dasselbe gilt für das Trio 4, 100 und 196. Es gibt unendlich viele Tripel, die aus Quadraten verschiedener natürlicher Zahlen in arithmetischer Progression bestehen, wie durch

$$\left(a^2 - 2ab - b^2\right)^2, \quad \left(a^2 + b^2\right)^2, \quad \left(b^2 - 2ab - a^2\right)^2$$

für natürliche Zahlen a und b mit $a > b$ belegt wird. Dies sind sicherlich Quadratzahlen. Wir können prüfen, dass sie eine arithmetische Progression bilden, indem wir die Ausdrücke ausmultiplizieren und den ersten vom zweiten sowie den zweiten vom dritten abziehen. Beide Differenzen sind gleich $4ab(a^2 - b^2)$.

Mit $a = 7$ und $b = 5$ erhalten wir zum Beispiel die arithmetische Progression

$$46^2 = 2116, \quad 74^2 = 5476, \quad 94^2 = 8836$$

mit gemeinsamer Differenz 3360.

Wie findet man eine solche Lösung? Wir benutzen eine Technik aus der Zahlentheorie, die von Diophantos stammt. Sie erlaubt es uns, rationale Punkte auf einer Kurve zu finden, falls wir einen rationalen Basispunkt haben. Wir bezeichnen die drei Zahlen mit x^2, y^2 und z^2 und verlangen $z^2 - y^2 = y^2 - x^2$, also

$$x^2 + z^2 = 2y^2 .$$

Mit $x' = x/y$ und $z' = z/y$ wird daraus

$$x'^2 + z'^2 = 2 .$$

Eine Lösung kennen wir, nämlich $(x', z') = (1, 1)$. Es gebe nun eine weitere Lösung (m, n) mit rationalen Zahlen m und n. Dann ist die Steigung der Geraden von $(1, 1)$ zu (m, n) eine rationale Zahl, die wir mit t bezeichnen. Es gilt $t = (n - 1)/(m - 1)$, woraus wir $n = t(m - 1) + 1$ erhalten. Also ist

$$m^2 + [t\,(m - 1) + 1]^2 = 2 ,$$

und daraus folgt

$$\left(1 + t^2\right) m^2 + \left(2t - 2t^2\right) m + \left(t^2 - 2t - 1\right) = 0 .$$

Als Lösung der quadratischen Gleichung ergibt sich

$$m = \frac{2t^2 - 2t \pm 2\,(1 + t)}{2\,(1 + t^2)} .$$

Mit dem positiven Vorzeichen erhalten wir die Lösung, die wir schon kennen, $(1, 1)$, also verwenden wir das negative Vorzeichen:

$$m = \frac{t^2 - 2t - 1}{t^2 + 1}, \quad n = \frac{-t^2 - 2t + 1}{t^2 + 1} .$$

Mit $t = a/b$, wobei a und b ganze Zahlen sind und $b \neq 0$ ist, ergibt sich

$$m = \frac{a^2 - 2ab - b^2}{a^2 + b^2}, \quad n = \frac{b^2 - 2ab - a^2}{a^2 + b^2} .$$

Wenn wir diese Werte mit $a^2 + b^2$ multiplizieren, erhalten wir die obige Lösung.

Es gibt also unendlich viele Tripel aus drei Quadratzahlen in arithmetischer Progression. Andererseits können vier Quadratzahlen niemals eine arithmetische Progression bilden. Dies wurde von Pierre de Fermat (1601–1665) vermutet und durch Leonhard Euler (1707–1783) bewiesen.

Eine weitere Anwendung der Methode des Diophantos besteht in der Parametrisierung aller rationalen Punkte auf dem Einheitskreis $x^2 + y^2 = 1$. Wenn wir $(0, -1)$ als Basispunkt nehmen, können wir zeigen, dass alle rationalen Punkte auf dem Einheitskreis mit Ausnahme dieses Basispunktes durch

$$x = \frac{2t}{1+t^2}, \quad y = \frac{1-t^2}{1+t^2}, \quad t \in \mathbb{Q},$$

gegeben sind. Wenn wir $t = \infty$ zulassen, erhalten wir auch den Punkt $(0, -1)$.

Auf ähnliche Weise können wir auch alle rationalen Punkte auf der Oberfläche der Einheitskugel (also auf der Einheitssphäre) $x^2 + y^2 + z^2 = 1$ parametrisieren. Wenn wir $(0, 0, -1)$ als Basispunkt nehmen, erhalten wir

$$x = \frac{2s}{1+s^2+t^2}, \quad y = \frac{2t}{1+s^2+t^2}, \quad z = \frac{1-s^2-t^2}{1+s^2+t^2}, \quad s, t \in \mathbb{Q}.$$

Für $s = t = \infty$ ergibt sich der Punkt $(0, 0, -1)$.

Wenn wir für s und t reelle Zahlen zulassen, dann ist diese Parametrisierung im Wesentlichen die stereografische Projektion der Ebene auf die Einheitskugel, die wir im Abschn. 2.10 besprochen haben.

5.10 Zufällige Hemisphären

Es seien n Hemisphären einer festen Sphäre (Kugeloberfläche) zufällig ausgewählt. Die Wahrscheinlichkeit, dass die gesamte Oberfläche von den Hemisphären abgedeckt wird, beträgt $1 - 2^{-n}(n^2 - n + 2)$. Hier ist ein Beweis: Jede Hemisphäre wird durch einen Großkreis begrenzt. Diese n Großkreise teilen die Oberfläche in $n^2 - n + 2$ Gebiete auf (wie durch vollständige Induktion bewiesen werden kann). Zu jedem Großkreis gibt es zwei Hemisphären mit diesem Großkreis als Rand. Wenn wir ein Gebiet und eine dieser beiden Hemisphären auswählen, dann beträgt die Wahrscheinlichkeit, dass die Hemisphäre dieses Gebiet überdeckt, demnach $1/2$. Die Wahrscheinlichkeit, dass das Gebiet von keiner einzigen der n Hemisphären überdeckt wird, beträgt dann 2^{-n}. Da es $n^2 - n + 2$ solche Gebiete gibt, ist die Wahrscheinlichkeit, dass wenigstens eines dieser Gebiete von keiner einzigen Hemisphäre überdeckt wird, gleich $2^{-n}(n^2 - n + 2)$. Nun ist die Wahrscheinlichkeit, dass die gesamte Sphäre überdeckt wird, die dazu komplementäre Wahrscheinlichkeit.

Das Ereignis, dass eine Sphäre nicht von n Hemisphären überdeckt wird, ist äquivalent zu dem Ereignis, dass die n Mittelpunkte der Hemisphären alle auf derselben Halbkugel liegen (warum?). Also haben wir auch gezeigt, dass die Wahrscheinlichkeit, dass n zufällige Punkte auf der Oberfläche einer Kugel in derselben Halbkugel enthalten sind, gleich $2^{-n}(n^2 - n + 2)$ ist.

Als Verallgemeinerung seien n Kugelkappen zufällig auf einer Kugeloberfläche gewählt. Der Mittelpunktswinkel jeder Kugelkappe sei 2α mit $0 < \alpha < \pi$. Für $\alpha = \pi/2$ sind die Kugelkappen wieder Hemisphären. Es sei $f(n)$ die Wahrscheinlichkeit, dass die gesamte Kugeloberfläche von den n Kugelkappen überdeckt wird. Für $f(n)$ ist keine exakte Formel bekannt, sondern nur die Asymptotik

$$\lim_{n\to\infty} \frac{\log(1 - f(n))}{n} = \log\left(1 - \sin^2\frac{\alpha}{2}\right),$$

wobei log den natürlichen Logarithmus bezeichnet.

5.11 Ungerade Binomialkoeffizienten

Eine natürliche Zahl n *dominiert* eine natürliche Zahl k, wenn alle Terme in der Zweierpotenzdarstellung von k auch in der entsprechenden Darstellung von n enthalten sind. Beispielsweise wird 9 von 45 dominiert, da $45 = 32 + 8 + 4 + 1$ und $9 = 8 + 1$ ist. Der Binomialkoeffizient $\binom{n}{k}$ ist genau dann ungerade, wenn k von n dominiert wird.

Eine Möglichkeit, dies zu beweisen, besteht darin zu zeigen, dass die höchste Potenz von 2, die noch $\binom{n}{k}$ teilt, mit der Anzahl der Überträge übereinstimmt, die bei der Addition von k und $n - k$ in Binärdarstellung entstehen. Hier gehen wir allerdings etwas anders vor und beginnen mit der folgenden Behauptung:

$$(x + 1)^{2^j} \equiv x^{2^j} + 1 \pmod 2, \quad j \geq 0.$$

Der Grund dafür ist, dass in dem Ausdruck auf der linken Seite alle Binomialkoeffizienten $\binom{2^j}{m}$ für $1 < m < 2^j$ gerade sind. Das wiederum liegt daran, dass

$$\binom{2^j}{m} = \frac{2^j\binom{2^j-1}{m-1}}{m}$$

ist und m das Produkt im Zähler der rechten Seite teilt, aber $m < 2^j$ ist.

Betrachten Sie nun einen festen Wert für n, zum Beispiel 45. Dann haben wir

$$\begin{aligned}(x + 1)^{45} &= (x + 1)^{32+8+4+1}\\ &= (x + 1)^{32}(1 + x)^8(1 + x)^4(1 + x)^1\\ &\equiv \left(1 + x^{32}\right)\left(1 + x^8\right)\left(1 + x^4\right)\left(1 + x^1\right) \pmod 2.\end{aligned}$$

Modulo 2 tauchen auf der linken Seite nur die ungeraden Binomialkoeffizienten auf, während auf der rechten Seite genau diejenigen Binomialkoeffizienten $\binom{45}{m}$ auftauchen, für die m von 45 dominiert wird. Damit ist das Ergebnis im Fall $n = 45$ bewiesen, und das allgemeine Resultat erhält man auf dieselbe Weise.

Eine unmittelbare Folgerung aus unserem Ergebnis ist, dass die Anzahl der ungeraden Einträge in der n-ten Zeile des Pascal'schen Dreiecks 2^α beträgt, wobei α die Anzahl der Einsen in der Binärdarstellung von n angibt.

Wenn Sie im Pascal'schen Dreieck übrigens die geraden Zahlen durch Nullen und die ungeraden Zahlen durch Einsen ersetzen, dann erhalten Sie ein Muster, das wie das Sierpiński-Dreieck aus Kap. 2 aussieht.

5.12 Das Frobenius'sche Briefmarkenproblem

Nehmen wir einmal an, es gäbe nur Briefmarken mit den Werten a und b, wobei a und b natürliche Zahlen größer als 1 mit größtem gemeinsamen Teiler (ggT) gleich 1 sind. Außerdem nehmen wir an, wir hätten einen unbeschränkten Vorrat an Briefmarken zur Verfügung.

Das Problem besteht nun darin, diejenigen natürlichen Zahlen zu finden, die sich nicht als Porto aus diesen Briefmarken zusammenstellen lassen.[2]

(a) Es gibt nur endlich viele Beträge, die sich nicht als Porto darstellen lassen.
(b) Der größte nicht darstellbare Betrag ist $ab - a - b$.
(c) Die Anzahl der nicht darstellbaren Beträge ist $(ab - a - b + 1)/2$.

Wenn zum Beispiel $a = 3$ und $b = 5$ ist, dann können wir alle Beträge außer 1, 2, 4 und 7 darstellen.

Falls $\text{ggT}(a, b) \neq 1$ ist, gibt es unendlich viele nicht darstellbare Beträge. Für $a = 2$ und $b = 4$ ließe sich zum Beispiel kein ungerader Betrag darstellen.

(a) Wir zeigen, dass sich jeder Betrag $c > ab$ mit einer positiven Anzahl von a- und b-Marken zusammenstellen lässt. Daraus folgt dann, dass die Anzahl der nicht darstellbaren Beträge endlich ist.

Ein bekannter Satz aus der Zahlentheorie besagt: Wenn a und b teilerfremde natürliche Zahlen sind (d. h., es gilt $\text{ggT}(a, b) = 1$), dann gibt es ganze Zahlen x_0 und y_0 mit $ax_0 + by_0 = 1$. Es sei nun $c > ab$. Wir wollen zeigen, dass es natürliche Zahlen x und y mit $ax + by = c$ gibt. Das ist äquivalent dazu, dass die Gerade $ax + by = c$ einen Punkt mit ganzzahligen Koordinaten im ersten Quadranten der Ebene enthält (Abb. 5.9).

Für jede ganze Zahl t gilt

$$a\,(x_0 c + bt) + b\,(y_0 c - at) = c\,.$$

Also gibt es ganzzahlige Punkte auf der Geraden, die zudem in Abständen von $\sqrt{a^2 + b^2}$ voneinander entfernt liegen. Wenn wir zeigen, dass das Geradenstück im ersten Quadranten länger ist als dieser Abstand, dann folgt die Behauptung. Und

[2] Der Erfinder dieses Problems, Ferdinand Georg Frobenius (1849–1917), leistete Beiträge auf den Gebieten der Differenzialgleichungen und der Gruppentheorie.

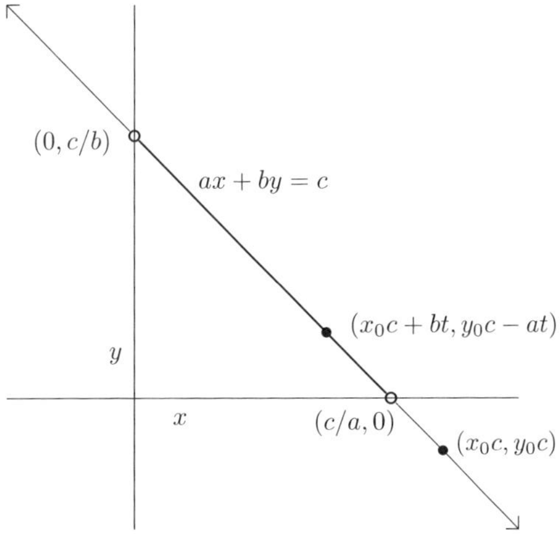

Abb. 5.9 Die Gerade $ax + by = c$

tatsächlich gilt

$$c > ab \implies \frac{c}{ab}\sqrt{a^2 + b^2} > \sqrt{a^2 + b^2} \implies \sqrt{\left(\frac{c}{a}\right)^2 + \left(\frac{c}{b}\right)^2} > \sqrt{a^2 + b^2}\,.$$

Also muss eine ganzzahlige Lösung im ersten Quadranten liegen, und wir sind fertig.

(b) Eine erzeugende Funktion liefert uns die Behauptung. Ohne Beschränkung der Allgemeinheit können wir $a < b$ voraussetzen. Die erzeugende Funktion der nichtnegativen ganzzahligen Beträge, die ohne Verwendung der b-Marken (und mit einer beliebigen Anzahl an a-Marken) darstellbar sind, lautet

$$1 + x^a + x^{2a} + \ldots = \frac{1}{1 - x^a}\,.$$

Die erzeugende Funktion der Beträge, die mit einer b-Marke darstellbar sind, lautet

$$x^b + x^{a+b} + x^{2a+b} + \ldots = \frac{x^b}{1 - x^a}\,.$$

Die erzeugende Funktion der Beträge, die mit zwei b-Marken darstellbar sind, lautet

$$x^{2b} + x^{a+2b} + x^{2a+2b} + \ldots = \frac{x^{2b}}{1 - x^a}\,.$$

$$\ldots$$

Die erzeugende Funktion der Beträge, die mit $a - 1$ der b-Marken darstellbar sind, lautet

$$x^{(a-1)b} + x^{a+(a-1)b} + x^{2a+(a-1)b} + \ldots = \frac{x^{(a-1)b}}{1 - x^a}\,.$$

Hier können wir aufhören, denn die Beträge, die mit mindestens a Exemplaren der b-Marken darstellbar sind, haben wir bereits gezählt (durch Verwendung von mindestens b Exemplaren der a-Marken). Also ist die erzeugende Funktion aller darstellbaren nichtnegativen ganzzahligen Beträge gleich

$$\frac{1}{1-x^a}\left(1+x^b+x^{2b}+\ldots+x^{(a-1)b}\right)=\frac{1-x^{ab}}{(1-x^a)(1-x^b)}\,.$$

Die erzeugende Funktion sämtlicher nichtnegativen ganzzahligen Beträge lautet

$$1+x+x^2+\ldots=\frac{1}{1-x}\,.$$

Demnach ist die erzeugende Funktion aller nicht darstellbaren Beträge gleich

$$\frac{1}{1-x}-\frac{1-x^{ab}}{(1-x^a)\left(1-x^b\right)}=\frac{(1-x^a)\left(1-x^b\right)-(1-x)\left(1-x^{ab}\right)}{(1-x)(1-x^a)\left(1-x^b\right)}\,.$$

Aus (a) wissen wir bereits, dass diese rationale Funktion ein Polynom sein muss. Der größte mit den a- und b-Marken nicht darstellbare Betrag ist der Grad dieses Polynoms, also der Grad des Zählers minus der Grad des Nenners:

$$(ab+1)-(a+b+1)=ab-a-b\,.$$

(c) Die Anzahl der nicht darstellbaren Beträge ist gleich der Anzahl der nicht verschwindenden Terme im obigen Polynom. Diese erhalten wir, indem wir das Polynom bei $x=1$ auswerten oder, äquivalent dazu, indem wir den Grenzwert der erzeugenden Funktion für $x\to 1$ berechnen. Da Zähler und Nenner beide dabei gegen 0 streben, wenden wir die Regel von de l'Hospital an, und wie sich herausstellt, muss sie sogar dreimal angewendet werden. Die dritte Ableitung des Zählers an der Stelle $x=1$ ist

$$-3ab\,(ab-a-b+1)\,.$$

Die dritte Ableitung des Nenners an der Stelle $x=1$ ist

$$-6ab\,.$$

Deren Quotient beträgt

$$\frac{ab-a-b+1}{2}\,,$$

und damit ist dies die Anzahl der natürlichen Zahlen, die sich nicht als Porto aus Briefmarken mit den Werten a und b zusammenstellen lassen.

Die Verallgemeinerung des Frobenius'schen Problems auf Briefmarken mit drei verschiedenen Werten ist ungelöst. In [40] finden Sie einen algorithmischen Zugang zu dem Problem sowie eine Übersicht der bisherigen Resultate.

5.13 Die Perrin-Folge

Mit $\{a_n\}$ sei der n-te Term der *Perrin-Folge* bezeichnet (benannt nach dem französischen Mathematiker R. Perrin), die durch

$$a_0 = 3,\ a_1 = 0,\ a_2 = 2\,,$$

$$a_n = a_{n-2} + a_{n-3},\ \ n \geq 3\,,$$

definiert ist. Jede Primzahl p teilt das Folgenglied a_p, in Symbolen: $p \mid a_p$. In [34] finden Sie drei „gefällige" Beweise dieser Perrin'schen Eigenschaft.

Hier werden wir ein einfaches Abzählargument geben, welches auf der Tatsache beruht, dass a_n auch die Anzahl der maximalen stabilen Teilmengen von $\{1, 2, 3, \ldots, n\}$ angibt, wie Zoltán Füredi im Jahr 1987 bemerkte.

Es bezeichne b_n die Anzahl der maximalen stabilen Teilmengen von $\{1, 2, 3, \ldots, n\}$ mit $n \geq 2$. Dabei bedeutet das Wort *stabil* (eine andere Bezeichnung ist *unabhängig*), dass die Teilmenge keine zwei aufeinanderfolgenden Zahlen enthält (wobei 1 und n als aufeinanderfolgend betrachtet werden). Das Wort *maximal* bedeutet, dass der Teilmenge keine weiteren Elemente hinzugefügt werden können. Ein Beispiel einer maximalen stabilen Teilmenge von $\{1, 2, 3, 4, 5, 6, 7\}$ ist $\{1, 4, 6\}$.

Wir werden $a_n = b_n$ für $n \geq 2$ zeigen und damit dann beweisen, dass $p \mid a_p$ für Primzahlen p gilt.

Andererseits impliziert $n \mid a_n$ jedoch nicht, dass n Primzahl wäre. Das kleinste Gegenbeispiel ist $n = 271.441 = 521^2$.

Die Anfangswerte $b_2 = 2$, $b_3 = 3$ und $b_4 = 2$ lassen sich leicht nachprüfen und stimmen mit dem Beginn der Perrin-Folge überein.

Wir bezeichnen nun das größte Element einer maximalen stabilen Teilmenge von $\{1, 2, 3, \ldots, n\}$ mit k und das zweitgrößte mit j. Dann gilt sicherlich entweder $k = j + 2$ oder $k = j + 3$. Wenn wir k und alle Zahlen zwischen k und j eliminieren, erhalten wir eine maximale stabile Teilmenge einer Menge mit entweder $n - 2$ Elementen (wenn $k = j + 2$ ist) oder mit $n - 3$ Elementen (wenn $k = j + 3$ ist). Diese Transformation und ihre Umkehrabbildung zeigen, dass $b_n = b_{n-2} + b_{n-3}$ für $n \geq 3$ gilt. Also folgt $a_n = b_n$ für $n \geq 2$.

Nun können wir einen kombinatorischen Beweis dafür angeben, dass jede Primzahl p die p-te Perrin-Zahl teilt. Es sei also p eine Primzahl. Wir betrachten die Abbildung f, die auf den maximalen stabilen Teilmengen von $\{1, \ldots, p\}$ dadurch definiert ist, dass sie eine solche Menge nimmt und sie um einen Schritt nach vorne rotiert: $f(k) = k + 1$ für $k < p$ und $f(p) = 1$. Klar ist, dass dabei aus einer maximalen stabilen Teilmenge von $\{1, \ldots, p\}$ wieder eine solche Menge wird. Wir behaupten, dass f keinen Fixpunkt hat; es gibt also keine maximale stabile Teilmenge T von $\{1, \ldots, p\}$, für die f, auf T angewendet, wieder T ergibt. Denn wenn es ein solches T gäbe, dann hätten wir für jedes Element $t \in T$ nach Definition von f auch $t + 1 \in T$. Doch dann müsste T alle Elemente von $\{1, \ldots, p\}$ enthalten und könnte nicht stabil sein. Darüber hinaus behaupten wir nun, dass jede stabile Teilmenge T von $\{1, \ldots, p\}$ unter f die Ordnung p hat. Das bedeutet, dass f p-mal auf T angewendet werden muss, bis man wieder T erhält, und ich über-

n	$p(n)$
1	1
2	3
3	19
4	219
5	4 231
6	130 023
7	6 129 859
8	431 723 379
9	44 511 042 511
10	6 611 065 248 783
11	1 396 281 677 105 899
12	414 864 951 055 853 499
13	171 850 728 381 587 059 351
14	98 484 324 257 128 207 032 183
15	77 567 171 020 440 688 353 049 939
16	83 480 529 785 490 157 813 844 256 579
17	122 152 541 250 295 322 862 941 281 269 151
18	241 939 392 597 201 176 602 897 820 148 085 023

Abb. 5.10 Die derzeit bekannten Werte für die Anzahlen der Halbordnungen

lasse es Ihnen als Übungsaufgabe (es beruht auf der Tatsache, dass p eine Primzahl ist). Insgesamt folgt aus diesen Beobachtungen, dass sich die Menge der maximalen stabilen Teilmengen von $\{1, \ldots, p\}$ in Mengen partitionieren lässt, die aus jeweils p maximalen stabilen Teilmengen bestehen; und das bedeutet, dass p ein Teiler der Anzahl aller Mengen sein muss, also $p \mid a_p$.

5.14 Die Anzahl der Halbordnungen

Eine *Halbordnung* auf einer Menge ist eine zweistellige Relation, die transitiv, reflexiv und antisymmetrisch ist (mehr dazu in Kap. 8). Beispielsweise ist die Relation „a teilt b" eine Halbordnung auf der Menge $\{1, 2, 3, 4, 5, 6\}$. Mit $p(n)$ bezeichnen wir die Anzahl der Halbordnungen auf der Menge $\{1, \ldots, n\}$. Es ist keine Formel für $p(n)$ bekannt. Die Tabelle in Abb. 5.10 führt alle derzeit bekannten Werte von $p(n)$ auf; sie sind auch unter der Nummer A001035 in der On-Line Encyclopedia of Integer Sequences[3] zu finden.

Die Einerziffern scheinen periodisch mit Periode 4 zu sein; der Block 1, 3, 9, 9 wiederholt sich immer wieder. Können wir das beweisen?

Wenn wir uns mit einer anspruchsvollen mathematischen Frage konfrontiert sehen, ist es oft eine gute Idee zu verallgemeinern, um so zu einem besseren Verständnis zu gelangen. Versuche mit anderen Moduln deuten darauf hin, dass die Folge periodisch mit Periode $m-1$ sein wird, wenn der Modul m eine Primzahl ist. Bei einer Primzahlpotenz als Modul m scheint die Folge periodisch mit Periode $\phi(m)$ zu sein, wobei ϕ die Euler'sche ϕ-Funktion ist. (Diese Funktion zählt die natürlichen Zahlen kleiner als m, die teilerfremd zu m sind.) Bei einem beliebigen Modul m

[3] http://oeis.org

sieht es so aus, als sei die Folge periodisch mit einer Periode, die gleich dem kleinsten gemeinsamen Vielfachen (kgV) der Einzelperioden ist. Wenn zum Beispiel $m = 12$ ist, dann scheint die Periode gleich $\mathrm{kgV}(\phi(4), \phi(3)) = \mathrm{kgV}(2, 2) = 2$ zu sein.

Wir wollen nun unsere Vermutung für den Fall beweisen, dass m eine Primzahl ist. Ursprünglich wurde dieses Ergebnis von Senon I. Borewitsch im Jahr 1984 bewiesen, aber hier werden wir einen schönen (bisher unveröffentlichten) Beweis von Aaron Meyerowitz aus dem Jahr 2010 geben. Er hat Ähnlichkeit mit dem Beweis einer Eigenschaft der Perrin-Folge aus dem vorhergehenden Abschnitt.

Wir werden zeigen, dass

$$p(n + m - 1) \equiv p(n) \pmod{m}, \quad n \geq 1 ,$$

für Primzahlen m gilt. Da es leichter ist, den Beweis anhand konkreter Zahlen nachzuvollziehen, verwenden wir von nun an $m = 5$ und $n = 3$. Wir wollen also zeigen:

$$p(7) \equiv p(3) \pmod{5} .$$

Wie Sie sich erinnern werden, gibt $p(3)$ die Anzahl der Halbordnungen auf der Menge $\{1, 2, 3\}$ an. Die Schlüsselidee ist nun, die 3 in dieser Menge durch fünf Klone zu ersetzen, etwa $3a$, $3b$, $3c$, $3d$ und $3e$. Unsere neue Menge besteht aus sieben Elementen: $\{1, 2, 3a, 3b, 3c, 3d, 3e\}$ und ist bezüglich der Halbordnungen äquivalent zu der Menge $\{1, 2, 3, 4, 5, 6, 7\}$. Es sei σ eine Permutation auf $\{1, 2, 3a, 3b, 3c, 3d, 3e\}$, welche die 1 und die 2 festhält und die Klone zyklisch permutiert:

$$\sigma = (1)\,(2)\,(3a, 3b, 3c, 3d, 3e) .$$

Durch σ wird eine Permutation auf der Menge aller Halbordnungen von $\{1, 2, 3a, 3b, 3c, 3d, 3e\}$ induziert. Deren Orbits können nur die Länge 1 oder die Länge 5 haben, da σ aus einem Fünferzyklus besteht und 5 eine Primzahl ist. Da wir modulo 5 zählen, können wir die Orbits der Länge 5 ignorieren. Wann erzeugt σ einen Orbit der Länge 1, also einen Fixpunkt? Wenn σ eine Halbordnung unverändert lässt, dann kann zwischen den Klonen keine Relation existieren (außer der reflexiven), denn sonst würde ein Klon ohne Vorgänger auf einen Klon mit Vorgänger abgebildet. Zudem muss jeder Klon sich genauso verhalten wie das Element 3 in der Menge $\{1, 2, 3\}$. Also stehen die Orbits der Länge 1 in bijektiver Beziehung zu den Halbordnungen auf $\{1, 2, 3\}$. Damit ist die Kongruenz bewiesen, und der allgemeine Fall einer Primzahl m folgt ganz analog.

Können wir diese Schlussweise verfeinern (etwa, indem wir Klone von Klonen definieren), sodass auch der Fall einer Primzahlpotenz m abgedeckt ist? Für unsere Zwecke benötigen wir das Resultat nur für Primzahlen m. Denn wenn wir es für $m = 2$ und $m = 5$ betrachten, dann sehen wir, dass $p(n+1) - p(n)$ für alle n durch 2 teilbar ist (demnach müssen alle $p(n)$ ungerade sein) und dass $p(n+4) - p(n)$ für alle n durch 5 teilbar ist. Daraus folgt, dass $p(n+4) - p(n)$ für alle n durch 10 teilbar ist; und deshalb wird sich der Block 1, 3, 9, 9 bis in alle Ewigkeit wiederholen. Es ist ein befriedigendes Gefühl, dass wir eine derartige Aussage über eine Folge beweisen können, von der sich nicht allzu viele Werte berechnen lassen.

5.15 Perfekte fehlerkorrigierende Codes

Ein *Binärcode* ist eine Menge von binären Vektoren fester Länge. Ein Beispiel für einen solchen Code ist die Menge

$$\{(0,0,1),\ (1,1,0),\ (1,1,1)\}\ .$$

Die Elemente eines Codes heißen *Codewörter.*

Wenn wir Information über einen verrauschten Kanal übertragen und dabei mit Fehlern rechnen müssen, können wir die Information zunächst in Codewörtern codieren. Der *Abstand* zwischen zwei Binärstrings ist die Anzahl der Koordinaten, bei denen sie sich unterscheiden. So beträgt der Abstand zwischen $(0,0,1)$ und $(1,1,1)$ zum Beispiel 2, da sie sich an der ersten und zweiten Stelle unterscheiden. Der *Abstand* eines Codes ist der kleinste Abstand zwischen zwei Codewörtern. Der obige Code hat den Abstand 1.

Für einen Code mit dem Abstand $2e + 1$ gibt es eine Methode, mit der e oder weniger Fehler (Änderungen einzelner Bits) korrigiert werden können: Wenn während der Übertragung eines Codeworts höchstens e Fehler aufgetreten sind, dann können wir davon ausgehen, dass das eigentlich beabsichtigte Codewort dasjenige ist, das sich innerhalb des Abstands e von dem empfangenen Binärvektor befindet.

Wir stellen uns also vor, dass jedes Codewort von einer Kugel mit dem Radius e umgeben ist, die aus allen Binärvektoren besteht, deren Abstand vom Mittelpunkt höchstens e beträgt. Wenn diese Vektoren decodiert werden, ergibt sich stets das Codewort in der Mitte. Es sei n die Länge der Vektoren; dann umfasst die Kugel mit Radius e insgesamt

$$\sum_{i=0}^{e} \binom{n}{i}$$

Binärvektoren, denn es gibt $\binom{n}{i}$ Binärvektoren, die an genau i Stellen von dem Codewort in der Mitte abweichen $(0 \leq i \leq e)$.

Ein Code kann genau dann e Fehler korrigieren, wenn die Kugeln mit Radius e um die Codewörter disjunkt sind. Da es 2^n Binärstrings der Länge n gibt, muss dann für einen Code mit w Codewörtern notwendigerweise

$$w \sum_{i=0}^{e} \binom{n}{i} \leq 2^n$$

gelten. Wenn hier die Gleichheit gilt, dann sagen wir, dass ein Code *perfekt* ist. Ein perfekter Code ist ein spezielles mathematisches Objekt. Er ist äquivalent zu einer Kugelpackung von w disjunkten Kugeln mit Radius e in einem n-dimensionalen binären Vektorraum.

Bei einem perfekten Code müssen die Größen w und $\sum_{i=0}^{e} \binom{n}{i}$ jeweils Zweierpotenzen sein, da ihr Produkt eine Zweierpotenz ist. Dies stellt sich als eine massive Einschränkung für die Existenz perfekter Codes heraus. Lassen Sie uns dabei die

Fälle $e = 0$ (bei dem jeder Binärvektor ein Codewort ist), $e = n$ (bei dem es nur ein Codewort gibt) und $e = (n - 1)/2$ bei ungeradem n (bei dem es nur zwei Codewörter gibt) außer Betracht lassen. Abgesehen von diesen trivialen Fällen gibt es eine unendliche Familie perfekter Codes mit $e = 1$, die *Hamming-Codes* heißen.[4] Die einzig anderen Werte für (n, e), die überhaupt möglich sind, sind $(23, 3)$ und $(90, 2)$. Das ist nicht leicht zu beweisen, aber mit einer Computersuche können Sie sich davon überzeugen, dass es möglicherweise richtig ist. Jedenfalls gilt

$$\binom{23}{0} + \binom{23}{1} + \binom{23}{2} + \binom{23}{3} = 2^{11} \quad \text{und} \quad \binom{90}{0} + \binom{90}{1} + \binom{90}{2} = 2^{12} .$$

Tatsächlich gibt es keinen perfekten Code mit $(n, e) = (90, 2)$. Angenommen, es gäbe einen solchen Code. Ohne Beschränkung der Allgemeinheit können wir annehmen, dass der Code den Nullvektor der Länge 90 enthält. Es sei X die Menge der Binärvektoren, deren ersten beiden Koordinaten gleich 1 sind und die genau eine weitere 1 enthalten. Da es 88 Möglichkeiten für diese dritte Koordinate mit der 1 gibt, muss X genau 88 Elemente enthalten. Da der Code perfekt ist, ist jedes Element von X in genau einer Kugel mit Radius 2 um ein Codewort enthalten. Solch ein Codewort muss genau fünf Einsen haben (warum?). Es sei Y die Menge der Codewörter mit genau fünf Einsen. Da die Kugel um jedes solche Codewort genau drei Elemente von X enthält, haben wir $3|Y| = |X| = 88$. Nun ist jedoch 88 nicht durch 3 teilbar, sodass wir einen Widerspruch erhalten. Es gibt also keinen perfekten Code mit $(n, e) = (90, 2)$.

Ein perfekter Binärcode mit $(n, e) = (23, 3)$, *Golay-Code* genannt, wurde von dem Mathematiker und Physiker Marcel J. E. Golay (1902–1989) entdeckt. Wir werden hier eine Konstruktion des Golay-Codes angeben, die auf einer Idee von Robert T. Curtis und Tony R. Morris basiert ([6]). Die Idee ist, den Golay-Code als einen Vektorraum darzustellen, nämlich den Vektorraum aller Linearkombinationen der Zeilenvektoren einer (12×24)-Matrix. Damit erhalten wir einen Code, bei dem die Codewörter die Länge 24 haben. Wenn wir dann eine beliebige Koordinate löschen, erhalten wir einen perfekten Code der Länge 23.

Es sei $\mathcal{G}$ der *Ikosaeder-Graph* (Abb. 5.11). Er hat zwölf Ecken, die den zwölf Ecken des regulären Ikosaeders entsprechen. Zwei Ecken des Graphen sind dann und nur dann benachbart (durch eine Kante verbunden), wenn sich die entsprechenden Ecken des Ikosaeders an einer Kante als Endpunkte gegenübersitzen. Die Ecken von $\mathcal{G}$ seien von 1 bis 12 durchnummeriert. Wir betrachten Vektoren der Länge 24 und schreiben sie in der Form $\langle x, y\rangle$, wobei x der charakteristische Vektor einer beliebigen Teilmenge der Ecken von $\mathcal{G}$ sein kann und y dann der charakteristische Vektor der Menge derjenigen Ecken von $\mathcal{G}$ ist, die zu einer ungeraden Anzahl von Ecken aus x *nicht* benachbart sind. Wenn zum Beispiel

$$x = \langle 1, 1, 0, 0, 0, 0, 0, 0, 0, 0, 0, 0\rangle$$

[4] Hamming-Codes wurden von Richard Hamming (1915–1998) entdeckt.

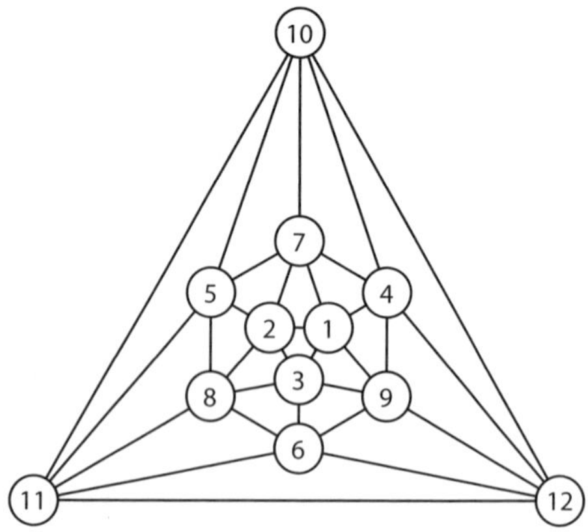

Abb. 5.11 Der Ikosaeder-Graph

ist, dann ist

$$y = \langle 1, 1, 0, 1, 1, 0, 0, 1, 1, 0, 0, 0 \rangle \ .$$

Die Generatormatrix des erweiterten Golay-Codes ist $M = [I_{12}|A]$, wobei A die Nichtadjazenzmatrix des Ikosaeder-Graphen und I_{12} die (12×12)-Einheitsmatrix ist. Der Eintrag an der Stelle ij von A ist 1, wenn die Ecken i und j nicht benachbart sind, und 0, wenn sie benachbart sind. Keine Ecke ist zu sich selbst benachbart, sodass alle Einträge auf der Hauptdiagonalen von A gleich 1 sind. Diese Generatormatrix M codiert die Information, dass y die Menge derjenigen Ecken von $\mathcal{G}$ darstellt, die zu einer ungeraden Anzahl von durch x dargestellten Ecken nicht benachbart sind.

Ein beliebiger Binärvektor v der Länge 12 wird auf vM abgebildet, und das Bild ist ein Binärvektor der Länge 24. Die Bildmenge besteht aus insgesamt 2^{12} verschiedenen Vektoren, da die Zeilen von M linear unabhängig sind. Für $v = 0$ ist vM der Vektor aus lauter Nullen. Wir behaupten, dass alle anderen Bildvektoren entweder acht Einsen, zwölf Einsen, sechzehn Einsen oder vierundzwanzig Einsen enthalten. Am einfachsten lässt sich das zeigen, indem wir einen Computer dazu bringen, alle Multiplikationen durchzuführen und dabei die Einsen in den Bildvektoren zu zählen. Wenn wir nun eine Koordinate löschen, erhalten wir den Golay-Code mit $(n, e) = (23, 3)$, der 2^{12} Codewörter der Länge 23 hat, von denen sich je zwei stets an mindestens sieben Stellen unterscheiden.

Der Golay-Code ist speziell. Seine Automorphismengruppe (die Gruppe derjenigen Permutationen der Koordinaten, die den Code nicht verändern) ist die Mathieu-Gruppe[5] M_{23}, eine sporadische einfache Gruppe der Ordnung $23 \cdot 22 \cdot 21 \cdot 20 \cdot 16 \cdot 3$. Die 759 Codewörter mit Gewicht 8 im erweiterten Golay-Code erzeugen ein Steinersystem[6] $S(5, 8, 24)$.

In [45] finden Sie eine besonders klare Darstellung der Codierungstheorie.

[5] Émile Léonard Mathieu (1835–1890) entdeckte fünf sporadische einfache Gruppen.

[6] Jakob Steiner (1796–1863) war ein Geometer, der hauptsächlich auf dem Gebiet der synthetischen Geometrie arbeitete.

5.16 Zauberei mit Binomialkoeffizienten

Im Jahr 1891 fand A. C. Dixon[7] eine Formel für die alternierende Summe der dritten Potenzen der Binomialkoeffizienten:

$$\sum_{k=0}^{2n}(-1)^k\binom{2n}{k}^3=(-1)^n\frac{(3n)!}{(n!)^3}\,.$$

Es gibt zwar auch Formeln für die Summen der ersten und zweiten Potenzen der Binomialkoeffizienten, nämlich

$$\sum_{k=0}^{n}\binom{n}{k}=2^n \quad\text{und}\quad \sum_{k=0}^{n}\binom{n}{k}^2=\binom{2n}{n}$$

(zu finden etwa in [17]), jedoch ist keine Auswertung für die Summe über deren dritte Potenzen bekannt,

$$\sum_{k=0}^{n}\binom{n}{k}^3\,.$$

Wir wollen nun Dixons Formel beweisen. Dazu werden wir sie als einen Spezialfall einer allgemeineren Formel betrachten. In der Mathematik ist das eine übliche Strategie. Manchmal lässt sich eine allgemeinere Formel leichter beweisen als ein einzelner Spezialfall. Da es hier um dritte Potenzen von Binomialkoeffizienten geht, ist es naheliegend, dies zu einer Summe über das Produkt dreier verschiedener Binomialkoeffizienten zu verallgemeinern. Mit etwas Überlegung kommen wir zu einer Vermutung, die als *Dixons Identität* bekannt ist: Es gilt anscheinend

$$\sum_{j=-\infty}^{\infty}(-1)^j\binom{a+b}{a+j}\binom{b+c}{b+j}\binom{c+a}{c+j}=\frac{(a+b+c)!}{a!\,b!\,c!}$$

für nichtnegative ganze Zahlen a, b und c. Der Summationsbereich ist de facto endlich, da der Summand außerhalb des Intervalles $-a\le j\le a$ gleich 0 ist. Wenn wir $a=b=c=n$ setzen und die Variablensubstitution $j\leftarrow k-n$ durchführen, erhalten wir wieder den gewünschten Spezialfall.

Wir behandeln nun Dixons Identität als eine Identität in einer Variablen, während die anderen beiden Variablen festgehalten werden. Wir ersetzen also a durch m und stellen uns b und c als Konstanten vor. Dann lautet die Identität

$$f(m)=\sum_{j=-\infty}^{\infty}(-1)^j\binom{m+b}{m+j}\binom{b+c}{b+j}\binom{c+m}{c+j}=\frac{(m+b+c)!}{m!\,b!\,c!}\,.$$

[7] Alfred Cardew Dixon (1865–1936) arbeitete hauptsächlich auf dem Gebiet der Differenzialgleichungen. Dixon schrieb die Summenformel Frank Morley zu, dem Geometer, von dem Morleys Satz über die Teilungslinien bei einer Dreiteilung der Dreieckswinkel stammt.

Dies wollen wir für alle $m \geq 0$ beweisen. Wenn $m = 0$ ist, gibt es nur einen nicht verschwindenden Summanden (den für $j = 0$), und die Identität lautet $\binom{b+c}{b} = (b+c)!/(b!\,c!)$, was richtig ist. Was passiert, wenn m auf $m+1$ anwächst? Dann müssten wir Folgendes erhalten:

$$\frac{f(m+1)}{f(m)} = \frac{(m+1+b+c)!}{(m+1)!\,b!\,c!} \cdot \frac{m!\,b!\,c!}{(m+b+c)!} = \frac{m+b+c+1}{m+1}, \qquad m \geq 0\,.$$

Wenn wir also diese Beziehung beweisen können, dann folgt $f(m) = (m+b+c)!/(m!\,b!\,c!)$ für alle $m \geq 0$ mittels Induktion, und da wir dies mit allen drei Variablen machen können, ist Dixons Identiät damit dann bewiesen. Wir schreiben die zu beweisende Beziehung als

$$(m+1)\,f(m+1) - (m+1+b+c)\,f(m) = 0\,.$$

Nun verwenden wir Teleskopreihen. Dazu bezeichnen wir den Summanden in Dixons Identität als

$$f(m,j) = (-1)^j \binom{m+b}{m+j}\binom{b+c}{b+j}\binom{c+m}{c+j}.$$

Nach Definition gilt

$$\sum_j f(m,j) = f(m)\,.$$

Wir wollen nun eine Funktion $g(m,j)$ finden, für die

$$(m+1)\,f(m+1,j) - (m+1+b+c)\,f(m,j) = g(m,j+1) - g(m,j) \qquad (*)$$

gilt. Denn wenn wir beide Seiten von $(*)$ über alle ganzen Zahlen j summieren, dann wird die rechte Seite teleskopieren, und wenn diese Teleskopreihe die Summe 0 hat, dann sind wir fertig! Wenn wir also solch ein $g(m,j)$ finden können, dann hätten wir einen Beweis für die Identität, der nur aus einer Zeile besteht.

Aus Erfahrung wissen wir, dass wir oft eine Funktion der Form

$$g(m,j) = r(m,j)\,f(m,j)$$

mit einer von m und j abhängenden rationalen Funktion $r(m,j)$ wählen können. Eine Möglichkeit in unserem jetzigen Fall ist

$$r(m,j) = \frac{(b+j)(c+j)}{2\,(j-m-1)}\,.$$

Wie kommen wir auf eine derartige rationale Funktion? Eine Möglichkeit besteht darin, einen Computer mit einigen Werten von $f(m,j)$ zu füttern, um so Zähler und Nenner von $r(m,j)$ zu raten (falls sie keinen zu hohen Grad haben). Wenn wir

$g(m, j)$ erst einmal gefunden haben, dann können wir leicht mit dem Computer oder per Hand nachprüfen, dass $(*)$ erfüllt ist. Damit summiert sich die Teleskopreihe zu 0, da für hinreichend große oder kleine j der Summand $f(m, j) = 0$ ist. Lassen Sie uns noch per Hand nachprüfen, dass $(*)$ erfüllt ist.

Um möglichst viele Fakultäten loszuwerden, dividieren wir jeden Term von $(*)$ durch $f(m, j)$, wobei wir uns daran erinnern, dass $g(m, j) = r(m, j)\, f(m, j)$ definiert war. Aus der linken Seite wird dann

$$\frac{(m+1)(m+b+1)(m+c+1)}{(m+1+j)(m+1-j)} - (m+b+c+1)$$

und aus der rechten Seite

$$\frac{(b-j)(c-j)}{2(j+m+1)} - \frac{(b+j)(c+j)}{2(j-m-1)}.$$

Mit elementaren algebraischen Umformungen sehen wir nun, dass beide Ausdrücke gleich sind.

Damit ist der Beweis von Dixons Identität und der oben diskutierten speziellen Formel abgeschlossen.

Die Funktionen $f(m, j)$ und $g(m, j)$, die in unserer Lösung aufgetaucht sind, heißen *WZ-Paar*, benannt nach den Entdeckern dieser Methode, Herbert Wilf und Doron Zeilberger. Eine vollständige Beschreibung der WZ-Methode finden Sie in [42].

Wir hätten die WZ-Methode auch direkt auf Dixons Formel anwenden können, ohne dass wir die allgemeinere Identität benötigt hätten. Allerdings wäre die rationale Funktion dann komplizierter gewesen. Vielleicht wollen Sie die Methode einmal selbst anwenden, um die Formeln

$$\sum_{k=0}^{n} \binom{n}{k} = 2^n, \quad \sum_{k=0}^{n} \binom{n}{k}^2 = \binom{2n}{n} \quad \text{und} \quad \sum_{k=0}^{2n} (-1)^k \binom{2n}{k}^2 = (-1)^n \binom{2n}{n}$$

zu beweisen. Bei diesen Formeln können Sie die Methode direkt anwenden, ohne dass allgemeinere Identitäten benötigt werden.

5.17 Eine Gruppe von Operationen

Es sei ein Raster aus 4×4 Feldern gegeben (Abb. 5.12). Auf diesem Raster können wir drei Operationen ausführen:

- Vertauschen von zwei beliebigen Zeilen.
- Vertauschen von zwei beliebigen Spalten.
- Vertauschen von zwei beliebigen Quadranten (die Quadranten sind mit fetteren Linien eingezeichnet).

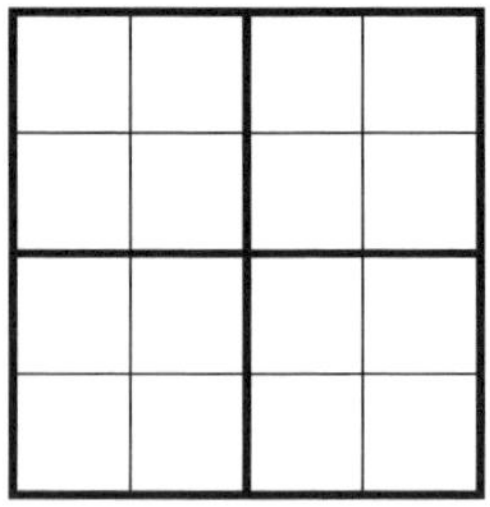

Abb. 5.12 Ein (4 × 4)-Raster

Die Kombinationen dieser Operationen bilden eine Gruppe. Welche Ordnung hat sie?

Die Gruppe ist isomorph zur affinen Gruppe $\mathit{Aff}(4,2)$, also zu der Gruppe aller Transformationen der Form

$$v \mapsto vM + t$$

mit einer invertierbaren (4 × 4)-Binärmatrix M und binären Zeilenvektoren v und t der Länge 4. Ihre Ordnung ist

$$\left(2^4 - 1\right)\left(2^4 - 2\right)\left(2^4 - 2^2\right)\left(2^4 - 2^3\right)2^4 = 322.560\,.$$

Denn es gibt $2^4 - 1$ Möglichkeiten für die erste Zeile einer invertierbaren Binärmatrix (nämlich jeden Binärvektor der Länge 4 mit Ausnahme des Nullvektors), $2^4 - 2$ Möglichkeiten für die zweite Zeile (jeden Binärvektor mit Ausnahme eines Vielfachen der ersten Zeile), $2^4 - 2^2$ Möglichkeiten für die dritte Zeile (jeden Binärvektor mit Ausnahme einer Linearkombination der ersten beiden Zeilen), $2^4 - 2^3$ Möglichkeiten für die vierte Zeile (jeden Binärvektor mit Ausnahme einer Linearkombination der ersten drei Zeilen) und 2^4 Möglichkeiten für den Verschiebungs- oder Translationsvektor t. Die Ordnung der Gruppe ist das Produkt der Anzahl der verschiedenen Möglichkeiten.

Wir wollen nun beweisen, dass die Gruppe unserer Operationen mit $\mathit{Aff}(4,2)$ übereinstimmt.

Dazu belegen wir die Felder des Rasters mit Binärkoordinaten (Abb. 5.13), wobei die ersten beiden Koordinaten die horizontale und die letzten beiden Koordina-

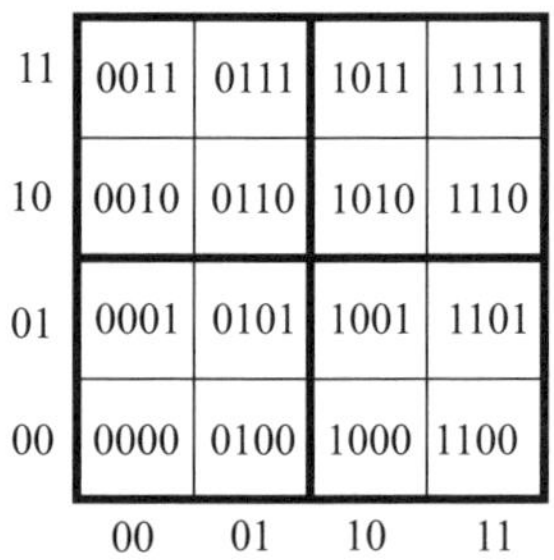

Abb. 5.13 Ein (4 × 4)-Raster mit Koordinaten

Matrix	Wirkung
$M_{12} = \begin{bmatrix} 1 & 1 & 0 & 0 \\ 0 & 1 & 0 & 0 \\ 0 & 0 & 1 & 0 \\ 0 & 0 & 0 & 1 \end{bmatrix}$	vertauscht die Spalten 10 und 11
$M_{21} = \begin{bmatrix} 1 & 0 & 0 & 0 \\ 1 & 1 & 0 & 0 \\ 0 & 0 & 1 & 0 \\ 0 & 0 & 0 & 1 \end{bmatrix}$	vertauscht die Spalten 01 und 11
$M_{13} = \begin{bmatrix} 1 & 0 & 1 & 0 \\ 0 & 1 & 0 & 0 \\ 0 & 0 & 1 & 0 \\ 0 & 0 & 0 & 1 \end{bmatrix}$	vertauscht die Quadranten NO und SO
$M_{31} = \begin{bmatrix} 1 & 0 & 0 & 0 \\ 0 & 1 & 0 & 0 \\ 1 & 0 & 1 & 0 \\ 0 & 0 & 0 & 1 \end{bmatrix}$	vertauscht die Quadranten NO und NW
$M_{34} = \begin{bmatrix} 1 & 0 & 0 & 0 \\ 0 & 1 & 0 & 0 \\ 0 & 0 & 1 & 1 \\ 0 & 0 & 0 & 1 \end{bmatrix}$	vertauscht die Zeilen 10 und 11
$M_{43} = \begin{bmatrix} 1 & 0 & 0 & 0 \\ 0 & 1 & 0 & 0 \\ 0 & 0 & 1 & 0 \\ 0 & 0 & 1 & 1 \end{bmatrix}$	vertauscht die Zeilen 01 und 11

Abb. 5.14 Sechs Scherungsmatrizen

ten die vertikale Richtung anzeigen. Wir werden die Quadranten als NO, NW, SO und SW bezeichnen.

Nun betrachten wir die Wirkung von Scherungsmatrizen auf die Koordinaten. Eine *Scherungsmatrix* ist eine Matrix, die aus der Einheitsmatrix dadurch entsteht, dass ein Eintrag außerhalb der Hauptdiagonalen von 0 zu 1 abgeändert wird. Für derartige Matrizen M sehen wir uns in Abb. 5.14 an, was passiert, wenn M von links mit einem Zeilenvektor (in dem die Koordinaten stehen) multipliziert wird, wenn also das Produkt vM gebildet wird. Der Verschiebungsvektor t ist dabei der Nullvektor. Das Feld im Ursprung, 0000, bleibt in jedem Fall unverändert.

Wir zeigen nun, dass diese sechs Scherungsmatrizen alle invertierbaren (4×4)-Binärmatrizen erzeugen. Die Bezeichnung M_{ij} der sechs Matrizen ist so gewählt, dass die einzige 1 außerhalb der Hauptdiagonalen in Zeile i und Spalte j steht. Jede invertierbare Matrix lässt sich als ein Produkt von Matrizen für die elementaren Zeilenoperationen schreiben. Diese elementaren Zeilenoperationen sind (1)

Multiplikation mit einem Skalar ungleich 0, (2) Vertauschen zweier Zeilen und (3) Ersetzen einer Zeile durch die Summe dieser Zeile plus ein skalares Vielfaches einer anderen Zeile. Da wir hier Operationen über einem Körper mit zwei Elementen betrachten, führt die Skalarmultiplikation nicht besonders weit, denn der einzige Skalar ungleich Null ist die 1. Die elementaren Zeilenoperationen vom Typ (3) werden durch die Scherungsmatrizen dargestellt. Dabei setzen wir voraus, dass die operierende Matrix links und die Matrix, auf der operiert wird, rechts steht. Wenn wir zum Beispiel M_{12} von links an eine (4×4)-Matrix A multiplizieren, wird die erste Zeile von A durch die Summe der ersten und zweiten Zeile ersetzt. Im Allgemeinen entsteht durch das Produkt $M_{ij} A$ diejenige Matrix, bei der die i-te Zeile von A durch die Summe der Zeilen i und j ersetzt wird. Die elementaren Zeilenoperationen vom Typ (2) schließlich lassen sich leicht aus unseren Scherungsmatrizen herstellen. Das Matrixprodukt $M_{12} M_{21} M_{12} A$ erzeugt zum Beispiel die Matrix, bei der die ersten beiden Zeilen von A vertauscht sind. Nachdem wir damit nun die Permutationsmatrizen zur Verfügung haben, können wir leicht auch die restlichen Scherungmatrizen herstellen. Wie würden Sie zum Beispiel die Matrix M_{23} bilden?

Insgesamt erzeugen die sechs Matrizen also alle invertierbaren (4×4)-Binärmatrizen. Durch Addition eines nicht verschwindenden Verschiebungsvektors t wird auch das Ursprungsfeld 0000 verschoben. Deshalb stimmt die Gruppe unserer Operationen mit $\mathit{Aff}(4, 2)$ überein.

Weitere Informationen zu diesem Themenkreis finden sich unter http://www.encyclopediaofmath.org/index.php/Cullinane_diamond_theorem und http://finitegeometry.org/sc/gen/coord.html.

Elegante Lösungen 6

Das Wesen der Mathematik liegt in ihrer Freiheit.
GEORG CANTOR (1845–1918)

Wodurch wird ein schwieriges mathematisches Problem einfach? Manchmal durchzuckt uns eine plötzliche Einsicht. Manchmal weisen uns frühere Erfahrungen in die richtige Richtung. Dieses Kapitel präsentiert Probleme, zu deren Lösung Ideen oder Methoden benötigt werden, die ebenso schön wie leistungsstark sind und die Ihnen beim Lösen zukünftiger Probleme von Nutzen sein können.

6.1 Ein Tetraeder und vier Kugeln

Vier Kugeln vom Radius 1 sind einem regulären Tetraeder so einbeschrieben, dass jede Kugel sowohl drei Tetraederseiten als auch die drei anderen Kugeln wie in Abb. 6.1 tangential berührt. Welche Kantenlänge hat das Tetraeder?

Für ein reguläres Tetraeder bezeichne r das Verhältnis zwischen dem Abstand einer Seitenfläche vom Mittelpunkt einerseits und der Kantenlänge andererseits. Wenn wir die vier Mittelpunkte der sich tangential berührenden Kugeln durch Strecken verbinden, erhalten wir ein kleines reguläres Tetraeder der Kantenlänge 2. Das

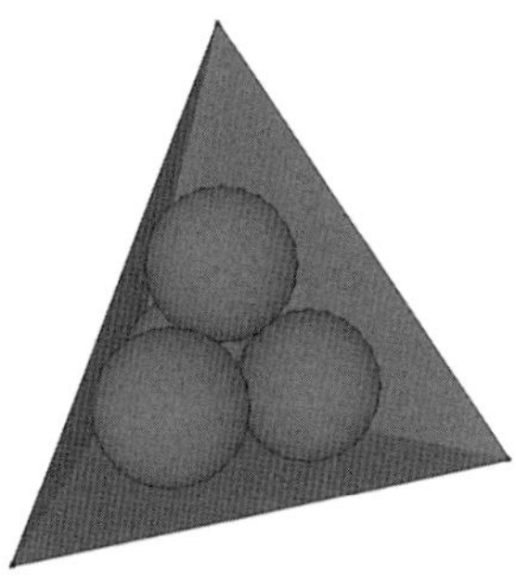

Abb. 6.1 Ein Tetraeder und vier Kugeln

M. Erickson, *Mathematische Appetithäppchen*, DOI 10.1007/978-3-662-45459-6_6

kleine und das äußere Tetraeder haben denselben Mittelpunkt, und ihre Seitenflächen haben einen Abstand von einer Einheit voneinander (der Radius der Kugeln). Also beträgt die Kantenlänge des äußeren Tetraeders $(2r + 1)/r$. Wir werden nun r und damit auch die Kantenlänge bestimmen.

Bei einem regulären Tetraeder der Kantenlänge 1 hat (aufgrund des Satzes von Pythagoras) jede Seitenfläche eine Höhe der Länge $\sqrt{3}/2$. Da der Mittelpunkt eines gleichseitigen Dreiecks die Höhen im Verhältnis $2 : 1$ teilt, hat dieser Mittelpunkt auf jeder Seitenfläche den Abstand $\sqrt{3}/3$ von einer Ecke. Deshalb beträgt die Höhe des Tetraeders $\sqrt{6}/3$ (wieder mit dem Satz von Pythagoras). Da der Mittelpunkt eines regulären Tetraeders die Höhen im Verhältnis $3 : 1$ teilt, erhalten wir $r = \sqrt{6}/12$. Damit beträgt die Kantenlänge des äußeren Tetraeders $2 + 2\sqrt{6}$.

6.2 Alphabetwürfel

Stellen Sie sich vor, Sie hätten 27 Holzwürfel, alle von derselben Größe. Auf jeder Seite des ersten Würfels steht der Buchstabe A. Auf jeder Seite des zweiten Würfels steht der Buchstabe B und so weiter, bis hinauf zum Z. Der siebenundzwanzigste Würfel ist leer. Ist es (wie in Abb. 6.2 angedeutet) möglich, die Würfel zu einem $(3 \times 3 \times 3)$-Würfel mit dem leeren Würfel in der Mitte so anzuordnen, dass jedes Paar von Würfeln, deren Buchstaben im Alphabet jeweils aufeinanderfolgen, sich an den Seitenflächen berührt?

Dies zu erreichen ist unmöglich. Denken Sie sich die Würfel mit zwei Farben eingefärbt, etwa rot und schwarz, sodass Würfel, die sich in der $(3 \times 3 \times 3)$-Anordnung an den Seitenflächen berühren, wie im Schachbrett unterschiedliche Farben haben. Ohne den leeren Würfel in der Mitte zu zählen, besteht dann der große Würfel aus zwölf Würfeln der einen und vierzehn Würfeln der anderen Farbe. Doch wenn es eine Anordnung mit benachbarten Buchstaben auf benachbarten Würfeln gäbe, dann würde sich auf unserem Weg durch das Alphabet bei jedem Schritt die Würfelfarbe ändern. Und das würde bedeuten, dass es dreizehn Würfel von jeder Farbe geben müsste. Deshalb ist ein solcher „würfelförmiger" Weg durch das Alphabet unmöglich.

Eine Lösung des Problems existiert allerdings, wenn wir erlauben, dass aufeinanderfolgende Buchstabenwürfel sich an einer Fläche oder auch an einer Kante

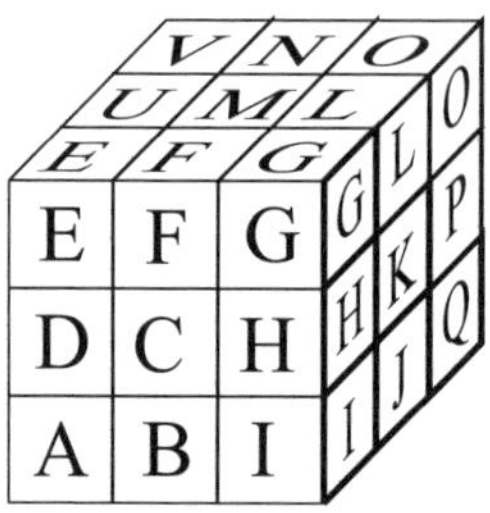

Abb. 6.2 Ein Alphabetwürfel?

H	G	E
I	F	D
A	B	C

T	U	V
J		W
Z	Y	X

S	R	Q
K	M	P
L	N	O

Abb. 6.3 Ein Alphabetwürfel, bei dem der Weg auch über die Kanten führen kann

berühren. Dann können wir auf unserem Weg sogar von Z wieder zu A kommen. Abbildung 6.3 zeigt eine mögliche Route.

6.3 Ein Dreieck in einer Ellipse

Zeigen Sie, wie man einer Ellipse ein Dreieck mit maximalem Flächeninhalt einbeschreibt.

Was passiert, wenn die Ellipse ein Kreis ist? Die Vermutung liegt nahe, dass ein einem Kreis einbeschriebenes Dreieck mit maximalem Flächeninhalt gleichseitig ist. Lassen Sie uns das mittels einfacher Geometrie beweisen. Dazu sei $\triangle ABC$ ein einem Kreis einbeschriebenes Dreieck mit maximalem Flächeninhalt. Wir zeigen, dass es gleichseitig ist. Ziehen Sie dazu eine Gerade parallel zu AB, die den Kreis an einem Punkt C' tangential berührt. Für C' gibt es zwei Möglichkeiten; wählen Sie diejenige, bei welcher der Abstand zwischen AB und C' maximal ist. Wenn C irgendwo auf dem Kreis außer bei C' liegt, dann wird die Fläche von $\triangle ABC$ kleiner sein als die Fläche von $\triangle ABC'$, weil die Höhe des ersten Dreiecks kleiner sein wird als die Höhe des zweiten. Da jedoch $\triangle ABC$ das einbeschriebene Dreieck mit maximalem Flächeninhalt ist, muss $C = C'$ sein. Da C auf der Mittelsenkrechten von AB liegt, welche durch den Mittelpunkt des Kreises geht, erhalten wir $AC = BC$. Mit entsprechender Argumentation muss auch $BC = BA$ gelten, und damit ist $\triangle ABC$ ein gleichseitiges Dreieck.

Nachdem wir nun wissen, dass ein einem Kreis einbeschriebenes Dreieck mit maximalem Flächeninhalt gleichseitig ist, können wir auch angeben, wie man ein einer Ellipse einbeschriebenes Dreieck maximalen Flächeninhalts findet. Ohne Beschränkung der Allgemeinheit habe die Ellipse die Gleichung

$$\frac{x^2}{a^2} + \frac{y^2}{b^2} = 1$$

oder, äquivalent,

$$\frac{b^2x^2}{a^2} + y^2 = b^2 .$$

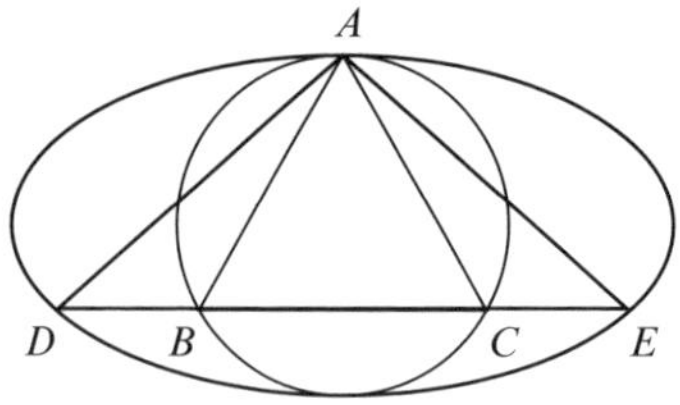

Abb. 6.4 Wie man ein Dreieck maximalen Flächeninhalts einer Ellipse einbeschreibt

Mit der Koordinatensubstitution $x' = bx/a$, $y' = y$ wird daraus

$$x'^2 + y'^2 = b^2 ,$$

ein Kreis mit dem Radius b. Eine Ellipse kann man sich also vorstellen als Kreis, der mit einem konstanten Faktor gedehnt wurde; der Flächeninhalt einer ebenen Figur wird dabei mit demselben Faktor skaliert. Demnach wird auch ein dem Kreis einbeschriebenes Dreieck mit maximalem Flächeninhalt so skaliert, dass ein Dreieck maximalen Flächeninhalts in der Ellipse entsteht.

Abbildung 6.4 zeigt die Konstruktion. Im Diagramm liegt der Kreis innerhalb der Ellipse, aber es könnte sich ebenso gut andersherum verhalten.

Wir bezeichnen einen der Berührungspunkte von Kreis und Ellipse mit A und platzieren B und C so auf den Kreis, dass ein gleichseitiges Dreieck $\triangle ABC$ entsteht. Dann ziehen wir die Gerade durch B und C und bezeichnen ihre Schnittpunkte mit der Ellipse als D und E. Damit ist $\triangle ADE$ ein Dreieck maximalen Flächeninhalts, das der Ellipse einbeschrieben ist. Dreiecke maximalen Flächeninhalts in Ellipsen gibt es in allen möglichen Formen. Wir können jedes dem Kreis einbeschriebene gleichseitige Dreieck dehnen.

6.4 Über die Nullstellen eines kubischen Polynoms

Das kubische Polynom

$$x^3 + 11x^2 + 19x - 100$$

hat drei Nullstellen, eine reelle und zwei komplexe. Welche Summe haben ihre Quadrate?

Wir könnten die Nullstellen explizit bestimmen, sie quadrieren und aufaddieren, aber wir werden es etwas eleganter machen und einen Zusammenhang zwischen den Nullstellen und den Koeffizienten des Polynoms ausnutzen. Ein normiertes Polynom dritten Grades mit Nullstellen r_1, r_2 und r_3 lässt sich in der Form

$$(x - r_1)(x - r_2)(x - r_3) = x^3 - (r_1 + r_2 + r_3)\,x^2 + (r_1 r_2 + r_1 r_3 + r_2 r_3)\,x - r_1 r_2 r_3$$

faktorisieren. Wir setzen die Koeffizienten gleich und erhalten[1]

$$\begin{aligned} r_1 + r_2 + r_3 &= -11\,, \\ r_1 r_2 + r_1 r_3 + r_2 r_3 &= 19\,, \\ r_1 r_2 r_3 &= 100\,. \end{aligned}$$

Also haben die Quadrate der Nullstellen die Summe

$$\begin{aligned} r_1^2 + r_2^2 + r_3^2 &= (r_1 + r_2 + r_3)^2 - 2\,(r_1 r_2 + r_1 r_3 + r_2 r_3) \\ &= (-11)^2 - 2 \cdot 19 \\ &= 83\,. \end{aligned}$$

Allgemeiner gibt es eine Methode, um die Summe der k-ten Potenzen der Nullstellen unseres Polynoms für jedes positive k zu berechnen. Es sei

$$p_k = r_1^k + r_2^k + r_3^k, \quad k \geq 0\,.$$

Jede Nullstelle erfüllt die Gleichung

$$x^3 = -11x^2 - 19x + 100\,,$$

und dies ist die charakteristische Gleichung der Rekursionsgleichung

$$p_k = -11p_{k-1} - 19p_{k-2} + 100p_{k-3}, \quad k \geq 3\,.$$

Also ist die Folge $\{p_k\}$ durch diese Rekursionsgleichung mit den Anfangsbedingungen

$$p_0 = 3, \; p_1 = -11, \; p_2 = 83$$

gegeben. Nun ist es kein Problem mehr, die Summe der k-ten Potenzen der Nullstellen mithilfe der Rekursionsgleichung zu berechnen. Zum Beispiel haben die dritten Potenzen der Nullstellen die Summe

$$p_3 = -11\,(83) - 19\,(-11) + 100\,(3) = -404\,.$$

Welche Summe haben die vierten Potenzen der Nullstellen? Als Antwort ergibt sich das Jahr, in dem Wolfgang Amadeus Mozart (1756–1791) die Oper *Apollo et Hyacinthus* schrieb.

[1] Diese Relationen werden als Satz von Vieta bezeichnet, benannt nach François Viete, lat. Vieta (1540–1603).

6.5 Abstand auf dem Planeten X

Der Planet X ist eine Kugel mit einem Radius von 1000 km. Auf dem Planeten liegt eine Stadt bei 10° nördlicher Breite und 20° östlicher Länge und eine zweite Stadt bei 30° nördlicher Breite und 60° östlicher Länge (Abb. 6.5). Welches ist der kürzeste Abstand zwischen den beiden Städten über die Oberfläche des Planeten X?

An den Koordinaten der beiden Städte ist nichts Besonderes; also fragen wir nach einer Methode, den kürzesten Abstand über die Oberfläche zwischen zwei beliebigen Punkten auf dem Planeten X zu finden. Der kürzeste Weg zwischen zwei Punkten auf der Kugeloberfläche heißt *Geodäte*. Eine Geodäte ist ein Bogen eines Großkreises; wenn wir also den Mittelpunktswinkel des Großkreises zwischen den beiden Punkten kennen, dann können wir ihn mit dem Radius multiplizieren und erhalten so die Bogenlänge. Geographische Breite und Länge sind im Wesentlichen sphärische Koordinaten. Wenn wir sie in kartesische Koordinaten zweier Vektoren v und w umwandeln, dann können wir die Skalarproduktformel

$$\cos \Omega = \frac{v \cdot w}{|v|\,|w|}$$

anwenden, um den Mittelpunktswinkel Ω zwischen den beiden Städten zu finden; Multiplikation von Ω (in Bogenmaß) mit dem Radius 1000 km liefert dann die Länge der Geodäte.

Wir bezeichnen die sphärischen Koordinaten eines Punktes auf der Oberfläche eines Planeten vom Radius r mit (r, ϕ, θ), wobei ϕ die geographische Breite und θ die geographische Länge des Punktes darstellen. Die zugehörigen kartesischen Koordinaten sind

$$(x, y, z) = (r \cos\phi \cos\theta, r \cos\phi \sin\theta, r \sin\phi) \ .$$

Wenn die beiden Punkte also die sphärischen Koordinaten (r, ϕ_1, θ_1) and (r, ϕ_2, θ_2) haben, dann sind ihre kartesischen Koordinaten

$$v = (r \cos\phi_1 \cos\theta_1, r \cos\phi_1 \sin\theta_1, r \sin\phi_1) \quad \text{und}$$
$$w = (r \cos\phi_2 \cos\theta_2, r \cos\phi_2 \sin\theta_2, r \sin\phi_2) \ .$$

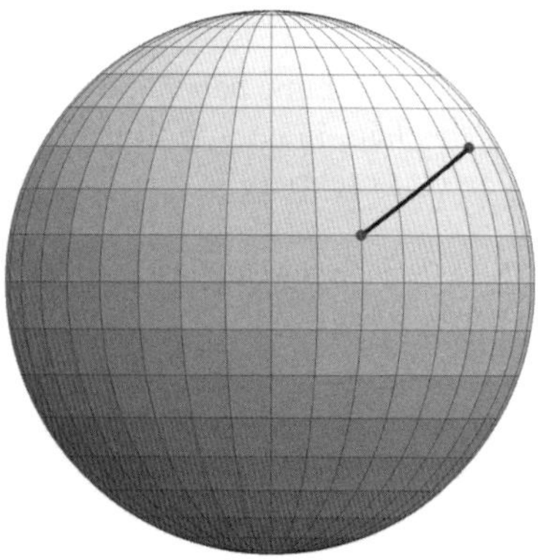

Abb. 6.5 Der Planet X

Mit der Skalarproduktformel erhalten wir den Kosinus des Mittelpunktswinkels (also $\cos \Omega$) als

$$\cos \phi_1 \cos \phi_2 \cos \theta_1 \cos \theta_2 + \cos \phi_1 \cos \phi_2 \sin \theta_1 \sin \theta_2 + \sin \phi_1 \sin \phi_2 \,,$$

und die Länge der Geodäte ist dann

$$r \arccos(\cos \phi_1 \cos \phi_2 \cos \theta_1 \cos \theta_2 + \cos \phi_1 \cos \phi_2 \sin \theta_1 \sin \theta_2 + \sin \phi_1 \sin \phi_2) \,.$$

In unserer Aufgabe hatten wir $r = 1000\,\text{km}$, $\phi_1 = 10°$, $\theta_1 = 20°$, $\phi_2 = 30°$ und $\theta_2 = 60°$. Demnach beträgt der Mittelpunktswinkel zwischen den beiden außerirdischen Städten ungefähr $\Omega \approx 0{,}74$ rad (42°) und der Abstand damit ungefähr 740 km.

Wir können die Skalarproduktmethode verwenden, um eine Formel aus der sphärischen Trigonometrie herzuleiten, die als *Seitenkosinussatz* bekannt ist. Gegeben sei ein sphärisches Dreieck auf der Einheitskugel mit Winkeln α, β, γ und mit gegenüberliegenden Seitenlängen a, b, c. Die Seiten des Dreiecks sind Bögen von Großkreisen auf der Kugeloberfläche. Die Winkel sind durch die Ebenen bestimmt, in denen diese Großkreise liegen. Da die Kugel den Radius 1 hat, betragen die Mittelpunktswinkel der drei Großkreisbögen jeweils a, b und c. Wir legen ein kartesisches Koordinatensystem an, dessen xy-Ebene durch die Punkte A und C geht und bei dem die x-Achse so gewählt ist, dass C die Koordinaten $(1, 0, 0)$ hat. Aufgrund der üblichen ebenen Trigonometrie hat A die Koordinaten $(\cos b, \sin b, 0)$ und B die Koordinaten $(\cos a, \sin a \cos \gamma, \sin a \sin \gamma)$. Das Skalarprodukt liefert dann den Seitenkosinussatz:

$$\cos c = \cos a \cos b + \sin a \sin b \cos \gamma \,.$$

6.6 Ein gekippter Kreis

Geben Sie die Parameterdarstellung für den Kreis im $\mathbb{R}^3$ an, der durch die Punkte $(1, 0, 0)$, $(0, 1, 0)$ und $(0, 0, 1)$ geht (Abb. 6.6). Eine Parameterdarstellung besteht aus Darstellungen für x, y und z in Abhängigkeit von einer neuen Variablen, etwa t. Dies liefert uns eine Vektorfunktion in einer Variablen, mit der wir den Kreis im $\mathbb{R}^3$ nachfahren können.

Manchmal lässt sich ein mathematisches Problem mithilfe einer Inspiration aus der Physik lösen. Der Einheitskreis um den Ursprung im $\mathbb{R}^2$ hat die Parameterdarstellung

$$\begin{aligned} x &= \cos t \,, \\ y &= \sin t, \qquad 0 \le t < 2\pi \,. \end{aligned}$$

Wenn sich ein Punkt mit konstantem Tempo um den Kreis herumbewegt, hat sein Geschwindigkeitsvektor die Komponenten

$$\begin{aligned} x' &= -\sin t \,, \\ y' &= \cos t, \qquad 0 \le t < 2\pi \,. \end{aligned}$$

Abb. 6.6 Ein gekippter Kreis

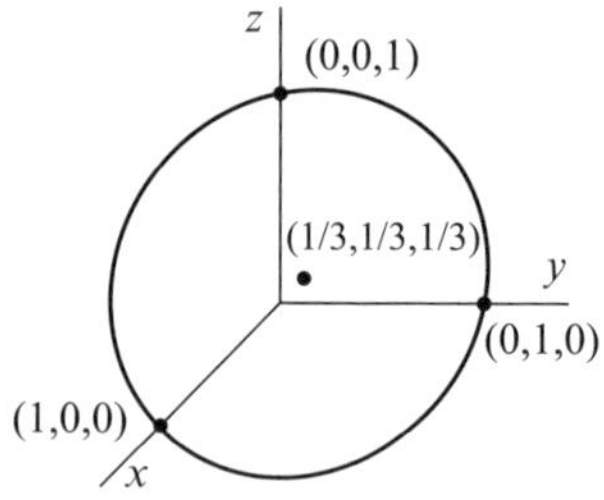

Die Variable t (Zeit) ist dabei so gewählt, dass der Punkt sich innerhalb von 2π Zeiteinheiten einmal um den Kreis bewegt. Die Beschleunigung des Punktes ist durch die zweiten Ableitungen gegeben:

$$x'' = -\cos t \,,$$
$$y'' = -\sin t, \qquad 0 \le t < 2\pi \,.$$

Der Beschleunigungsvektor ist das Negative des Ortsvektors:

$$x'' = -x, \quad y'' = -y \,.$$

Dies gilt für jede Kreisbewegung mit konstanter normalisierter Geschwindigkeit, wenn der Mittelpunkt des Kreises im Ursprung liegt. In drei Dimensionen gilt also für die Ortsfunktion $(x(t), y(t), z(t))$ entsprechend

$$x'' = -x, \quad y'' = -y, \quad z'' = -z \,.$$

Lösungen dieser Gleichungen sind die *einfachen harmonischen Schwingungen*, Linearkombinationen aus der Sinus- und der Kosinusfunktion, also

$$x = A_1 \cos t + B_1 \sin t, \quad y = A_2 \cos t + B_2 \sin t, \quad z = A_3 \cos t + B_3 \sin t$$

mit Konstanten A_1, B_1, A_2, B_2, A_3, B_3.

In unserem Problem liegt der Mittelpunkt des Kreises bei $(1/3, 1/3, 1/3)$, da dieser Punkt äquidistant zu $(1, 0, 0)$, $(0, 1, 0)$ und $(0, 0, 1)$ und in derselben Ebene wie sie liegt (seine Koordinaten addieren sich zu 1). Der Radius des Kreises ist gleich dem Abstand zwischen seinem Mittelpunkt und $(1, 0, 0)$, also $\sqrt{6}/3$ – allerdings werden wir diesen Wert nicht benötigen.

Wir fügen den Mittelpunkt zu unserer bisherigen parametrischen Darstellung hinzu:

$$x = \frac{1}{3} + A_1 \cos t + B_1 \sin t \,,$$
$$y = \frac{1}{3} + A_2 \cos t + B_2 \sin t \,,$$
$$z = \frac{1}{3} + A_3 \cos t + B_3 \sin t \,, \qquad 0 \le t < 2\pi \,.$$

Aus $x(0) = 1$ bestimmen wir $A_1 = 2/3$, und aus $x(2\pi/3) = 0$ bestimmen wir $B_1 = 0$. Also ist

$$x = \frac{1}{3} + \frac{2}{3}\cos t \, .$$

Mit Symmetrieüberlegungen erhalten wir dann

$$\begin{aligned} x &= \frac{1}{3} + \frac{2}{3}\cos t \, , \\ y &= \frac{1}{3} + \frac{2}{3}\cos\left(t - \frac{2\pi}{3}\right) , \\ z &= \frac{1}{3} + \frac{2}{3}\cos\left(t - \frac{4\pi}{3}\right) , \qquad\qquad 0 \le t < 2\pi \, . \end{aligned}$$

Für $t = 0, 2\pi/3$ und $4\pi/3$ erreicht die Kreisbewegung jeweils genau die Punkte $(1, 0, 0)$, $(0, 1, 0)$ und $(0, 0, 1)$.

Ein anderes Problem, das mithilfe physikalischer Intuition gelöst werden kann, ist die Konstruktion des Fermat-Punktes eines Dreiecks ([26, S. 34–36]). Das Buch [30] ist ganz der Methode gewidmet, physikalische Überlegungen zur Lösung mathematischer Probleme anzuwenden.

6.7 Die millionste Fibonacci-Zahl

Welches sind die ersten drei Ziffern von $F_{1.000.000}$, der millionsten Fibonacci-Zahl? Die Fibonacci-Folge $\{F_n\}$ ist definiert als

$$\begin{aligned} F_0 &= 0, \;\; F_1 = 1 \, , \\ F_n &= F_{n-1} + F_{n-2}, \quad n \ge 2 \, . \end{aligned}$$

Die Zahl $F_{1.000.000}$ zu berechnen ist unpraktisch, selbst mit einem Computer, weil sie zu viele Stellen hat. Aber die Aufgabe lautet ja auch nur, die ersten drei Ziffern zu bestimmen.

Wir benutzen eine explizite Darstellung der n-ten Fibonacci-Zahl:

$$F_n = \frac{\phi^n - \hat{\phi}^n}{\sqrt{5}}, \quad n \ge 0 \, ,$$

mit

$$\phi = \frac{1 + \sqrt{5}}{2}, \quad \hat{\phi} = \frac{1 - \sqrt{5}}{2} \, .$$

Bei dieser Konstanten ϕ handelt es sich um den in Kap. 1 beschriebenen goldenen Schnitt. Da $\phi \approx 1{,}6$ und $\hat{\phi} \approx -0{,}6$ ist, wächst die Fibonacci-Folge in etwa so schnell wie die exponentielle Folge $\{\phi^n/\sqrt{5}\}$. Die Differenz zwischen diesen beiden Folgen wird exponentiell klein, wenn n gegen unendlich geht, und kann daher vernachlässigt werden. Also gilt

$$F_n \approx \frac{\phi^n}{\sqrt{5}}\,.$$

Wenn wir den Logarithmus zur Basis 10 nehmen, erhalten wir

$$\log F_n \approx n \log \phi - \log \sqrt{5}\,.$$

Für $n = 1.000.000$ ergibt sich

$$\log F_{1.000.000} \approx 1.000.000 \log \phi - \log \sqrt{5} \approx 208.987{,}2908\,.$$

Daran sehen wir, dass die millionste Fibonacci-Zahl 208.988 Stellen hat. Um die ersten drei davon zu erhalten, berechnen wir

$$10^{0{,}2908} \approx 1{,}953\,,$$

und stellen somit fest, dass die millionste Fibonacci-Zahl mit den drei Ziffern 195 beginnt. In wissenschaftlicher Notation (Exponentialschreibweise) lautet die millionste Fibonacci-Zahl also

$$F_{1.000.000} \approx 1{,}95 \cdot 10^{208.987}\,.$$

Es ist nicht schwierig, auch die letzten drei Ziffern der millionsten Fibonacci-Zahl zu finden. Dazu können wir die Fibonacci-Rekursion laufen lassen und in jedem Schritt nur die letzten drei Ziffern behalten. Die millionste Fibonacci-Zahl endet auf 875. Die letzten drei Ziffern der Fibonacci-Zahlen wiederholen sich alle 1500 Terme. Da F_{1000} auf 875 endet und 1500 ein Teiler von $1.000.000 - 1000$ ist, bestätigt dies unsere Berechnung von 875 als den letzten drei Ziffern von $F_{1.000.000}$.

6.8 Das Ende einer Vermutung

Für eine natürliche Zahl n sei σ eine Permutation der Menge $\{1, \ldots, n\}$. Die *Ordnung* von σ ist die kleinste natürliche Zahl k, für die σ^k (die k-malige Anwendung von σ) die identische Permutation ergibt. Dann lautet eine natürliche Frage: Welches ist die größtmögliche Ordnung, die eine solche Permutation σ haben kann?

Die Ordnung einer Permutation ist das kleinste gemeinsame Vielfache der Längen ihrer disjunkten Zyklen. Wenn wir ein wenig experimentieren, stellen wir fest, dass die größtmögliche Ordnung einer Permutation von 10 Elementen gleich $2 \cdot 3 \cdot 5 = 30$ ist und dass diese Ordnung bei Permutationen auftritt, die aus disjunkten Zyklen der Längen 2, 3 und 5 bestehen. Basierend auf diesem und anderen kleinen Beispielen könnten wir nun eine Vermutung aufstellen:

Vermutung Wenn n die Summe von aufeinanderfolgenden Primzahlen ist, $n = 2 + 3 + \ldots + p$, dann ist die größtmögliche Ordnung einer Permutation der Menge $\{1, \ldots, n\}$ gleich $2 \cdot 3 \cdot \ldots \cdot p$.

Diese Vermutung ist plausibel, aber falsch. Widerlegen Sie sie!

Um eine Vermutung zu widerlegen, ist es ausreichend, ein Beispiel zu finden, für das sie nicht gilt. Wie könnten wir das in diesem Fall tun? Wir werden von einer Partition $n = 2 + 3 + \ldots + p$ für ein geeignetes p ausgehen und dann einige der Primzahlen durch Potenzen dieser Primzahlen ersetzen, wobei wir darauf achten, dass die Summe aller Terme immer noch n ergibt. Da die Primzahlpotenzen keine gemeinsamen Faktoren haben, können wir hoffen, dass ihr kleinstes gemeinsames Vielfaches größer ist als das kleinste gemeinsame Vielfache der ersetzten Terme. Tatsächlich stellt sich heraus, dass die Vermutung richtig ist für alle Primzahlen p bis 19. Sehen wir uns also den Fall $p = 23$ an. Dann haben wir die Partition

$$100 = 2 + 3 + 5 + 7 + 11 + 13 + 17 + 19 + 23\,.$$

Wir ersetzen die 2, die 3 und die 23 durch 16, 9, 1, 1 und 1 (sodass die Summe sich nicht ändert). Dann haben die kleinsten gemeinsamen Vielfachen der Zahlen in den beiden Partitionen den Quotienten

$$\frac{16 \cdot 9}{2 \cdot 3 \cdot 23} = \frac{144}{138}\,,$$

was größer als 1 ist. Also wird eine Permutation von 100 Elementen, deren Zykluslängen durch die Terme der neuen Partition gegeben sind, eine größere Ordnung haben als eine Permutation mit Zykluslängen wie in der Vermutung.

Die Funktion $g(n)$, welche die größtmögliche Ordnung einer Permutation von n Elementen angibt, heißt *Landau-Funktion*, benannt nach Edmund Landau (1877–1938). Es gibt keine einfache Formel für $g(n)$; einige ihrer Eigenschaften sind jedoch bekannt. So weiß man, dass sich $\ln g(n)$ asymptotisch zu $\sqrt{n \ln n}$ verhält, also

$$\lim_{n \to \infty} \frac{\ln g(n)}{\sqrt{n \ln n}} = 1\,.$$

Eine überraschende Eigentümlichkeit von $g(n)$ besteht darin, dass sie konstant für beliebig viele aufeinanderfolgende Werte von n ist. In [33] finden Sie eine sehr lesbare Darstellung der Landau-Funktion.

6.9 Ein Nullsummenspiel

Wir betrachten ein Spiel, bei dem zwei Spieler, A und B, eine von zwei Möglichkeiten wählen, x oder y. Abhängig davon, was sie gewählt haben, zahlt B die in der folgenden Tabelle dargestellten Punkte an A:

		B	
		x	y
A	x	$+3$	-2
	y	-1	$+2$

Wenn zum Beispiel A und B beide x gewählt haben, dann gibt B drei Punkte an A. Falls nun A und B das Spiel mehrmals wiederholen und jedes Mal x oder y mit festen Wahrscheinlichkeiten p_1, p_2, q_1, q_2 wählen, welches durchschnittliche Ergebnis können wir dann auf lange Sicht bei dem Spiel erwarten?

Mit Ω bezeichnen wir die erwartete Zahlung an A, also

$$\Omega = 3p_1q_1 - 2p_1q_2 - p_2q_1 + 2p_2q_2\,.$$

Sowohl A als auch B versuchen, ihren Gewinn zu maximieren. Spieler A sollte die Wahrscheinlichkeiten p_i so wählen, dass Ω unabhängig von den von B gewählten Wahrscheinlichkeiten q_j maximiert wird. Gleichzeitig sollte Spieler B die Wahrscheinlichkeiten q_j so wählen, dass Ω unabhängig von den von A gewählten Wahrscheinlichkeiten minimiert wird. Dieses grundlegende Prinzip von Nullsummenspielen wird durch die *Gleichgewichtsformel* zusammengefasst:

$$\max_{p_i}\min_{q_i}\Omega = \min_{q_i}\max_{p_i}\Omega\,.$$

Geometrisch betrachtet, bildet dieser min-max-Wert einen Sattelpunkt auf der durch Ω definierten Oberfläche im dreidimensionalen Raum mit den unabhängigen Variablen $p = p_1$ und $q = q_1$. Diesen berechnen wir nun. Es gilt

$$\begin{aligned}\Omega(p,q) &= 3pq - 2p\,(1-q) - (1-p)\,q + 2\,(1-p)\,(1-q)\\ &= 8pq - 4p - 3q + 2\,.\end{aligned}$$

An einem kritischen Punkt sind die partiellen Ableitungen gleich 0, also $\partial\Omega/\partial p = 8q - 4 = 0$ (folglich $q = 1/2$) und $\partial\Omega/\partial q = 8p - 3 = 0$ (folglich $p = 3/8$). Die Determinante der Hesse-Matrix beträgt

$$\begin{vmatrix} \dfrac{\partial^2\Omega}{\partial p^2} & \dfrac{\partial^2\Omega}{\partial p\partial q} \\ \dfrac{\partial^2\Omega}{\partial q\partial p} & \dfrac{\partial^2\Omega}{\partial q^2} \end{vmatrix} = \begin{vmatrix} 0 & 8 \\ 8 & 0 \end{vmatrix} = -64 < 0\,.$$

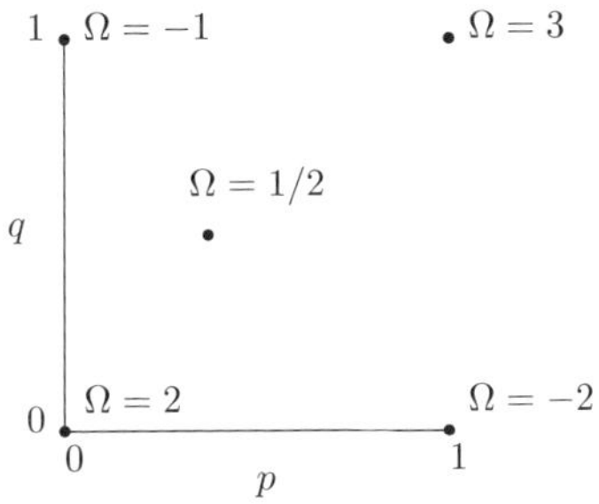

Abb. 6.7 Die Zahlungen in einem Nullsummenspiel

Dies bestätigt den kritischen Punkt als Sattelpunkt, so wie es Abb. 6.7 andeutet. Im Durchschnitt erhält A eine Zahlung von $\Omega(3/8, 1/2) = 1/2$ Punkten. Also sollte B dieses Spiel nicht spielen.

Das min-max-Gleichgewicht für Nullsummenspiele wurde von John von Neumann (1903–1957) formuliert.

Können Sie im allgemeineren Fall von Zahlungen λ_{11}, λ_{12}, λ_{21} und λ_{22} (wie unten gezeigt) eine Bedingung an die λ's angeben, welche die Existenz einer min-max-Lösung garantiert?

		B	
		x	y
A	x	λ_{11}	λ_{12}
	y	λ_{21}	λ_{22}

Eine hervorragende Quelle zur Spieltheorie ist [50].

6.10 Ein erwartetes Maximum

Ein Mann hat eine Dose mit Vitaminpillen, von denen er täglich eine halbe Pille einnimmt. Dazu nimmt er jeden Tag eine zufällig gewählte Pille aus der Dose. Wenn die Pille noch ganz ist, halbiert er sie, schluckt die eine Hälfte und legt die andere Hälfte in die Dose zurück. Wenn die Pille bereits halbiert ist, schluckt er sie direkt. Diese tägliche Kur setzt er fort, bis die Dose leer ist. Zeigen Sie, dass die erwartete Maximalzahl an halben Pillen in der Dose gegen n/e geht, wenn die Dose zu Beginn n Pillen enthält und n gegen unendlich geht. (Der erfahrene Problemlöser wird nicht überrascht sein, dass die Zahl e in einem Wahrscheinlichkeitsproblem auftaucht.)

Wir werden ein System von Differenzialgleichungen aufstellen und lösen. Dazu seien $p(t)$ die erwartete Anzahl ganzer Pillen und $h(t)$ die erwartete Anzahl halber Pillen am Tag t mit $0 \leq t \leq 2n$. Die Wahrscheinlichkeit, dass am Tag t eine ganze Pille herausgenommen wird, beträgt $p(t)/(p(t)+h(t))$, und die Wahrscheinlichkeit einer halben Pille beträgt $h(t)/(p(t)+h(t))$. Wenn es eine ganze Pille ist, reduziert sich die Anzahl der ganzen Pillen um 1, während die Anzahl der halben Pillen um 1 wächst. Wenn es eine halbe Pille ist, ändert sich die Anzahl der ganzen Pillen nicht, während sich die Anzahl der halben Pillen um 1 reduziert. Diese Beobachtungen führen zu einem System von Differenzengleichungen:

$$p(t+1) = p(t) - \frac{p(t)}{p(t)+h(t)},$$
$$h(t+1) = h(t) + \frac{p(t)}{p(t)+h(t)} - \frac{h(t)}{p(t)+h(t)}, \quad 0 \leq t \leq 2n-1,$$

mit $p(0) = n$ und $h(0) = 0$.

Wir ersetzen nun diesen diskreten Prozess durch einen stetigen, d. h. durch ein System von Differenzialgleichungen:

$$\frac{dp}{dt} = \frac{-p}{p+h},$$
$$\frac{dh}{dt} = \frac{p-h}{p+h},$$

wobei p und h Funktionen von t mit $p(0) = n$ und $h(0) = 0$ sind. Diese Approximation eines diskreten Systems durch ein stetiges wird besser, wenn n größer wird.

Wie wir sehen, bleibt dh/dt positiv, bis $h = p$ ist. Deshalb tritt der Maximalwert von h bei $h = p$ auf. Wenn wir die beiden Differenzialgleichungen durcheinander dividieren, erhalten wir die einzelne Differenzialgleichung

$$\frac{dh}{dp} = \frac{h-p}{p},$$

wobei h eine Funktion von p ist mit $h = 0$ bei $p = n$. Wir identifizieren die Lösung als

$$h = p\ln(n/p),$$

und für $p = h$ ergibt sich daraus

$$h = n/e.$$

Wenn n also groß wird, nähert sich die erwartete Maximalzahl an halben Pillen dem Wert n/e an.

Wie sehen die Kurven $p(t)$ und $h(t)$ aus? Da eine ganze Pille an zwei (nicht notwendigerweise aufeinanderfolgenden) Tagen verbraucht wird und eine halbe Pille an einem Tag, gilt

$$2p + h + t = 2n$$

und damit

$$t = 2n - 2p - p\log(n/p).$$

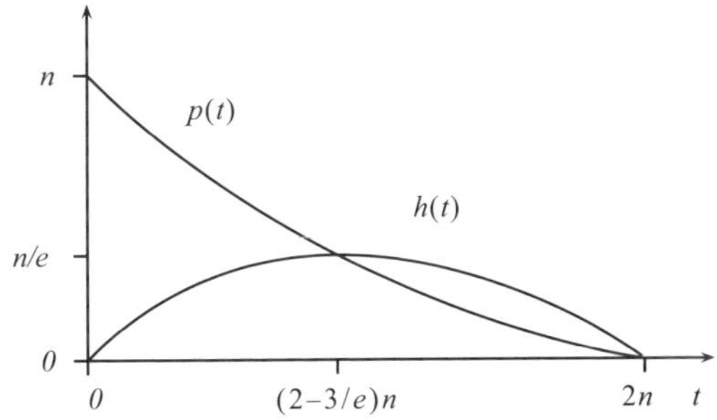

Abb. 6.8 Die Kurven $p(t)$ und $h(t)$

(Es ist unmöglich, p und h mithilfe elementarer Funktionen von t auszudrücken.) Der Maximalwert von h tritt dann auf, wenn $p = n/e$ ist, und das ist zum Zeitpunkt

$$t = (2 - 3/e)\,n$$

der Fall.

In Abb. 6.8 sehen Sie die Kurven $p(t)$ und $h(t)$.

6.11 Züge in einem Graphen

Ein *Graph* ist eine Menge von Punkten (Ecken genannt) und eine Menge von Kanten, die je zwei Ecken verbinden. Ein *Kantenzug* in einem Graphen ist eine Folge von Ecken, bei der je zwei aufeinanderfolgende Ecken im Graphen benachbart sind (durch eine Kante verbunden). Abbildung 6.9 zeigt einen Graphen mit vier Ecken und drei Kanten. Ein Beispiel für einen Kantenzug in diesem Graphen ist die Folge 1, 2, 1, 2, 3. Die Länge eines Kantenzuges ist die Anzahl der von ihm durchlaufenen Kanten. Der Kantenzug 1, 2, 1, 2, 3 hat die Länge 4.

Es sei $a_{ij}^{(n)}$ die Anzahl der Kantenzüge (kurz: Züge) der Länge n von Ecke i zu Ecke j (für $n \geq 1$ und $1 \leq i, j \leq 4$). Unsere Aufgabe besteht darin, eine Formel für $a_{ij}^{(n)}$ zu finden.

Zur Lösung dieser Aufgabe führen wir die *Adjazenzmatrix* des Graphen ein:

$$A = \begin{bmatrix} 0 & 1 & 0 & 0 \\ 1 & 0 & 1 & 0 \\ 0 & 1 & 0 & 1 \\ 0 & 0 & 1 & 0 \end{bmatrix}.$$

Der Eintrag an der Stelle ij von A ist 1, wenn es eine Kante von Ecke i zu Ecke j gibt, und sonst 0. Damit ist A insbesondere auch eine symmetrische Matrix.

Abb. 6.9 Ein Graph, durch den wir ziehen können

Eine der nützlichen Eigenschaften einer Adjazenzmatrix ist, dass ihr Quadrat uns die Anzahl der Züge der Länge 2 zwischen zwei beliebigen Ecken angibt:

$$A^2 = \begin{bmatrix} 1 & 0 & 1 & 0 \\ 0 & 2 & 0 & 1 \\ 1 & 0 & 2 & 0 \\ 0 & 1 & 0 & 1 \end{bmatrix}.$$

Beispielsweise ist der Eintrag an der Stelle 12 von A^2 gleich 0, und tatsächlich gibt es auch keine Züge der Länge 2 von Ecke 1 zu Ecke 2. Warum gibt der Eintrag an der Stelle ij der Matrix A^2 die Anzahl der Züge der Länge 2 von i nach j an? Überlegen Sie sich, was bei der Bildung des Matrixprodukts A^2 geschieht. Mit

$$A = \begin{bmatrix} a_{11}^{(1)} & a_{12}^{(1)} & a_{13}^{(1)} & a_{14}^{(1)} \\ a_{21}^{(1)} & a_{22}^{(1)} & a_{23}^{(1)} & a_{24}^{(1)} \\ a_{31}^{(1)} & a_{32}^{(1)} & a_{33}^{(1)} & a_{34}^{(1)} \\ a_{41}^{(1)} & a_{42}^{(1)} & a_{43}^{(1)} & a_{44}^{(1)} \end{bmatrix}$$

ist der ij-Eintrag von A^2 gleich

$$a_{i1}^{(1)}a_{1j}^{(1)} + a_{i2}^{(1)}a_{2j}^{(1)} + a_{i3}^{(1)}a_{3j}^{(1)} + a_{i4}^{(1)}a_{4j}^{(1)} .$$

Jeder der Terme $a_{ik}^{(1)}a_{kj}^{(1)}$ ist das Produkt zweier Zahlen, die gleich 0 oder gleich 1 sein können; und dieses Produkt ist genau dann ungleich 0, wenn sowohl $a_{ik}^{(1)} = 1$ als auch $a_{kj}^{(1)} = 1$ ist, wenn also sowohl die Ecken i und k als auch die Ecken k und j benachbart sind. Und dies ist genau dann der Fall, wenn es einen Zug der Länge 2 von i nach j durch k gibt. Da wir dann über alle Ecken k aufsummieren, ist der Eintrag an der Stelle ij von A^2 gleich $a_{ij}^{(2)}$.

Für $n \geq 1$ ist der ij-Eintrag von A^n gleich $a_{ij}^{(n)}$, also gleich der Anzahl der Züge der Länge n von i nach j, wie man mittels vollständiger Induktion beweisen kann.

Sehen wir uns einige höhere Potenzen von A genauer an! Wir haben

$$A^3 = \begin{bmatrix} 0 & 2 & 0 & 1 \\ 2 & 0 & 3 & 0 \\ 0 & 3 & 0 & 2 \\ 1 & 0 & 2 & 0 \end{bmatrix},$$

$$A^4 = \begin{bmatrix} 2 & 0 & 3 & 0 \\ 0 & 5 & 0 & 3 \\ 3 & 0 & 5 & 0 \\ 0 & 3 & 0 & 2 \end{bmatrix}$$

und

$$A^5 = \begin{bmatrix} 0 & 5 & 0 & 3 \\ 5 & 0 & 8 & 0 \\ 0 & 8 & 0 & 5 \\ 3 & 0 & 5 & 0 \end{bmatrix}.$$

Anscheinend spielen die Fibonacci-Zahlen hier eine Rolle. Die Fibonacci-Zahlen F_n sind durch die Rekursion

$$F_0 = 0,\ F_1 = 1, \quad F_n = F_{n-1} + F_{n-2},\ n \geq 2\,,$$

definiert, also

$$\{F_n\} = \{0,\ 1,\ 1,\ 2,\ 3,\ 5,\ 8,\ 13,\ 21,\ 34,\ \ldots\}\,.$$

Wir behaupten nun

$$A^n = \begin{cases} \begin{bmatrix} F_{n-1} & 0 & F_n & 0 \\ 0 & F_{n+1} & 0 & F_n \\ F_n & 0 & F_{n+1} & 0 \\ 0 & F_n & 0 & F_{n-1} \end{bmatrix} & \text{für } n \text{ gerade,} \\[2em] \begin{bmatrix} 0 & F_n & 0 & F_{n-1} \\ F_n & 0 & F_{n+1} & 0 \\ 0 & F_{n+1} & 0 & F_n \\ F_{n-1} & 0 & F_n & 0 \end{bmatrix} & \text{für } n \text{ ungerade}\,. \end{cases}$$

Für $n = 1$ und für $n = 2$ haben wir das bereits verifiziert. Nun nehmen wir an, dass die Formel für ein gerades n gilt. Dann folgt

$$\begin{aligned} A^{n+1} &= \begin{bmatrix} F_{n-1} & 0 & F_n & 0 \\ 0 & F_{n+1} & 0 & F_n \\ F_n & 0 & F_{n+1} & 0 \\ 0 & F_n & 0 & F_{n-1} \end{bmatrix} \begin{bmatrix} 0 & 1 & 0 & 0 \\ 1 & 0 & 1 & 0 \\ 0 & 1 & 0 & 1 \\ 0 & 0 & 1 & 0 \end{bmatrix} \\ &= \begin{bmatrix} 0 & F_{n-1} + F_n & 0 & F_n \\ F_{n+1} & 0 & F_{n+1} + F_n & 0 \\ 0 & F_n + F_{n+1} & 0 & F_{n+1} \\ F_n & 0 & F_n + F_{n-1} & 0 \end{bmatrix} \\ &= \begin{bmatrix} 0 & F_{n+1} & 0 & F_n \\ F_{n+1} & 0 & F_{n+2} & 0 \\ 0 & F_{n+2} & 0 & F_{n+1} \\ F_n & 0 & F_{n+1} & 0 \end{bmatrix}. \end{aligned}$$

Das ist die behauptete Darstellung für $n + 1$. Entsprechend können wir zeigen, dass die Formel auch dann für $n + 1$ gilt, wenn wir sie für ein ungerades n voraussetzen. Vollständige Induktion liefert nun die Gültigkeit der Formel für alle $n \geq 1$. Mit dieser Formel haben wir eine einfache Methode zur Berechnung von $a_{ij}^{(n)}$ gefunden.

6.12 Drehungen eines Rasters

Es sei ein (2×3)-Raster gegeben, das wie in Abb. 6.10 die Zahlen von 1 bis 6 enthält.

Es bezeichne L („links“) die Operation, mit der das linke (2×2)-Teilraster um 90° im Uhrzeigersinn gedreht wird, und R („rechts“) die Operation, mit der das rechte (2×2)-Teilraster um 90° im Uhrzeigersinn gedreht wird. Es ist also L die Permutation $(1, 2, 5, 4)\,(3)\,(6)$ und R die Permutation $(2, 3, 6, 5)\,(1)\,(4)$. Wie viele verschiedene Permutationen des Rasters kann man durch mehrfaches Anwenden dieser beiden Operationen erzeugen? Welche Gruppe entsteht dabei? Damit stellen sich uns also die folgenden zwei Fragen: Aus wie vielen Elementen besteht die Gruppe, und was ist ihre Struktur? Wir beginnen damit, dass wir uns einige Kombinationen von Gruppenelementen ansehen.

Mithilfe der Drehungen L und R können wir jede der Zahlen in jedes Feld des Rasters bewegen. Nehmen wir also an, dass wir eine bestimmte Zahl in dem $(1, 1)$-Feld (links oben) untergebracht haben. Dann können wir jede der übrigen Zahlen in das Feld darunter (Position $(2, 1)$) bewegen, indem wir Potenzen von L^2RL^{-1} anwenden, da diese Permutation das $(1, 1)$-Feld festhält und die anderen Felder in einem 5-Zyklus bewegt. Und schließlich kann jede der dann noch verbleibenden Zahlen mithilfe von Potenzen von R in das $(1, 2)$-Feld gesetzt werden. Wir sehen also, dass es mindestens $6 \cdot 5 \cdot 4 = 120$ Permutationen des Rasters gibt.

Da $120 = 5!$ ist, können wir nun vermuten, dass die Gruppe isomorph zu der Gruppe der Permutationen einer fünfelementigen Menge ist, denn diese Gruppe hat die Ordnung 5!. Sie heißt *symmetrische Gruppe* vom Grad 5 und wird mit S_5 bezeichnet. Wir werden beweisen, dass diese Vermutung korrekt ist.

Wenn wir beweisen wollen, dass unsere Gruppe zur S_5 isomorph ist, stellt sich uns die Frage: Welches sind die fünf Dinge, die wir hier permutieren können? Bei unseren Versuchen, irgendwo in diesem Problem eine Fünf zu finden, fällt uns auf, dass die Anzahl aller Paare von Feldern gleich $\binom{6}{2} = 15$ ist; also sollten wir die

Abb. 6.10 Ein (2×3)-Raster

1	2	3
4	5	6

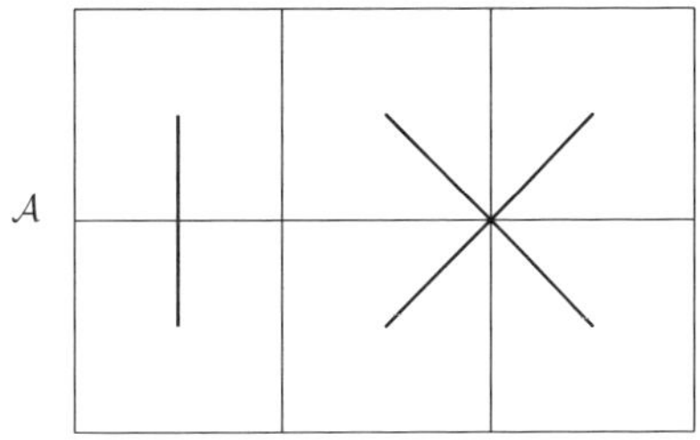

Abb. 6.11 Das (2×3)-Raster mit markierten Feldpaaren

Felder vielleicht in fünf Mengen zu je drei Feldpaaren unterbringen, etwa so:

$$\begin{aligned}
\mathcal{A} &= \{\{1,4\},\{2,6\},\{3,5\}\} \ , \\
\mathcal{B} &= \{\{1,3\},\{2,5\},\{4,6\}\} \ , \\
\mathcal{C} &= \{\{1,5\},\{2,4\},\{3,6\}\} \ , \\
\mathcal{D} &= \{\{1,2\},\{3,4\},\{5,6\}\} \ , \\
\mathcal{E} &= \{\{1,6\},\{2,3\},\{4,5\}\} \ .
\end{aligned}$$

Dabei ist es hilfreich, diese Mengen mithilfe von Linien darzustellen, welche die Feldpaare markieren. Abbildung 6.11 zeigt die Menge $\mathcal{A}$.

Die Operationen L und R bewegen jede der Mengen $\mathcal{A}$, $\mathcal{B}$, $\mathcal{C}$, $\mathcal{D}$ und $\mathcal{E}$ auf eine andere dieser Mengen. Die Mengen werden also von L und R permutiert. Konkret haben wir

$$L = (\mathcal{A},\mathcal{D},\mathcal{B},\mathcal{E})\,(\mathcal{C}) \quad \text{und} \quad R = (\mathcal{A})\,(\mathcal{B},\mathcal{E},\mathcal{C},\mathcal{D}) \ .$$

An dieser Stelle wissen wir nun, dass unsere Gruppe eine Untergruppe der S_5 ist. Wir berechnen

$$LR = (\mathcal{A},\mathcal{B},\mathcal{C},\mathcal{D},\mathcal{E})$$

und

$$RLR = (\mathcal{A},\mathcal{B},\mathcal{C})\,(\mathcal{D},\mathcal{E}) \ .$$

Wenn wir RLR dreimal hintereinander anwenden, verschwindet der 3-Zyklus, und übrig bleibt eine Transposition:

$$(RLR)^3 = (\mathcal{A})\,(\mathcal{B})\,(\mathcal{C})\,(\mathcal{D},\mathcal{E}) \ .$$

Also enthält die Gruppe einen 5-Zyklus sowie eine Transposition zweier im 5-Zyklus benachbarter Terme ($\mathcal{D}$ und $\mathcal{E}$). Wie wohlbekannt ist (zum Beispiel [25, p. 118]), erzeugen diese die S_5.

Wir zeigen nun noch direkt, dass die Transposition $(1,2)$ und der Zyklus $(1,2,\ldots,n)$ alle Permutationen der Menge $\{1,2,\ldots,n\}$ erzeugen. Wir führen das im Fall $n = 5$ vor, aber dieselbe Argumentation funktioniert auch im allgemeinen Fall. Zunächst lässt sich mithilfe der beiden Bausteine jede Transposition

Abb. 6.12 Das (2×3)-Raster mit neuer Nummerierung

0	1	3
∞	2	4

aufeinanderfolgender Zahlen erzeugen. Dafür verwenden wir die Technik der Konjugation, die ein Element x in ein neues Element $g^{-1}xg$ überführt. So erhalten wir

$$(5, 4, 3, 2, 1)\,(1, 2)\,(1, 2, 3, 4, 5) = (2, 3)\,(1)\,(4)\,(5)$$

und haben damit die Transposition $(2, 3)$ erzeugt. Das setzen wir fort und erzeugen $(3, 4)$, $(4, 5)$ und $(5, 1)$. Nachdem wir damit die Transpositionen aufeinanderfolgender Zahlen haben, können wir nun alle Transpositionen erzeugen. Zum Beispiel ist

$$(2, 3)\,(3, 4)\,(4, 5)\,(3, 4)\,(2, 3) = (2, 5)\ ,$$

womit wir die Transposition $(2, 5)$ haben. Als Übungsaufgabe können Sie zeigen, wie man die Transposition $(3, 5)$ erzeugt. Nachdem wir nun alle Transpositionen haben, lässt sich leicht jeder Zyklus erzeugen. Zum Beispiel erhalten wir

$$(3, 5)\,(3, 1)\,(3, 4) = (3, 5, 1, 4)\ .$$

Da sich nun schließlich jede Permutation als Produkt von Zyklen darstellen lässt, sind wir damit fertig.

Es lohnt sich, noch eine andere Präsentation der Gruppe zu betrachten. Dazu nummerieren wir die Einträge des Rasters neu (Abb. 6.12).

Die neuen Einträge sind die Restklassen modulo 5 (dargestellt durch die Zahlen 0, 1, 2, 3 und 4) sowie ∞. Wir definieren zwei Funktionen

$$f(x) = \frac{1}{2x + 1}, \quad g(x) = 3x\ .$$

Sie können nachprüfen, dass f die Operation L verwirklicht (f dreht das linke (2×2)-Teilraster um 90°) und g die Operation R (g dreht das rechte (2×2)-Teilraster um 90°). Vergessen Sie dabei nicht, jeden Funktionswert modulo 5 zu reduzieren, zum Beispiel

$$f\colon 0 \mapsto 1 \mapsto \frac{1}{3} = \frac{2}{6} = \frac{2}{1} = 2 \mapsto \frac{1}{5} = \frac{1}{0} = \infty \mapsto \frac{1}{\infty} = 0\,.$$

Die Gruppe, die aus allen Kompositionen von f und g besteht, heißt die Gruppe der *gebrochen linearen Transformationen* des Körpers aus fünf Elementen zusammen mit ∞.

Das Problem lässt sich verallgemeinern auf Drehungen beliebiger (2×2)-Teilraster eines $(m \times n)$-Rasters für $2 \leq m \leq n$. Bei der dabei entstehenden Gruppe handelt es sich um die komplette symmetrische Gruppe des Grades mn, außer in den Fällen $m = n = 2$, wo wir die zyklische Gruppe der Ordnung 4 erhalten, und $m = 2, n = 3$, wo wir die S_5 erhalten. Zum Beweis können wir die Tatsache verwenden, dass die symmetrische Gruppe auf $\{1, 2, \ldots, n\}$ von den Transpositionen der Form $(k, k + 1)$ für $1 \leq k \leq n - 1$ erzeugt wird.

6.13 Briefmarkenstreifen

Stellen Sie sich zwei Rollen vor, von denen sich jeweils ein endloses Band an Briefmarken zu einem und zu zwei Cent abrollen lässt (Abb. 6.13).

Es bezeichne $a(n)$ die Anzahl der Möglichkeiten, ein Porto zu n Cent zusammenzustellen, indem man Streifen, bestehend aus einer oder mehreren Briefmarken, von den beiden Rollen abreißt. Die Abfolge der Streifen und die Anzahl der Briefmarken pro Streifen sind dabei wichtig. Beispielsweise ist $a(4) = 15$, da es fünfzehn Möglichkeiten gibt, von den beiden Rollen ein Porto von vier Cent zusammenzustellen:

$$(1) + (1) + (1) + (1)\,,\ (1 + 1) + (1) + (1)\,,\ (1) + (1 + 1) + (1)\ ,$$
$$(1) + (1) + (1 + 1)\,,\ (1 + 1) + (1 + 1)\,,\ (1 + 1 + 1) + (1)\ ,$$
$$(1) + (1 + 1 + 1)\,,\ (1 + 1 + 1 + 1)\,,\ (2) + (1) + (1)\ ,$$
$$(1) + (2) + (1)\,,\ (1) + (1) + (2)\,,\ (2) + (1 + 1)\ ,$$
$$(1 + 1) + (2)\,,\ (2) + (2)\,,\ (2 + 2)\ .$$

In dieser Schreibweise bedeuten die Zahlen innerhalb eines Klammerpaares einen zusammenhängenden Streifen. Zum Beispiel steht $(2) + (1 + 1)$ für eine einzelne Zwei-Cent-Marke, gefolgt von einem Streifen aus zwei Ein-Cent-Marken.

Berechnen Sie $a(100)$ und geben Sie einen ungefähren Wert für $a(10^5)$ an, also für die Anzahl der Möglichkeiten, ein Porto von 1000 Euro zusammenzustellen. Dazu werden Sie vermutlich einen Computer benötigen.

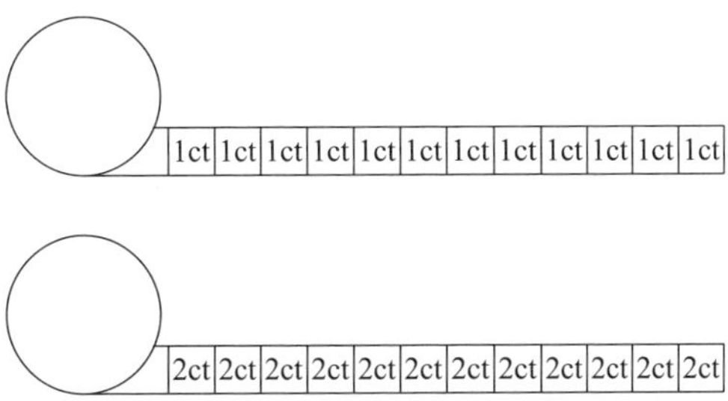

Abb. 6.13 Rollen für Briefmarken zu einem und zu zwei Cent

Wir werden eine Rekursionsgleichung für $\{a(n)\}$ finden. Damit können wir dann $a(100)$ berechnen und $a(10^5)$ approximieren. Wenn man ein herausforderndes mathematisches Problem zu lösen hat, ist es oft eine gute Idee, sich Spezialfälle anzusehen. Die Werte $a(1) = 1$, $a(2) = 3$, $a(3) = 6$ und $a(4) = 15$ (wie oben) lassen sich leicht auszählen. Wir können noch ein bisschen weiter gehen und $a(5) = 33$ und $a(6) = 78$ berechnen, aber noch größere Werte sind schwer zu bestimmen. Können Sie anhand unseres bisherigen Wissens eine Rekursionsgleichung raten?

Da der letzte verwendete Streifen aus einer gewissen Anzahl von Ein-Cent- oder Zwei-Cent-Marken besteht, gilt die Rekursionsgleichung

$$\begin{aligned} a(n) = a(n-1) + a(n-2) + a(n-3) + a(n-4) + \ldots \\ + a(n-2) + a(n-4) + a(n-6) + a(n-8) + \ldots, \end{aligned}$$

wobei wir mit dem Addieren aufhören, wenn die Argumente negativ werden, und wobei wir $a(0) = 1$ definieren. Damit könnten wir $a(100)$ berechnen, aber einfacher wäre es, wenn wir eine Rekursionsgleichung fänden, die nur eine feste Anzahl vorhergehender Terme benötigt. Für $n \geq 3$ gilt

$$\begin{aligned} a(n) &= a(n-1) + a(n-2) + [a(n-3) + a(n-4) + \ldots] \\ &\quad + a(n-2) + [a(n-4) + a(n-6) + a(n-8) + \ldots] \\ &= a(n-1) + 3a(n-2) . \end{aligned}$$

Also ist $\{a(n)\}$ durch eine lineare Rekursionsgleichung der Ordnung 2 gegeben:

$$\begin{aligned} &a(0) = 1,\ a(1) = 1,\ a(2) = 3 , \\ &a(n) = a(n-1) + 3a(n-2), \quad n \geq 3 . \end{aligned}$$

Auf einem Computer können wir nun

$$a(100) = 870.338.141.873.214.655.919.573.200.648.700.175 \approx 8{,}7 \cdot 10^{35}$$

berechnen.

Auch $a(10^5)$ können wir am Computer mithilfe der Rekursionsgleichung berechnen und so einen ungefähren Wert erhalten:

$$a(10^5) \approx 7{,}5 \cdot 10^{36.224} .$$

Aber wir können auch eine exakte Formel für $a(n)$ finden und diese dann approximieren. Die Standardmethode zur Lösung einer linearen homogenen Rekursion der Ordnung 2 mit konstanten Koeffizienten besteht darin, für die Lösung den Ansatz

$$a(n) = \alpha r_1^n + \beta r_2^n, \quad n \geq 1 ,$$

zu machen, wobei α und β Konstanten und r_1 und r_2 die beiden verschiedenen Lösungen der *charakteristischen Gleichung*

$$x^2 - x - 3 = 0$$

sind, also

$$r_1 = \frac{1-\sqrt{13}}{2}, \quad r_2 = \frac{1+\sqrt{13}}{2}.$$

Mit $\alpha(1) = 1$ und $\alpha(2) = 3$ finden wir

$$\alpha = \frac{1}{3} - \frac{2}{3\sqrt{13}} \quad \text{und} \quad \beta = \frac{1}{3} + \frac{2}{3\sqrt{13}},$$

womit wir

$$a(n) = \left(\frac{1}{3} - \frac{2}{3\sqrt{13}}\right) r_1^n + \left(\frac{1}{3} + \frac{2}{3\sqrt{13}}\right) r_2^n, \quad n \geq 1,$$

erhalten. Für große n überwiegt der exponentielle Term r_2^n, sodass wir die Approximation

$$a(10^5) \approx \left(\frac{1}{3} + \frac{2}{3\sqrt{13}}\right) r_2^{100.000} \approx 7{,}5 \cdot 10^{36.224}$$

erhalten.

Eine weitere Möglichkeit, $a(10^5)$ zu approximieren, besteht in der Nutzung einer erzeugenden Funktion. Es sei

$$\begin{aligned} f(x) = \sum_{n=0}^{\infty} a(n)x^n &= a(0) + a(1)x + a(2)x^2 + a(3)x^3 + a(4)x^4 + \dots \\ &= 1 + x + 3x^2 + 6x^3 + 15x^4 + \dots \end{aligned}$$

Die Rekursion für $\{a(n)\}$ liefert

$$\sum_{n=0}^{\infty} a(n)x^n \left(1 - x - x^2 - x^3 - x^4 - \dots - x^2 - x^4 - x^6 - x^8 - \dots\right) = a(0) = 1.$$

Mit der Summenformel für die geometrische Reihe erhalten wir

$$f(x) = \frac{1}{1 - \frac{x}{1-x} - \frac{x^2}{1-x^2}} = \frac{1-x^2}{1-x-3x^2}.$$

Diese erzeugende Funktion ist eine rationale Funktion, und die Koeffizienten im Nenner stimmen mit denen in der Rekursionsgleichung überein. Dies ist bei der erzeugenden Funktion jeder linearen Rekursion mit konstanten Koeffizienten der Fall.

Wir können die erzeugende Funktion in der Form

$$f(x) = \frac{1}{3} + \frac{\alpha}{1 - r_1 x} + \frac{\beta}{1 - r_2 x}$$

schreiben. Hier dominiert wieder die geometrische Reihe mit der Wachstumsrate r_2, und wir erhalten dieselbe Approximation wie zuvor:

$$a(10^5) \approx \beta r_2^{100.000} \approx 7{,}5 \cdot 10^{36.224} .$$

6.14 Eine Million Euro in Kleingeld

Auf wie viele Arten kann man eine Million Euro in Kleingeld eintauschen, wenn man beliebig viele Centmünzen zu einem, fünf, zehn und fünfzig Cent sowie beliebig viele Euromünzen und -scheine zu einem, fünf, zehn, zwanzig, fünfzig und hundert Euro verwenden kann? (Zur Vereinfachung verzichten wir auf die Münzen zu zwei und zwanzig Cent und zu zwei Euro.) Für diese Aufgabe werden Sie einen Computer benötigen.

Wenn es keine Zwei-Cent-Münzen gibt, muss die Anzahl der Ein-Cent-Münzen in dem Kleingeld ein Vielfaches von 5 sein, da alle anderen Münzen ein Vielfaches von fünf Cent wert sind. Also können wir fünf Cent als die kleinstmögliche Einheit in unserer Aufgabe betrachten. Es bezeichne c_n die Anzahl der Möglichkeiten, $5n$ Cent in Kleingeld einzutauschen. Die erzeugende Funktion für die Folge $\{c_n\}$ ist

$$\begin{aligned} c(x) =& 1 + c_1 x + c_2 x^2 + c_3 x^3 + \dots \\ =& \frac{1}{1-x} \frac{1}{1-x} \frac{1}{1-x^2} \frac{1}{1-x^{10}} \\ & \cdot \frac{1}{1-x^{20}} \frac{1}{1-x^{100}} \frac{1}{1-x^{200}} \frac{1}{1-x^{400}} \frac{1}{1-x^{1000}} \frac{1}{1-x^{2000}} . \end{aligned}$$

Die Terme in der mittleren Zeile entsprechen hier den Beiträgen der Cent-Münzen. Die Terme in der unteren Zeile entsprechen den Beiträgen der Euro-Münzen und -Scheine. Um einzusehen, wie die Faktoren der erzeugenden Funktion wirken, betrachten Sie den Beitrag des Terms

$$\frac{1}{1-x^2} = 1 + x^2 + x^{2\cdot 2} + x^{3\cdot 2} + x^{4\cdot 2} + \dots$$

zu der erzeugenden Funktion. Der Summand $x^{3\cdot 2}$ entspricht zum Beispiel der Wahl von drei Zehn-Cent-Münzen im Kleingeld (eine Zehn-Cent-Münze besteht aus zwei unserer kleinstmöglichen Einheiten). Wenn wir alle Summanden zusammenmultiplizieren und die Koeffizienten gleicher Potenzen kombinieren, erhalten wir die erzeugende Funktion von $\{c_n\}$.

Da eine Million Euro aus 20.000.000 Exemplaren unserer Fünf-Cent-Grundeinheit besteht, lautet unsere Aufgabe also, den Koeffizienten $c_{20.000.000}$ von $x^{20.000.000}$

in $c(x)$ zu bestimmen. Dazu werden wir die erzeugende Funktion in einer Form schreiben, die dies einfacher macht.

Alle im Nenner von $c(x)$ auftretenden Potenzen von x sind Teiler der größten Potenz, 2000. Deshalb können wir jeden der Faktoren im Nenner in der Form $\left(1-x^{2000}\right)$ mit einem kompensierenden Faktor, einer geometrischen Summe, im Zähler schreiben. Der neue Zähler lautet dann

$$\begin{aligned}&\left(1+x+\ldots+x^{1999}\right)^2\left(1+x^2+x^4+\ldots+x^{1998}\right)\left(1+x^{10}+\ldots+x^{1990}\right)\\&\cdot\left(1+x^{20}+\ldots+x^{1980}\right)\left(1+x^{100}+\ldots+x^{1900}\right)\left(1+x^{200}+\ldots+x^{1800}\right)\\&\cdot\left(1+x^{400}+\ldots+x^{1600}\right)\left(1+x^{1000}\right)\,.\end{aligned}$$

Mit einem Computeralgebrasystem lässt sich der neue Zähler schnell ausmultiplizieren. Der neue Nenner ist $\left(1-x^{2000}\right)^{10}$, und wir können seinen Kehrwert in eine binomische Reihe entwickeln:

$$\left(1-x^{2000}\right)^{-10}=\sum_{k=0}^{\infty}\binom{k+9}{9}x^{2000k}\,.$$

Wir schließen nun die Berechnung ab, indem wir diese binomische Reihe mit geeigneten Termen des Zählers multiplizieren, damit wir den Koeffizienten von $x^{20.000.000}$ erhalten. Der Zähler ist ein Polynom, etwa p, vom Grad 16.266, aber wir benötigen nur diejenigen Potenzen von x, die Vielfache von 2000 sind; die zugehörigen Koeffizienten sind

$$\begin{aligned}p_0&=1\\p_{2000}&=24.597.373.429\,,\\p_{4000}&=1.939.563.803.864\,,\\p_{6000}&=17.511.952.934.651\,,\\p_{8000}&=36.715.710.945.700\,,\\p_{10.000}&=20.884.690.123.339\,,\\p_{12.000}&=2.870.272.709.276\,,\\p_{14.000}&=53.211.318.181\,,\\p_{16.000}&=791.559\,.\end{aligned}$$

Wieder mithilfe des Computers berechnen wir

$$\begin{aligned}c_{20.000.000}&=\sum_{j=0}^{8}\binom{10.000-j+9}{9}p_{2000j}\\&=220.643.832.600.542.034.525.544.829.739.623.725.197.120.001\\&\approx 2{,}2\cdot 10^{44}\,.\end{aligned}$$

6.15 Färbungen einer projektiven Ebene

In Abb. 2.5 war eine projektive Ebene der Ordnung 3 dargestellt. Hier werden wir eine projektive Ebene der Ordnung 2 betrachten, wie sie in Abb. 6.14 gezeigt ist. Sie hat sieben Punkte und sieben Geraden. Jede Gerade enthält drei Punkte, jeder Punkt liegt auf drei Geraden, durch jeweils zwei Punkte geht eine eindeutige Gerade, und jeweils zwei Geraden schneiden sich in einem eindeutigen Punkt.

Wie viele unterschiedliche Färbungen erhalten wir, wenn wir die Punkte mit verschiedenen Farben einfärben? Die Punkte und Geraden einer endlichen Geometrie können an beliebige Stellen bewegt werden, solange die Beziehungen zwischen Punkten und Geraden dabei unverändert bleiben. Beispielsweise müssen die Punkte 1, 2 und 3 immer kollinear sein, unabhängig davon, wie wir die Ebene zeichnen.

Wir werden zeigen, dass es 30 verschiedene Färbungen gibt. Dabei benötigen wir die Anzahl der Symmetrien der projektiven Ebene, also derjenigen Abbildungen, durch die einzelne Punkte bewegt werden, die aber die Gestalt der Ebene als Ganzes unverändert lassen. Da alle sieben Punkte äquivalent sind, können wir jeden Punkt in die Position jedes anderen Punktes bewegen. Also gibt es sieben Stellen, an die wir einen Punkt ziehen können. Nachdem wir diese Auswahl getroffen haben, gibt es noch sechs Möglichkeiten für die Bewegung eines zweiten Punktes. Nachdem diese beiden Entscheidungen feststehen, muss der dritte zu den ersten beiden kollineare Punkt auf der Geraden durch die ersten beiden Punkte bleiben. Nun gibt es noch vier weitere Punkte, und jeder kann in jede der vier verbleibenden Positionen bewegt werden. Diese Entscheidung, zusammen mit den ersten beiden Entscheidungen, legt nun die Position aller verbleibenden Punkte fest. Insgesamt gibt es also $7 \cdot 6 \cdot 4 = 168$ Möglichkeiten, und dies ist die Anzahl der Symmetrien der projektiven Ebene.

Ohne Symmetrien hätten wir $7! = 5040$ verschiedene Färbungen. Damit werden aber diejenigen Färbungen mehrfach gezählt, die durch eine Symmetrie ineinander übergehen. Da es 168 Symmetrien gibt, beträgt die Anzahl der verschiedenen Färbungen nur $5040/168 = 30$.

Wenn Sie sich an den Abschn. 5.17 aus Kap. 5 erinnern, dann fällt Ihnen vielleicht auf, dass die Formel für die Anzahl der Symmetrien der projektiven Ebene, $7 \cdot 6 \cdot 4$, auch die Anzahl der invertierbaren (3×3)-Binärmatrizen angibt. Die multiplikative Gruppe dieser Matrizen ist isomorph zu der Symmetriegruppe der projektiven Ebene. Wir können den Isomorphismus explizit angeben, indem wir die

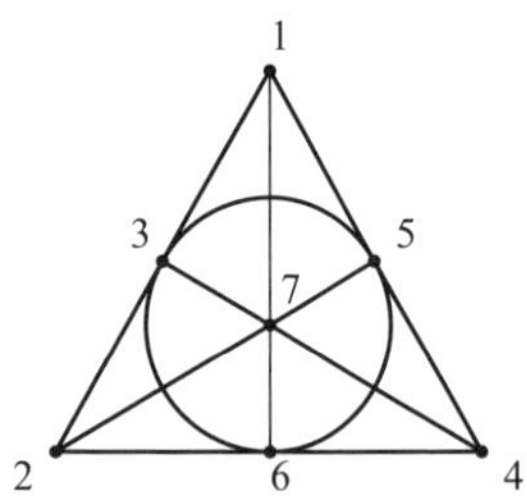

Abb. 6.14 Eine projektive Ebene der Ordnung 2

sieben Punkte der projektiven Ebene mit den sieben Binärvektoren (ohne den Nullvektor) der Länge 3 durchnummerieren. Jede Matrix erzeugt durch Multiplikation eine Permutation der Punkte. Dabei müssen wir die Nummerierung so vornehmen, dass sich die Vektoren von jeweils drei Punkten auf einer Geraden zum Nullvektor addieren, da diese Eigenschaft und damit die Kollinearität bei der Matrixmultiplikation erhalten bleibt.

7 Kreative Probleme

In der Mathematik verstehst du das, was du aufbaust.
FAN CHUNG

Neue mathematische Probleme zu formulieren, ist einfach. Alles, was man dazu benötigt, ist ein wissbegieriger Geist. Die Probleme in diesem Kapitel sind teilweise oder auch ganz ungelöst, sodass es noch vieles gibt, an dem man arbeiten kann!

7.1 Zweidimensionaler Häppchenalgorithmus

Wählen Sie eine natürliche Zahl, zum Beispiel 20. Wählen Sie dann eine zufällige Zahl zwischen 1 und 20, etwa 9. Bilden Sie die Differenz: $20 - 9 = 11$. Wählen Sie nun eine zufällige Zahl zwischen 1 und 11, etwa 7. Bilden Sie die Differenz: $11 - 7 = 4$. Wählen Sie eine zufällige Zahl zwischen 1 und 4, etwa 3. Bilden Sie die Differenz: $4 - 3 = 1$. Jetzt können wir nur noch die 1 wählen und bilden erneut die Differenz: $1 - 1 = 0$. Nachdem wir damit die 0 erreicht haben, hören wir auf. Wir haben vier Subtraktionen durchgeführt. Wie viele Subtraktionen sind zu erwarten, wenn wir bei der 20 beginnen?

Mithilfe einer Rekursionsgleichung lässt sich zeigen, dass die erwartete Anzahl Subtraktionen, wenn wir bei der natürlichen Zahl n beginnen, gleich der *harmonischen Zahl*

$$H_n = 1 + \frac{1}{2} + \frac{1}{3} + \ldots + \frac{1}{n}$$

ist.

Wie sieht es aus, wenn wir bei einem Paar natürlicher Zahlen beginnen, etwa $(10, 6)$? Wählen Sie eine zufällige Zahl zwischen 1 und 10, etwa 5, und eine zufällige Zahl zwischen 1 und 6, etwa 2. Bilden Sie die Differenz: $(10, 6) - (5, 2) = (5, 4)$. Wählen Sie nun zufällig das geordnete Paar $(2, 3)$. Bilden Sie die Differenz: $(5, 4) - (2, 3) = (3, 1)$. Wiederholen Sie das und wählen Sie $(2, 1)$. Bilden Sie die Differenz: $(3, 1) - (2, 1) = (1, 0)$. Nachdem eine der Zahlen nun gleich 0 ist, hö-

M. Erickson, *Mathematische Appetithäppchen*, DOI 10.1007/978-3-662-45459-6_7

ren wir auf. Wir haben drei Subtraktionen durchgeführt. Welches ist die erwartete Anzahl an Subtraktionen?

Es sei $e(m,n)$ die erwartete Anzahl an Subtraktionen, wenn wir mit dem Paar (m,n) natürlicher Zahlen beginnen. Es lässt sich leicht eine Rekursionsgleichung dafür aufstellen:

$$e(m,1) = 1, \quad m \geq 1\,,$$
$$e(1,n) = 1, \quad n \geq 1\,,$$
$$e(m,n) = 1 + \frac{1}{mn}\sum_{j=1}^{m-1}\sum_{k=1}^{n-1} e(m,n), \quad m,n > 1\,.$$

Mit dieser Rekursionsgleichung lässt sich eine Tabelle der Werte von $e(m,n)$ aufstellen:

		n				
		1	2	3	4	5
m	1	1	1	1	1	1
	2	1	5/4	4/3	11/8	7/5
	3	1	4/3	53/36	223/144	115/72
	4	1	11/8	223/144	475/288	549/320
	5	1	7/5	115/72	549/320	4309/2300

Können Sie hier ein Muster erkennen? Das Problem lautet also, einen geschlossenen Ausdruck für diese Werte zu finden.

7.2 Spiel der unbedrohten Damen

Beim Schach bedroht eine Dame alle Felder, die sie in horizontaler, vertikaler oder diagonaler Richtung erreichen kann. Die Bewegungsmöglichkeiten einer Dame auf einem (8×8)-Brett sind in Abb. 7.1 gezeigt. Es sei n eine natürliche Zahl. Zwei Spieler spielen ein Spiel, bei dem sie abwechselnd Damen so auf ein $(n \times n)$-Brett setzen, dass eine neue Dame nicht von einer bereits gesetzten bedroht wird. Der letzte Spieler, der noch eine Dame auf dem Schachbrett unterbringen kann, hat das Spiel gewonnen.

Wer wird das Spiel gewinnen, wenn beide Spieler bestmöglich spielen? Bei ungeradem n hat der erste Spieler eine Gewinnstrategie: Die erste Dame wird in der Mitte des Bretts positioniert, und nach jedem Zug des zweiten Spielers wird das symmetrisch zum Mittelpunkt gelegene Feld gewählt. Immer wenn der zweite Spieler noch einen Zug zur Verfügung hat, kann anschließend auch der erste Spieler noch ein Feld besetzen; also werden zuerst dem zweiten Spieler die Felder ausgehen. Für gerades n ist der Ausgang des Spieles im Allgemeinen nicht bekannt. Dieses Problem wurde zum ersten Mal in [18] beschrieben. Durch Betrachtung aller Möglichkeiten lässt sich zeigen, dass der erste Spieler bei $n = 2$, 4, 6 und 8

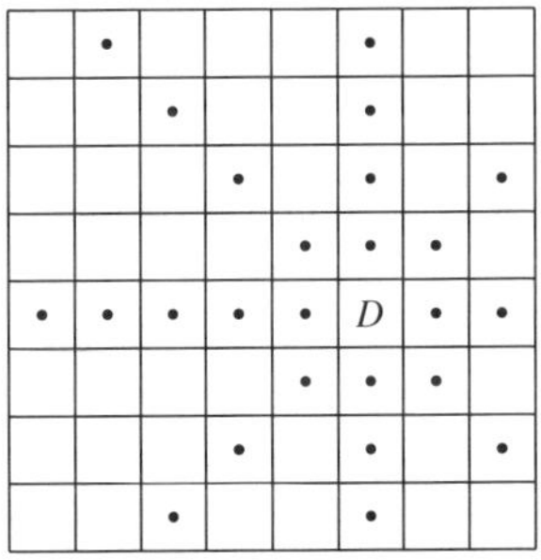

Abb. 7.1 Die Bewegungsmöglichkeiten einer Dame auf dem (8×8)-Brett

gewinnt. Hassan Noon und Glen van Brummelen [38] zeigten, dass bei $n = 10$ der zweite Spieler gewinnt. Können Sie herausfinden, wer auf einem (12×12)-Brett gewinnt?

7.3 Lucas-Zahlen modulo m

Die Folge der Lucas-Zahlen ist durch

$$L_0 = 2, \ L_1 = 1, \quad L_n = L_{n-1} + L_{n-2}, \quad n \geq 2\,,$$

definiert. Die Folge $\{L_n\}$ gehorcht derselben Rekursionsgleichung wie die Fibonacci-Folge, aber mit anderen Anfangswerten.

Für welche Zahlen $m \geq 2$ überdeckt der Wertebereich der Folge $\{L_n \bmod m\}$ ein vollständiges Restsystem modulo m? Die entsprechende Frage für die Alkuin-Folge wurde in Kap. 5 besprochen. Obwohl wir keine Formel für die Periode von $\{L_n \bmod m\}$ kennen, wissen wir aufgrund des Schubfachprinzips, dass sie höchstens m^2 betragen kann.

Durch Erkundungen am Computer kommt man zu folgender Vermutung.

Vermutung Die Folge $\{L_n \bmod m\}$ nimmt dann und nur dann alle Werte modulo m an, wenn m eine der folgenden Zahlen ist:

$$2, \ 4, \ 6, \ 7, \ 14, \ 3^k, \quad k \geq 1\,.$$

Beispielsweise lautet die Folge $\{L_n \bmod 6\}$

$$2, \ 1, \ 3, \ 4, \ 1, \ 5, \ 0, \ \ldots\,,$$

und wir erhalten alle Reste modulo 6. Die Folge $\{L_n \bmod 5\}$ lautet

$$2, \ 1, \ 3, \ 4, \ 2, \ 1, \ \ldots\,,$$

und da sie sich von da an wiederholt, werden wir niemals den Rest 0 erhalten.

Können Sie die Vermutung beweisen?

Stephen A. Burr [11] löste das entsprechende Problem für die Fibonacci-Folge. Die Folge $\{F_n \bmod m\}$ enthält dann und nur dann alle Reste modulo m, wenn m eine der folgenden Zahlen ist:

$$5^j,\ 2\cdot 5^j,\ 4\cdot 5^j,\ 3^k\cdot 5^j,\ 6\cdot 5^j,\ 7\cdot 5^j,\ 14\cdot 5^j, \quad j\geq 0,\ k\geq 1\,.$$

7.4 Exakt kantengefärbte Graphen

Ein Graph, wie man ihm in der Graphentheorie begegnet, besteht aus einer Menge von Ecken und einer Menge von Kanten, wobei jede Kante zwei Ecken miteinander verbindet. Ein *vollständiger Graph* ist ein Graph, bei dem jedes Paar zweier Ecken durch eine Kante verbunden ist.

Es gibt viele Probleme über Färbungen von Graphen. In unserem jetzigen Problem geht es um Färbungen der Kanten eines Graphen mit Farben aus einer festgelegten Menge. Bei einer *exakten r-Färbung* eines Graphen wird jeder Kante eine von r möglichen Farben zugewiesen, wobei jede Farbe mindestens einmal vorkommt.

Das folgende Problem über exakte Kantenfärbungen unendlicher Graphen ist ungelöst. Für $1 \leq m \leq r$ sei $P(r,m)$ die Aussage, dass jede exakte r-Färbung der Kanten eines abzählbar unendlichen vollständigen Graphen einen exakt m-gefärbten abzählbar unendlichen vollständigen Teilgraphen erlaubt. Für welche Werte von r und m ist $P(r,m)$ wahr? Der Fall $m = 1$ ist ein berühmter Satz der Kombinatorik, der als der Satz von Ramsey bekannt ist.

Satz von Ramsey *Wenn die Kanten eines vollständigen Graphen, der abzählbar unendlich viele Ecken hat, mit endlich vielen Farben gefärbt werden, dann existiert ein vollständiger Teilgraph mit unendlich vielen Ecken, dessen Kanten alle dieselbe Farbe haben.*

Eine Folgerung aus dem Satz von Ramsey besagt, dass $P(r,m)$ auch für $m = 2$ wahr ist. Im Fall $r = m$ ist $P(r,m)$ trivialerweise wahr, da man als Teilgraph einfach den gegebenen Graphen nehmen kann. Möglicherweise sind dies die einzigen Werte von r und m, bei denen $P(r,m)$ wahr ist.

Vermutung Die Aussage $P(r,m)$ ist wahr genau für $m = 1, m = 2$ und $m = r$.

Als ein Beispiel dafür, wie man $P(r,m)$ widerlegen kann, betrachten wir den Fall $P(11,5)$. Wir werden eine exakte 11-Färbung der Kanten des vollständigen Graphen mit abzählbar unendlich vielen Ecken vorführen, sodass es keinen exakt 5-gefärbten unendlichen vollständigen Teilgraphen gibt. Wähle dazu einen Teilgraphen K_5 und färbe jede seiner Kanten mit einer anderen Farbe. Dafür werden $\binom{5}{2} = 10$ Farben benötigt. Färbe alle anderen Kanten des unendlichen Graphen mit der elften Farbe. Jeder unendliche vollständige Teilgraph ist für irgendein k exakt $(\binom{k}{2} + 1)$-gefärbt. Da 5 keine Zahl dieser Form ist, muss $P(11,5)$ falsch sein.

Alan Stacey und Peter Weidl [49] haben bewiesen, dass $P(r, m)$ für jedes feste $m \geq 3$ falsch ist, wenn r hinreichend groß wird. Können Sie die Vermutung komplett beweisen?

7.5 Damenpfade

Beim Schach kann sich eine Dame in einem Zug beliebig viele Felder waagerecht, senkrecht oder diagonal bewegen. Abbildung 7.2 zeigt beispielhaft einen Damenpfad von der linken unteren in die rechte obere Ecke.

Wir erweitern nun das Brett nach rechts und nach oben ins Unendliche und bezeichnen die Felder mittels geordneter Paare nichtnegativer ganzer Zahlen, wobei das Feld in der linken unteren Ecke die Koordinaten $(0, 0)$ bekommt.

Wie viele Gitterpfade kann die Dame von $(0, 0)$ zu (m, n) für nichtnegative Zahlen m und n nehmen? Es sei $d(m, n)$ die Anzahl der Pfade von $(0, 0)$ zu (m, n), bei denen die Dame in jedem Schritt beliebig viele Felder nach rechts, nach oben oder diagonal nach rechts-oben geht. Jeder Eintrag in der Tabelle in Abb. 7.3 ergibt sich als die Summe aller Einträge links, unterhalb und diagonal links-unterhalb des jeweiligen Feldes. Zum Beispiel ist $d(3, 2) = 2 + 7 + 22 + 4 + 17 + 1 + 7 = 60$. Das liefert deshalb die richtige Zahl, weil die Dame nur von einem dieser Felder auf das gegebene Feld kommen kann.

Aus der Tabelle können wir ablesen, dass die Anzahl der Damenpfade im Schachbrett von der Ecke links unten zu der rechts oben gleich $d(7, 7) = 1.499.858$ ist.

Abb. 7.2 Ein Damenpfad

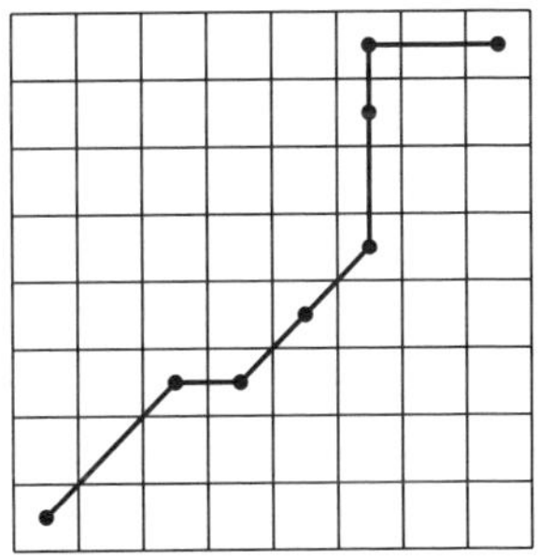

⋮	⋮	⋮	⋮	⋮	⋮	⋮	⋮	
64	464	2 392	10 305	39 625	140 658	470 233	1 499 858	…
32	208	990	3 985	14 430	48 519	154 352	470 233	…
16	92	401	1 498	5 079	16 098	48 519	140 658	…
8	40	158	543	1 712	5 079	14 430	39 625	…
4	17	60	188	543	1 498	3 985	10 305	…
2	7	22	60	158	401	990	2 392	…
1	3	7	17	40	92	208	464	…
1	1	2	4	8	16	32	64	…

Abb. 7.3 Anzahlen von Damenpfaden

Diese Rekursionsgleichung für die zweidimensionale Folge benötigt unbeschränkt viele vorherige Werte. Wir wollen nun eine Rekursionsgleichung für die Anzahl der Damenpfade finden, die nur eine feste Anzahl vorheriger Werte benötigt. Dazu verwenden wir die Methode der erzeugenden Funktionen, die wir bereits im Abschn. 6.13 in Kap. 6 zur Lösung verwendet haben.

Wir stellen die Einzelschritte der Dame mit den Unbestimmten x, y und xy dar. Aus der Rekursionsgleichung, die wir bereits gefunden haben, erhalten wir

$$\sum_{m=0}^{\infty}\sum_{n=0}^{\infty} d(m,n)x^m y^n \left(1 - x - x^2 - \ldots - y - y^2 - \ldots - (xy) - (xy)^2 - \ldots\right)$$
$$= d(0,0) = 1\,.$$

Damit ist die erzeugende Funktion gleich

$$\begin{aligned}\sum_{m=0}^{\infty}\sum_{n=0}^{\infty} d(m,n)x^m y^n &= \frac{1}{1 - \frac{x}{1-x} - \frac{y}{1-y} - \frac{xy}{1-xy}} \\ &= \frac{1 - x - y + x^2y + xy^2 - x^2y^2}{1 - 2x - 2y + xy + 3x^2y + 3xy^2 - 4x^2y^2}\,.\end{aligned}$$

Wenn wir uns den Nenner dieser erzeugenden Funktion ansehen, können wir eine Rekursionsgleichung für die Anzahl der Damenpfade ablesen:

$$\begin{aligned}&d(0,0) = 1,\ d(0,1) = 1,\ d(0,2) = 2\,,\\ &d(1,0) = 1,\ d(1,1) = 3,\ d(1,2) = 7\,,\\ &d(2,0) = 2,\ d(2,1) = 7,\ d(2,2) = 22\,;\\ &d(m,n) = 2d(m-1,n) + 2d(m,n-1) - d(m-1,n-1) - 3d(m-2,n-1)\\ &\qquad - 3d(m-1,n-2) + 4d(m-2,n-2), \quad m \geq 3 \text{ oder } n \geq 3\,.\end{aligned}$$

Wenn m oder n negativ ist, setzen wir $d(m,n) = 0$.

Die *Diagonalfolge* für Damenpfade, $\{d_n = d(n,n)\}$, lautet

1, 3, 22, 188, 1712, 16.098, 154.352, 1.499.858, 14.717.692, 145.509.218, ...

Ihre erzeugende Funktion ist

$$\frac{(x-1)}{(3x-2)}\left[1 + \frac{1-x}{\sqrt{1 - 12x + 16x^2}}\right].$$

Aus der erzeugenden Funktion erhalten wir eine Rekursionsgleichung:

$$\begin{aligned}&d_0 = 1,\ d_1 = 3,\ d_2 = 22,\ d_3 = 188\,;\\ &d_n = ((29n - 18)\,d_{n-1} + (-95n + 143)\,d_{n-2}\\ &\qquad + (116n - 302)\,d_{n-3} + (-48n + 192)\,d_{n-4})\,/\,(2n)\,, \quad n \geq 4\,.\end{aligned}$$

Der Ausdruck unter der Wurzel in der erzeugenden Funktion kann in der Form

$$1 - 12x + 16x^2 = (1 - r_1 x)(1 - r_2 x)$$

faktorisiert werden, wobei $r_1, r_2 = 6 \pm 2\sqrt{5}$ sind. Es lässt sich zeigen, dass

$$d_n \sim c\, r_1^n / \sqrt{\pi n}$$

mit $c = \sqrt{10\left(3\sqrt{5} - 5\right)/8}$ gilt.

Das Problem der Damenpfade lässt sich für höhere Dimensionen verallgemeinern.

Die einzelnen Schritte eines bei $(0, 0, 0)$ beginnenden Damenpfades sind ganzzahlige Vielfache von $(1, 0, 0)$, $(0, 1, 0)$, $(0, 0, 1)$, $(1, 1, 0)$, $(0, 1, 1)$, $(1, 0, 1)$ oder $(1, 1, 1)$.

Ein Damenpfad von $(0, 0, \ldots, 0)$ zu $(a_1, a_2, \ldots, a_d)$ ist äquivalent zu dem Spiel „Wythoffs Nim“. Das Spiel beginnt mit d Steinhaufen der Größen $a_1, a_2, \ldots, a_d$. Zwei Spieler nehmen abwechselnd eine beliebige Anzahl an Steinen von einem oder mehreren Haufen weg, im letzteren Fall allerdings von allen betroffenen Haufen dieselbe Anzahl. Das Spiel endet, wenn alle Steine entfernt sind. Unsere Formeln zählen die Anzahl der möglichen Spiele.

Kürzlich stellte ein von Alin Bostan geleitetes Team eine Vermutung über die Anzahl der Damenpfade zu einem Punkt auf der Hauptdiagonalen (n, n, n) auf: Sie vermuteten dafür eine lineare Rekursion der Ordnung 14, deren Koeffizienten Polynome vom Grad 52 sind.

Welche Rekursionsgleichung erfüllt die Anzahl der Damenpfade zu einem Diagonalpunkt in Dimension $d \geq 3$?

7.6 Spiel „Transversale erzeugen“

Im Abschn. 1.6 in Kap. 1 hatten wir eine Transversale in einem $(n \times n)$-Raster als eine Auswahl von n Feldern des Rasters definiert, von denen keine zwei in derselben Zeile oder Spalte stehen. Es gibt ein Spiel für zwei Spieler, das auf Transversalen beruht. Die beiden Spieler, Oh und Ix, wählen abwechselnd in einem $(n \times n)$-Raster ein noch freies Feld und tragen ihr Symbol, O oder X, darin ein. Falls es einem Spieler gelingt, eine Transversale aus n Zellen zu besetzen, ist er der Gewinner. (Dabei darf er ruhig noch weitere Felder besetzt haben.) Sofern es überhaupt einen Gewinner gibt, dann kann stets der erste Spieler, Oh, gewinnen. Denn wenn der zweite Spieler, Ix, eine Gewinnstrategie hätte, dann könnte auch der erste Spieler sie anwenden und so einen Schritt früher gewinnen. Ix könnte dagegen versuchen, seinen Gegner zu blockieren, indem er eine ganze Zeile oder Spalte besetzt, sodass Oh keine Transversale mehr erzeugen kann. Andererseits kann Oh möglicherweise Ix davon abhalten, eine ganze Zeile oder Spalte zu besetzen. Für welche Werte von n kann Oh also das Spiel gewinnen?

7.7 Spiel mit Binärmatrizen

Eine zweidimensionale Version des Satzes von van der Waerden, benannt nach Tibor Gallai (1912–1992), besagt Folgendes: Die Felder eines unendlichen quadratischen Rasters seien mit zwei Farben gefärbt. Dann gibt es stets vier Felder, die an den Eckpunkten eines Quadrats mit horizontalen und vertikalen Seiten sitzen und die dieselbe Farbe haben. Es gibt auch eine endliche Version dieses Satzes. Diese garantiert die Existenz einer natürlichen Zahl n, sodass es bei jeder Zweifärbung eines $(n \times n)$-Rasters vier Felder gibt, die an den Eckpunkten eines Quadrats mit horizontalen und vertikalen Seiten sitzen und die dieselbe Farbe haben. Wir können uns anstelle des Rasters eine Matrix vorstellen und die beiden Farben durch Nullen und Einsen ersetzen, sodass wir es dann mit einer Binärmatrix zu tun haben.

Wir sagen, dass ein *konstantes Teilquadrat* aus vier Feldern einer Binärmatrix besteht, welche an den Ecken eines Quadrats mit horizontalen und vertikalen Seiten sitzen und denselben Wert haben. Ein Problem, das lange ungelöst blieb, bestand darin, den kleinsten Wert von n zu finden, für den ein konstantes Teilquadrat existieren muss. Die Lösung wurde im Jahr 2009 durch Roland Bacher und Shalom Eliahou [5] gefunden; sie bewiesen, dass $n = 15$ ist. Zudem zeigten sie, dass jede (14×15)-Binärmatrix ein konstantes Teilquadrat haben muss und dass es (14×14)- und $(13 \times \infty)$-Binärmatrizen ohne diese Eigenschaft gibt.

Abbildung 7.4 zeigt eine (14×14)-Binärmatrix ohne konstantes Teilquadrat. Abbildung 7.5 zeigt das Bauprinzip einer $(13 \times \infty)$-Binärmatrix ohne konstantes Teilquadrat. Wenn wir die Nullen durch ein leeres und die Einsen durch ein ausgefülltes Quadrat darstellen, wirken die Muster, besonders das zweite, wie von M. C. Escher entworfen.

Wir können zu dem Bacher-Eliahou-Ergebnis ein Spiel entwerfen. Bei diesem Spiel schreiben zwei Spieler, Oh und Ix, abwechselnd ihre Symbole in noch freie Felder eines $(n \times n)$-Rasters. Der Spieler, dem es zuerst gelingt, vier Felder so zu markieren, dass sie ein konstantes Teilquadrat bilden, ist der Gewinner. Wie bei „Transversale erzeugen“ muss Oh bei bestmöglichem Spiel der Gewinner sein, sofern es überhaupt einen Gewinner gibt. Der Beweis erfolgt durch Widerspruch. Wenn Ix eine Gewinnstrategie hätte, könnte Oh sie einfach übernehmen und das Ziel zuerst erreichen. Aufgrund des Bacher-Eliahou-Ergebnisses hat Oh eine Gewinnstrategie für $n \geq 15$. Aber vielleicht kann Oh auch auf einem kleineren Spiel-

Abb. 7.4 Eine (14×14)-Binärmatrix ohne konstantes Teilquadrat

Abb. 7.5 Das Muster einer ($13 \times \infty$)-Binärmatrix ohne konstantes Teilquadrat

feld einen Sieg erzwingen. Welches ist der kleinste Wert für n, bei dem Oh stets gewinnen kann?

Wenn wir anstelle der Binärmatrix eine dreiwertige Matrix mit den Einträgen 0, 1 und 2 voraussetzen, dann ist die kleinste Größe dieser Matrizen, bei der die Existenz eines konstanten Teilquadrats garantiert ist, unbekannt. Können Sie sie finden?

Harmonische Grundlagen 8

Die Mathematik ist ein mächtigeres Instrument der Erkenntnis als jedes andere, das uns durch menschliches Handeln überliefert ist.
René Descartes (1596–1650)

Mathematischen Definitionen ist eine Zwangsläufigkeit zu eigen, als ob sie unabhängig vom menschlichen Denken existierten. Der Anschein dieser Zwangsläufigkeit wirft die Frage auf, ob Mathematik entdeckt oder erfunden wird. Diese Frage können wir nicht beantworten, stellen aber fest, dass die Definitionen, die wir heutzutage als selbstverständlich hinnehmen, zunächst einmal durch jemanden erdacht werden mussten. Sie sind das Resultat eines historischen Prozesses, der über das Formulieren von Problemen und das Suchen nach Lösungen dazu führte, dass die für die jeweilige Situation am besten geeignete Mathematik geschaffen wurde. In diesem Anhang geben wir Hintergrundinformationen über die mathematischen Konzepte im Buch. Ebenso wie eine Gabel oder ein Stuhl in ihrer Funktionalität schön sein können, gilt dies auch für alltägliche mathematische Konstrukte. Einfache Definitionen können zu überraschenden Phänomenen führen. Ein gutes Lehrwerk über die Grundlagen der Mathematik ist [48].

8.1 Mengen

Mengen stellen die Grundbausteine in vielen mathematischen Definitionen dar. Der moderne Mengenbegriff wurde von Georg Cantor (1845–1918) eingeführt. Allerdings ließ Cantors Mengenlehre einige Paradoxa zu, von denen das bekannteste das Russell'sche Paradox ist. Es betrifft die Menge S aller Mengen, die kein Element ihrer selbst sind. Falls S als Element sich selbst enthält, dann ist S nach Definition kein Element seiner selbst. Doch falls S nicht als Element in sich selbst enthalten ist, dann ist S nach Definition wiederum ein Element seiner selbst. So oder so gibt es einen Widerspruch. Von Ernst Zermelo (1871–1953) und Abraham Fraen-

M. Erickson, *Mathematische Appetithäppchen*, DOI 10.1007/978-3-662-45459-6_8

kel (1891–1965) wurde die Mengenlehre dann auf eine sichere Grundlage gestellt. Ihr System, zusammen mit dem Auswahlaxiom, wird als *ZFC-Mengenlehre* bezeichnet. Eine vorteilhafte Eigenschaft der Mengenlehre ist, dass viele wichtige mathematische Objekte sich mithilfe von Mengen definieren lassen.

Derweil hat auch das Russell'sche Paradox seinen Weg in die formal strenge Mathematik gefunden, und zwar über Resultate aus der mathematischen Logik wie diejenigen von Kurt Gödel (1906–1978). Gödels Unvollständigkeitssatz besagt, dass jedes konsistente System (also eines, in dem falsche Aussagen nicht beweisbar sind), das zudem reichhaltig genug ist, die Arithmetik der ganzen Zahlen zu enthalten, eine Aussage $\mathfrak{G}$ enthält, die wahr, aber innerhalb des Systems nicht beweisbar ist. Das System ist also unvollständig.

Aussage $\mathfrak{G}$ Aussage $\mathfrak{G}$ ist innerhalb des Systems nicht beweisbar.

Überlegen Sie sich, ob $\mathfrak{G}$ wahr oder falsch ist. Wenn die Aussage falsch ist, dann ist sie in dem System beweisbar. Doch das würde bedeuten, dass eine falsche Aussage beweisbar ist, was in einem konsistenten System unmöglich ist. Also muss $\mathfrak{G}$ wahr sein. Da $\mathfrak{G}$ besagt, dass $\mathfrak{G}$ innerhalb des Systems nicht beweisbar ist, haben wir damit eine Aussage, nämlich $\mathfrak{G}$, die wahr, aber in dem System nicht beweisbar ist. Also ist das System unvollständig.

Eine klare Darstellung der Theorie von Gödel finden Sie in [35]. Eine fortgeschrittene Diskussion über die Anwendung der Mengenlehre innerhalb der Mathematik finden Sie in [12].

Eine *Menge* ist eine Sammlung von *Elementen*. Eine Menge kann durch Auflistung ihrer Elemente definiert werden. So hat zum Beispiel die Menge

$$A = \{1, 2, 3, 4, 5, 6, 7, 8, 9, 10\}$$

die natürlichen Zahlen von 1 bis (einschließlich) 10 als Elemente.

Wir können eine Menge auch mittels einer Regel definieren, die ihre Elemente erfüllen. A kann also auch in der Form

$$A = \{x : x \text{ ist eine natürliche Zahl zwischen 1 und 10 (einschließlich)}\}$$

geschrieben werden.

Um anzuzeigen, dass x ein Element einer Menge M ist, schreiben wir $x \in M$, also zum Beispiel $3 \in A$. Wenn zwei Mengen A und B dieselben Elemente haben, dann sind A und B *gleich*, und wir schreiben $A = B$.

Wir sagen, dass A eine *Teilmenge* von B ist, und schreiben $A \subseteq B$, wenn jedes Element von A auch ein Element von B ist. Wenn sowohl $A \subseteq B$ als auch $B \subseteq A$ gilt, dann ist nach Definition $A = B$.

Die *leere Menge*, bezeichnet mit dem Symbol $\emptyset$, ist die Menge ganz ohne Elemente.

Einige Zahlenmengen haben spezielle Namen:

$$\mathbb{N} = \text{die Menge der } \textit{natürlichen Zahlen } \{1, 2, 3, \ldots\} ,$$

$$\mathbb{Z} = \text{die Menge der } \textit{ganzen Zahlen} \text{ (positiv, negativ und 0)} ,$$

$$\mathbb{Q} = \text{die Menge der } \textit{rationalen Zahlen} ,$$

$$\mathbb{R} = \text{die Menge der } \textit{reellen Zahlen} ,$$

$$\mathbb{C} = \text{die Menge der } \textit{komplexen Zahlen} .$$

Die *Kardinalität* einer Menge A, geschrieben als $|A|$, ist die Anzahl der Elemente von A. Zum Beispiel ist $|\{1, 3, 5, 7, 9\}| = 5$. Wenn A endlich viele Elemente hat, dann sagen wir, dass A *endlich* ist. Wenn A nicht endlich ist, dann ist A *unendlich.* Man sagt, dass zwei Mengen dieselbe Kardinalität haben, wenn es eine Bijektion zwischen ihnen gibt.

Die *Vereinigung* zweier Mengen A und B, geschrieben $A \cup B$, ist die Menge aller Elemente, die in A oder in B oder in beiden liegen. Der *Schnitt* von A und B, geschrieben $A \cap B$, ist die Menge aller Elemente, die sowohl in A als auch in B liegen.

Zwei Mengen A und B sind *disjunkt*, wenn $A \cap B = \emptyset$ ist. Wenn A und B disjunkt sind, gilt $|A \cup B| = |A| + |B|$. Eine Menge von Mengen C heißt *paarweise disjunkt*, wenn jedes Paar zweier Elemente aus C disjunkt ist.

Die *Differenz* von A und B, geschrieben $A - B$, ist die Menge aller Elemente, die in A, aber nicht in B liegen. Falls $B \subseteq A$ gilt und aus dem Zusammenhang klar ist, um welche Menge A es geht, dann nennen wir $A - B$ das *Komplement* von B und bezeichnen es mit $\overline{B}$.

Die *Potenzmenge* von A, bezeichnet mit $\mathcal{P}(A)$, ist die Menge aller Teilmengen von A (einschließlich der leeren Menge). Falls A die Kardinalität n hat, dann ist $|\mathcal{P}(A)| = 2^n$.

Die Kardinalität von $\mathcal{P}(A)$ ist immer größer als die Kardinalität von A (auch dann, wenn A eine unendliche Menge ist). Es gibt nämlich keine surjektive Funktion von A auf $\mathcal{P}(A)$, also erst recht keine Bijektion. Zum Beweis sei f eine Funktion von A nach $\mathcal{P}(A)$, und es sei $X = \{x \in A : x \notin f(x)\}$. Für alle a aus A gilt: Wenn $a \in X$ ist, dann ist $a \notin f(a)$ und damit $f(a) \neq X$; und wenn $a \notin X$ ist, dann ist $a \in f(a)$ und damit ebenfalls $f(a) \neq X$. Also liegt X nicht in der Bildmenge von f, sodass f keine surjektive Funktion auf $\mathcal{P}(A)$ sein kann. Eine Konsequenz aus diesem Resultat ist, dass es keine größte unendliche Menge geben kann.

8.2 Relationen

Das *kartesische Produkt* (oder *Kreuzprodukt*) $A \times B$ zweier Mengen A und B ist die Menge aller geordneten Paare (a, b) mit $a \in A$ und $b \in B$. Wenn A und B endlich sind, dann ist $|A \times B| = |A| \cdot |B|$.

Eine *Relation* R auf einer Menge X ist eine Teilmenge von $X \times X$. Wenn $(a, b) \in R$ ist, dann steht *a in Relation zu b*.

Hier sind zwei Relationen auf der Menge der ganzen Zahlen $\mathbb{Z}$:

$$R_1 = \{(a, b) : a, b \in \mathbb{Z} \text{ und } a - b \text{ ist durch 3 teilbar}\}$$

und

$$R_2 = \{(a, b) : a, b \in \mathbb{Z} \text{ und } a \text{ ist durch } b \text{ teilbar}\} \ .$$

Eine Relation R auf X ist *reflexiv*, wenn $(a, a) \in R$ für alle $a \in X$ ist, *symmetrisch*, wenn $(b, a) \in R$ für alle $(a, b) \in R$ ist, *antisymmetrisch*, wenn $(a, b) \in R$ und $(b, a) \in R$ zusammen $a = b$ implizieren, und *transitiv*, wenn aus $(a, b) \in R$ und $(b, c) \in R$ auch $(a, c) \in R$ folgt.

Eine *Äquivalenzrelation* ist eine reflexive, symmetrische und transitive Relation. Die obige Relation R_1 ist eine Äquivalenzrelation. Zu einem Element $x \in X$ heißt die Menge der Elemente y, die zu x in Relation stehen, also die Menge der $y \in X$ mit $(x, y) \in R$, die *Äquivalenzklasse* von x, bezeichnet mit $[x]$. In R_1 haben wir beispielsweise $[0] = \{\ldots, -6, -3, 0, 3, 6, \ldots\}$.

Im Allgemeinen definieren wir für $m \geq 2$ die *Kongruenzrelation* $a \equiv b$ (modulo m), die dann und nur dann gilt, wenn $a - b$ durch m teilbar ist. Sie ist eine Äquivalenzrelation auf $\mathbb{Z}$.

Eine *Halbordnung* ist eine reflexive, antisymmetrische und transitive Relation. Die Relation R_2 ist eine Halbordnung.

8.3 Funktionen

Der Begriff der Funktion wird so oft verwendet, dass schwer verständlich sein mag, warum es jemals Unklarheiten um ihre Definition gab. Ist eine Funktion eine Maschine, der man einen Input eingibt und die dann einen Output liefert? Ist sie eine Kurve, die man zeichnen kann? Vielleicht erscheint es Ihnen seltsam, dass die moderne Definition des Funktionsbegriffs erst im zwanzigsten Jahrhundert endgültig herausgearbeitet war. Davor war es möglich, dass eine Funktion mehr als einen Wert zu einem gegebenen Input lieferte, sodass der Funktionsbegriff allgemeiner als der heutzutage verwendete war, bei dem eine Funktion nur einen Wert zurückgibt. Andererseits verstand man bis in das 19. Jahrhundert hinein unter einer Funktion eine Abbildung, die man aus einer Familie wohlbekannter Funktionen wie Sinus, Kosinus und Exponentialfunktionen zusammensetzen kann.

Eine *Funktion* ist eine Menge von geordneten Paaren (x, y), wobei x ein Element einer Menge X und y ein Element einer Menge Y ist; der Fall $X = Y$ ist durchaus möglich. Dabei muss jedes Element von X in genau einem geordneten Paar auftreten (an der ersten Position), und zu jedem x aus X muss es demnach ein eindeutig bestimmtes y aus Y geben, das im geordneten Paar an der zweiten Position steht. Weniger formal ausgedrückt, ist eine Funktion eine Vorschrift, die jedem Element aus X ein eindeutiges Element aus Y zuordnet.

Dabei wird nicht vorausgesetzt, dass sich die Funktion in Form einer stetigen Kurve zeichnen lässt. Ein Beispiel einer *pathologischen Funktion*, die nirgends stetig ist, stammt von Peter Gustav Lejeune Dirichlet (1805–1859). Es handelt sich um eine Funktion von der Menge der reellen Zahlen in die Menge $\{0, 1\}$. Sie hat den Wert 1 bei jeder rationalen Zahl und den Wert 0 bei jeder irrationalen Zahl. Man kann sie nicht zeichnen, weil sie zu wild zwischen den Werten 0 und 1 oszilliert. Dennoch ist sie wohldefiniert.

Eine *Funktion* f von A nach B, geschrieben $f: A \to B$, ist also eine Teilmenge von $A \times B$, sodass es zu jedem $a \in A$ ein eindeutiges $b \in B$ gibt mit $(a, b) \in f$. Wir sagen, dass a von f auf b *abgebildet* wird, schreiben $f(a) = b$ oder $f: a \mapsto b$ und nennen b das *Bild* von a. Die *Definitionsmenge* von f ist A. Die *Zielmenge* von f ist B. Die *Bildmenge* von f ist die Menge derjenigen $b \in B$, für die es ein $a \in A$ mit $f(a) = b$ gibt.

Zum Beispiel bildet die Funktion

$$\begin{aligned} f: \{1, 2, 3, 4\} &\longrightarrow \{1, 2, 3, 4, 5, 6, 7, 8\} \\ x &\mapsto 2x \end{aligned}$$

jedes Element $x \in \{1, 2, 3, 4\}$ auf sein Doppeltes in $\{1, 2, 3, 4, 5, 6, 7, 8\}$ ab. Die Bildmenge von f ist $\{2, 4, 6, 8\}$.

Die *Identität* auf A ist die durch $f(x) = x$ definierte Funktion $f: A \to A$.

Eine Funktion $f: A \to B$ ist *injektiv*, wenn keine zwei Elemente von A auf dasselbe Element von B abgebildet werden. Die Funktion f heißt *surjektiv*, wenn jedes $b \in B$ das Bild eines $a \in A$ ist. Äquivalent dazu ist f surjektiv, wenn die Bildmenge von f gleich B ist. Wenn f sowohl injektiv als auch surjektiv ist, dann ist f eine *Bijektion* oder *bijektiv*. Wenn f bijektiv ist, dann ist die *Inverse* von f, bezeichnet mit f^{-1}, eine Funktion von B nach A, definiert durch $f^{-1}(b) = a$ genau für $f(a) = b$.

Oft ist der folgende Satz nützlich.

Satz *Es seien X und Y endliche Mengen derselben Kardinalität. Dann ist eine Funktion von X nach Y genau dann bijektiv, wenn sie surjektiv ist.*

Zu gegebenen Funktionen $f: A \to B$ und $g: B \to C$ ist die *Komposition* von f und g die durch $x \mapsto g(f(x))$ definierte Funktion von A nach C. Wenn $f: A \to A$ eine Bijektion ist, dann ist die Komposition von f und f^{-1} die Identität auf A.

8.4 Gruppen

Der mathematische Ausdruck *Gruppe* wurde zuerst von Évariste Galois (1811–1832) bei seiner Untersuchung der Lösbarkeit von Polynomgleichungen benutzt. Andere Mathematiker wie Arthur Cayley (1821–1895) und Augustin-Louis Cauchy (1789–1857) verwendeten im Wesentlichen denselben Begriff, als sie Permutationen untersuchten. Schließlich wurden diese und andere Ideen aus Zahlentheorie und

Geometrie zu der modernen Definition einer abstrakten Gruppe vereinigt. Eine gute Einführung in die Gruppentheorie ist [25].

Eine *Gruppe* G ist eine nichtleere Menge zusammen mit einer binären Operation $*$ mit folgenden Eigenschaften:

Für alle $x, y \in G$ gilt $x * y \in G$ (Abgeschlossenheit).

Für alle $x, y, z \in G$ gilt $x * (y * z) = (x * y) * z$ (Assoziativgesetz).

Es existiert ein Element $e \in G$ mit $x * e = e * x = x$ für alle $x \in G$.

Zu jedem $x \in G$ gibt es ein Element $x^{-1} \in G$ mit $x * x^{-1} = x^{-1} * x = e$.

Das Element e heißt *neutrales Element* (oder *Eins*) von G. Das Element x^{-1} heißt *inverses Element* zu x. Das neutrale Element einer Gruppe ist stets eindeutig, ebenso wie das inverse Element x^{-1} zu einem gegebenen Element x eindeutig bestimmt ist.

Beispiele für Gruppen:

Die Menge der ganzen Zahlen $\mathbb{Z}$ bildet in Bezug auf die Addition eine Gruppe.

Die Menge $\mathbb{R} - \{0\}$ der reellen Zahlen ohne die Null bildet in Bezug auf die Multiplikation eine Gruppe.

Wenn wir mit Gruppenelementen arbeiten, dann lassen wir oft das Zeichen für die Operation weg, schreiben also xy für $x * y$. Weiter kürzen wir xx mit x^2 ab, $x^{-1}x^{-1}$ mit x^{-2} etc. Für jedes $x \in G$ setzen wir $x^0 = e$.

Eine *endliche Gruppe* ist eine Gruppe mit einer endlichen Anzahl von Elementen. Die *Ordnung* einer endlichen Gruppe ist die Anzahl ihrer Elemente.

Die *zyklische Gruppe* der Ordnung n, $\mathbb{Z}_n$, ist die Menge $\{0, \ldots, n-1\}$ mit der Addition modulo n als Operation.

Wenn p eine Primzahl ist, dann bilden die Restklassen modulo p mit Ausnahme der Null eine zyklische Gruppe der Ordnung $p - 1$ in Bezug auf die Multiplikation modulo p. Im Allgemeinen bilden für ein $n \geq 2$ die Zahlen m mit $1 \leq m < n$ und $\mathrm{ggT}(m, n) = 1$ eine Gruppe der Ordnung $\phi(n)$ in Bezug auf die Multiplikation modulo n. Diese Gruppe wird mit $\mathbb{Z}_n^*$ bezeichnet, zum Beispiel $\mathbb{Z}_{10}^* = \{1, 3, 7, 9\}$ mit der Multiplikation modulo 10.

Eine Gruppe heißt *abelsch*, wenn $xy = yx$ für alle $x, y \in G$ gilt. Andernfalls heißt die Gruppe *nichtabelsch*. Die Gruppe $\mathbb{Z}$ beispielsweise ist abelsch.

Die *Ordnung* eines Elementes $x \in G$ ist die kleinste natürliche Zahl n mit $x^n = e$. Wenn es keine solche Zahl gibt, ist x von unendlicher Ordnung. So haben in $\mathbb{Z}_4$ die Elemente 0, 1, 2, 3 die Ordnungen 1, 4, 2, 4.

Die *symmetrische Gruppe* S_n besteht aus den $n!$ Permutationen einer Menge mit n Elementen, zum Beispiel der Menge $\{1, 2, 3, \ldots, n\}$. Die Operation $*$ auf dieser Gruppe ist die Komposition von Permutationen (dabei wird erst die eine, dann die andere Permutation ausgeführt). Die Elemente von S_n lassen sich in der praktischen

Zyklenschreibweise darstellen. So ist

$$(1,2,3)\,(4,8)\,(6,7)\,(5)\,(9)\,(10)$$

dasjenige Element von S_{10}, das 1 auf 2 auf 3 auf 1 abbildet, 4 mit 8 sowie 6 mit 7 vertauscht und 5, 9 und 10 unverändert lässt. Zur Multiplikation zweier Permutationen ist das Ergebnis ihrer Komposition zu bestimmen (von links nach rechts gelesen). Zum Beispiel ist

$$(1,2,3)\,(4,5) * (1,2,3,4,5) = (1,3,2,4)\,(5)\ .$$

Wegen $(1,2)(1,3) \neq (1,3)(1,2)$ ist die symmetrische Gruppe S_n nichtabelsch für $n \geq 3$.

Zwei Gruppen G_1 und G_2 sind *isomorph*, wenn es eine Bijektion (*Isomorphismus* genannt) $\varphi\colon G_1 \to G_2$ gibt, welche die Multiplikation erhält: $\varphi(gh) = \varphi(g)\varphi(h)$ für alle $g,h \in G_1$. Beispielsweise ist $\mathbb{Z}_{10}^*$ isomorph zu $\mathbb{Z}_4$. Können Sie einen Isomorphismus finden?

Es seien G_1 und G_2 zwei Gruppen. Das *Produkt* von G_1 und G_2, bezeichnet mit $G_1 \times G_2$, ist die Menge der geordneten Paare $\{(g_1, g_2)\colon g_1 \in G_1,\ g_2 \in G_2\}$ mit der Multiplikation $(g_1, g_2) * (g'_1, g'_2) = (g_1 g'_1, g_2 g'_2)$.

Das Produkt $\mathbb{Z}_2 \times \mathbb{Z}_2$ ist eine Gruppe mit vier Elementen. Sie ist nicht isomorph zu $\mathbb{Z}_4$, da $\mathbb{Z}_2 \times \mathbb{Z}_2$ drei Elemente der Ordnung 2 hat, während $\mathbb{Z}_4$ nur ein solches Element hat. Die Gruppe $\mathbb{Z}_2 \times \mathbb{Z}_3$ ist isomorph zu $\mathbb{Z}_6$. Können Sie einen Isomorphismus finden?

Eine Teilmenge H von G ist eine *Untergruppe* von G, wenn H, ausgestattet mit der Multiplikation von G, selbst eine Gruppe bildet. Zum Beispiel ist die zweielementige Gruppe $\{(1,2)(3), (1)(2)(3)\}$ eine Untergruppe der sechselementigen Gruppe S_3.

Die symmetrische Gruppe S_n ist besonders wichtig, da jede endliche Gruppe isomorph zu einer Untergruppe einer S_n ist.

Satz *Wenn G eine endliche Gruppe der Ordnung n ist, dann ist G isomorph zu einer Untergruppe der S_n.*

Hier ist ein Beweis. Für jedes Element $g \in G$ definieren wir eine Funktion $f_g\colon G \to G$ durch die Vorschrift $f_g(a) = ag$ (Multiplikation von rechts mit g). Da f_g eine Inverse hat, nämlich $f_{g^{-1}}$, handelt es sich um eine Bijektion. Das prüfen wir nach: $f_g(f_{g^{-1}}(a)) = ag^{-1}g = a$ und $f_{g^{-1}}(f_g(a)) = agg^{-1} = a$. Da f_g demnach eine Permutation der n-elementigen Menge G ist, können wir eine Funktion $\varphi\colon G \to S_n$ mittels $\varphi(g) = f_g$ definieren. Wir behaupten, dass φ ein Isomorphismus zwischen G und der Bildmenge von φ ist. Zunächst überprüfen wir, dass φ die Multiplikation erhält: $\varphi(gh)(a) = f_{gh}(a) = a(gh) = (ag)h = f_h(f_g(a)) = (f_g f_h)(a) = (\varphi(g)\varphi(h))(a)$. Dann überprüfen wir, dass φ injektiv ist: $\varphi(g)(a) = \varphi(h)(a)$ bedeutet $f_g(a) = f_h(a)$, und daraus folgt $ag = ah$, also $g = h$.

Abb. 8.1 Generatoren der Dieder-Gruppe D_6

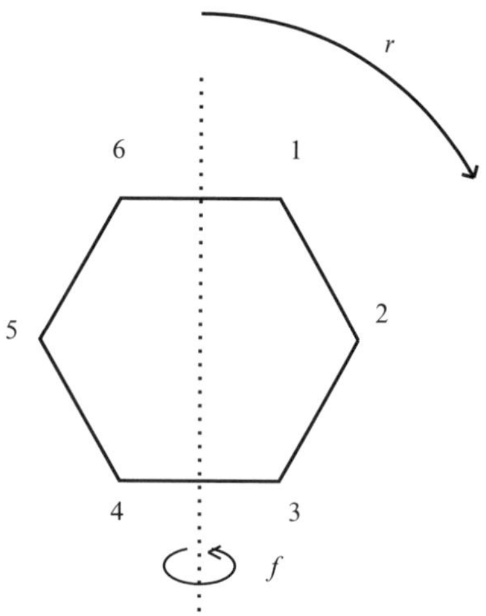

Die *Dieder-Gruppe* (ausgesprochen: „Di-eder") D_n hat die Ordnung $2n$ und besteht aus den Symmetrien eines regelmäßigen konvexen n-Ecks. Wenn wir die Ecken des n-Ecks mit $1, \ldots, n$ durchnummerieren, dann sehen wir, dass D_n eine Untergruppe der S_n ist. Diese Untergruppe wird von zwei Permutationen erzeugt: der *Drehung* $r = (1, 2, 3, \ldots, n)$ und der *Spiegelung* f an einer Symmetrieachse des n-Ecks. Für ungerade n stellen wir die Spiegelung als

$$f = (n)\,(1, n-1)\,(2, n-2)\ldots((n-1)/2, (n+1)/2)$$

dar; für gerade n als

$$f = (1, n)\,(2, n-1)\ldots(n/2, n/2+1)\ .$$

Abbildung 8.1 zeigt D_6, die Gruppe der Symmetrien eines regelmäßigen konvexen Sechsecks.

Jedes Element von D_n lässt sich in der Form $r^\alpha f^\beta$ mit $\alpha \in \{0, 1, 2, \ldots, n-1\}$ und $\beta \in \{0, 1\}$ schreiben. Elemente werden anhand der Regeln $r^n = e$, $f^2 = e$ und $rf = fr^{-1}$ multipliziert. Wir sagen, dass D_n die *Präsentation*

$$\langle r, f : r^n = e,\ f^2 = e,\ rf = fr^{-1} \rangle$$

hat. Eine ausführlichere Darstellung der Theorie der Präsentationen von Gruppen finden Sie in [27].

Wir haben bereits festgestellt, dass sich jedes Element von S_n als Produkt von Zyklen schreiben lässt. Ein Zyklus der Länge 1 heißt *Fixpunkt*, und ein Zyklus der Länge 2 heißt *Transposition*. Zyklen mit einer Länge größer als 2 können als Produkt von Transpositionen geschrieben werden. So ist $(1, 2, 3) = (1, 2)(1, 3)$. Es gibt mehrere Möglichkeiten, eine Permutation als Produkt von Fixpunkten und Transpositionen zu schreiben. Die Anzahl der für eine gegebene Permutation verwendeten

Transpositionen ist dabei aber stets gerade oder stets ungerade. Entsprechend wird die Permutation dann entweder als *gerade Permutation* oder als *ungerade Permutation* bezeichnet. Die Hälfte der $n!$ Permutationen in S_n sind gerade, die andere Hälfte sind ungerade Permutationen. Das folgt aus der Beobachtung, dass $f(\sigma) = (1,2)\sigma$ eine Bijektion zwischen der Menge der geraden Permutationen in S_n und der Menge der ungeraden Permutationen in S_n darstellt. Da die Identität eine gerade Permutation und die Menge der geraden Permutationen unter der Multiplikation und der Inversenbildung abgeschlossen ist, bilden die geraden Permutationen eine Gruppe, die sogenannte *alternierende Gruppe*. Die alternierende Gruppe A_n besteht also aus den geraden Permutationen einer n-elementigen Menge. Sie hat die Ordnung $n!/2$.

Es seien G eine Gruppe und X eine Menge. Eine *Operation* von G auf X ist eine Funktion, die jedem $g \in G$ und $x \in X$ ein Element von X zuordnet, bezeichnet mit gx, sodass die folgenden Bedingungen erfüllt sind:

Für jedes $x \in X$ gilt $ex = x$ (wobei e das neutrale Element von G ist).

Für alle $g, h \in G$ und $x \in X$ gilt $g(hx) = (gh)x$.

Durch eine Gruppenoperation erzeugt jedes Element $g \in G$ eine Permutation auf der Menge X, definiert durch die Vorschrift, dass x auf gx abgebildet wird. Denn aus $gx = gy$ folgt $x = y$, sodass die Abbildung injektiv ist, und wegen $gg^{-1}x = x$ ist die Abbildung auch surjektiv.

Zum Beispiel operiert die symmetrische Gruppe S_n auf der Menge $\{1, 2, 3, \ldots, n\}$ mittels der Operation $gx = g(x)$, wobei $g(x)$ das Bild von x unter der Bijektion $g: \{1, 2, 3, \ldots, n\} \to \{1, 2, 3, \ldots, n\}$ ist.

Entsprechend operiert die zyklische Gruppe $\mathbb{Z}_n$ auf der Menge $\{1, 2, 3, \ldots, n\}$ mittels der Operation

$$gx = \begin{cases} g + x, & \text{falls } g + x \leq n\,, \\ g + x - n, & \text{falls } g + x > n\,. \end{cases}$$

Dabei bezeichnet g dasjenige Element der Äquivalenzklasse $[g]$, das zwischen 1 und n liegt.

8.5 Körper

Der Begriff des Körpers kam auf, als die Lösbarkeit von Polynomgleichungen studiert wurde, und parallel dazu ebenfalls bei den Untersuchungen der Eigenschaften der reellen und komplexen Zahlen. Die erste moderne Definition eines Körpers stammt von Heinrich M. Weber (1842–1913).

Ein *Körper* K ist eine Menge mit wenigstens zwei Elementen, auf der zwei zweistellige Operationen $+$ und $\cdot$ so definiert sind, dass die folgenden Bedingungen erfüllt sind:

In Bezug auf $+$ ist K eine abelsche Gruppe.

In Bezug auf $\cdot$ ist $K - \{0\}$ eine abelsche Gruppe, wobei 0 das neutrale Element der Addition ist.

Für alle $x, y, z \in K$ gilt

$$x \cdot (y + z) = x \cdot y + x \cdot z \quad \text{(Distributivgesetz)}\,.$$

Beispiele für Körper:

Die Menge $\mathbb{R}$ der reellen Zahlen mit der üblichen Addition und Multiplikation.

Die Menge $\mathbb{Q}$ der rationalen Zahlen mit der üblichen Addition und Multiplikation.

Die Menge $\mathbb{Z}_2 = \{0, 1\}$ mit Addition und Multiplikation modulo 2.

Die Menge $\mathbb{Z}_p = \{0, 1, \ldots, p - 1\}$ für eine Primzahl p mit Addition und Multiplikation modulo p.

Zu jeder Ordnung, die eine Primzahlpotenz ist, existiert ein endlicher Körper, und dieser ist bis auf Isomorphie eindeutig. Wir zeigen eine Konstruktion für die Ordnung $8 = 2^3$. Wir beginnen mit dem Körper $\mathbb{Z}_2 = \{0, 1\}$. Dann nehmen wir ein Polynom vom Grad 3 über diesem Körper her, das sich nicht in Polynome kleineren Grades zerlegen lässt. Eine Möglichkeit ist $f(x) = x^3 + x + 1$. Wir können nachrechnen, dass $f(0) = 0^3 + 0 + 1 = 1$ und $f(1) = 1^3 + 1 + 1 = 1$ ist, sodass weder 0 noch 1 eine Nullstelle von f ist. Wenn sich nun f in Polynome kleineren Grades faktorisieren ließe, dann wäre wenigstens einer der Faktoren linear; und dann müsste 0 oder 1 eine Nullstelle sein. Also lässt sich f nicht faktorisieren. Nun nehmen wir uns eine Nullstelle von f in dem Körper der Ordnung 8 her, den wir gerade zu konstruieren versuchen, und bezeichnen sie mit θ. Dann gilt $f(\theta) = \theta^3 + \theta + 1 = 0$, woraus $\theta^3 = \theta + 1$ folgt (da der zugrunde liegende Körper der $\mathbb{Z}_2$ ist). Den gesuchten Körper definieren wir nun als die Menge aller Polynome in θ über $\mathbb{Z}_2$ vom Grad höchstens 2. Die acht Elemente des Körpers sind dann:

$$0,\ 1,\ \theta,\ \theta^2,\ \theta + 1,\ \theta^2 + \theta,\ \theta^2 + \theta + 1,\ \theta^2 + 1\,.$$

Um in diesem Körper zu addieren und zu multiplizieren, addieren oder multiplizieren wir die Polynome, reduzieren die Koeffizienten modulo 2 und benutzen die Identität $\theta^3 = \theta + 1$. Die sieben nicht verschwindenden Elemente des Körpers bilden eine zyklische Gruppe mit Generator θ: Die aufeinanderfolgenden Potenzen von θ erzeugen alle sieben Elemente des Körpers mit Ausnahme der 0.

In Kap. 9 werden Sie herausgefordert, einen weiteren endlichen Körper zu konstruieren.

8.6 Vektorräume

Ein Vektorraum besteht aus einer Gruppe von Vektoren über einem Körper von Skalaren. Etwas formaler: Ein *Vektorraum* V über einem Körper K ist eine additive abelsche Gruppe zusammen mit einer Vorschrift, die jedem $k \in K$ und $v \in V$ ein Element $k \cdot v \in V$ so zuordnet, dass die folgenden Bedingungen für alle $k, k_1, k_2 \in K$ und $v, v_1, v_2 \in V$ erfüllt sind:

$k \cdot (v_1 + v_2) = k \cdot v_1 + k \cdot v_2$;

$(k_1 + k_2) \cdot v = k_1 \cdot v + k_2 \cdot v$;

$k_1 \cdot (k_2 \cdot v) = (k_1 k_2) \cdot v$;

$1 \cdot v = v$, wobei 1 das multiplikativ neutrale Element von K ist.

Elemente von V heißen *Vektoren*, und Elemente von K heißen *Skalare*.
Beispiele von Vektorräumen:

Die Gruppe $\mathbb{R}^2$ ist ein Vektorraum über dem Körper $\mathbb{R}$.

Die Gruppe $\mathbb{R}$ ist ein Vektorraum über dem Körper $\mathbb{Q}$ der rationalen Zahlen.

Ein wichtiges Beispiel eines Vektorraums ist K^n, der Vektorraum der geordneten n-Tupel über einem Körper K. Die Addition von Vektoren und die Multiplikation mit Skalaren sind komponentenweise definiert. Wir schreiben ein Element von K^n als einen $(n \times 1)$-Vektor. Für $n = 4$ und $K = \mathbb{Z}_2$ haben wir beispielsweise den Vektor

$$\begin{bmatrix} 1 \\ 0 \\ 1 \\ 0 \end{bmatrix}.$$

Es sei V ein Vektorraum über K. Eine Teilmenge M von V *spannt* den Vektorraum V *auf*, wenn jeder Vektor $v \in V$ als Linearkombination von Elementen von M dargestellt werden kann; wenn also

$$v = k_1 v_1 + \cdots + k_n v_n$$

für gewisse Elemente $v_1, \ldots, v_n$ aus M und $k_1, \ldots, k_n$ aus K gilt.

Eine Teilmenge M von V heißt *linear unabhängig*, wenn sich kein Element von M als Linearkombination der anderen Elemente von M darstellen lässt.

Eine *Basis* von V ist eine Teilmenge von V, die V aufspannt und linear unabhängig ist.

Satz *Wenn V ein Vektorraum ist, dann hat V eine Basis. Zudem haben alle Basen von V dieselbe Kardinalität.*

Die Kardinalität einer Basis eines Vektorraums ist dessen *Dimension*.

Der Vektorraum $\mathbb{R}^2$ über $\mathbb{R}$ hat zum Beispiel die Dimension 2. Eine mögliche Basis, genannt die *Standardbasis*, besteht aus den Vektoren

$$\begin{bmatrix} 1 \\ 0 \end{bmatrix} \quad \text{und} \quad \begin{bmatrix} 0 \\ 1 \end{bmatrix}.$$

Eine *lineare Abbildung* von einem Vektorraum in einen anderen ist durch eine Matrix gegeben. Eine *Matrix* A ist eine rechteckige Anordnung von Zahlen $[a_{ij}]$ mit $1 \le i \le m$ und $1 \le j \le n$.

Für (2×2)-Matrizen

$$A = \begin{bmatrix} a_{11} & a_{12} \\ a_{21} & a_{22} \end{bmatrix} \quad \text{und} \quad B = \begin{bmatrix} b_{11} & b_{12} \\ b_{21} & b_{22} \end{bmatrix},$$

wobei die Einträge beliebige Zahlen sind, definieren wir

$$A + B = \begin{bmatrix} a_{11} + b_{11} & a_{12} + b_{12} \\ a_{21} + b_{21} & a_{22} + b_{22} \end{bmatrix}.$$

Wir addieren also die jeweils an derselben Stelle sitzenden Einträge von A und B.

Die Multiplikation mit einem Skalar wird so definiert, dass das Ergebnis der Anwendung einer linearen Abbildung A und anschließender Multiplikation mit c dasselbe ist wie die Anwendung der linearen Abbildung cA. Diese Definition läuft darauf hinaus, jeden Eintrag von A mit c zu multiplizieren.

Nun benötigen wir noch eine Multiplikation von Matrizen. Wir wollen das Matrizenprodukt AB so definieren, dass es diejenige lineare Abbildung darstellt, die herauskommt, wenn erst die lineare Abbildung B auf x und y angewendet wird und dann die lineare Abbildung A auf das Ergebnis. Dazu schreiben wir die Zahlen x und y in einen Vektor

$$\begin{bmatrix} x \\ y \end{bmatrix}$$

und setzen

$$\begin{bmatrix} a_{11} & a_{12} \\ a_{21} & a_{22} \end{bmatrix} \begin{bmatrix} x \\ y \end{bmatrix} = \begin{bmatrix} a_{11}x + a_{12}y \\ a_{21}x + a_{22}y \end{bmatrix}$$

sowie

$$\begin{bmatrix} a_{11} & a_{12} \\ a_{21} & a_{22} \end{bmatrix} \begin{bmatrix} b_{11} & b_{12} \\ b_{21} & b_{22} \end{bmatrix} \begin{bmatrix} x \\ y \end{bmatrix} = \begin{bmatrix} a_{11} & a_{12} \\ a_{21} & a_{22} \end{bmatrix} \begin{bmatrix} b_{11}x + b_{12}y \\ b_{21}x + b_{22}y \end{bmatrix}$$

$$= \begin{bmatrix} (a_{11}b_{11} + a_{12}b_{21})\, x + (a_{11}b_{12} + a_{12}b_{22})\, y \\ (a_{21}b_{11} + a_{22}b_{21})\, x + (a_{21}b_{12} + a_{22}b_{22})\, y \end{bmatrix}$$

$$= \begin{bmatrix} a_{11}b_{11} + a_{12}b_{21} & a_{11}b_{12} + a_{12}b_{22} \\ a_{21}b_{11} + a_{22}b_{21} & a_{21}b_{12} + a_{22}b_{22} \end{bmatrix} \begin{bmatrix} x \\ y \end{bmatrix} .$$

Also definieren wir

$$\begin{bmatrix} a_{11} & a_{12} \\ a_{21} & a_{22} \end{bmatrix} \begin{bmatrix} b_{11} & b_{12} \\ b_{21} & b_{22} \end{bmatrix} = \begin{bmatrix} a_{11}b_{11} + a_{12}b_{21} & a_{11}b_{12} + a_{12}b_{22} \\ a_{21}b_{11} + a_{22}b_{21} & a_{21}b_{12} + a_{22}b_{22} \end{bmatrix} .$$

Den Eintrag an der Stelle ij des Produkts bezeichnen wir als das *Skalarprodukt* des i-ten Zeilenvektors von A mit dem j-ten Spaltenvektor von B.

Die Matrizenaddition ist auf ähnliche Weise für zwei beliebige Matrizen derselben Dimension definiert, und die Matrizenmultiplikation ist entsprechend definiert für zwei beliebige Matrizen, bei denen die Anzahl der Spalten der ersten Matrix gleich der Anzahl der Zeilen der zweiten Matrix ist.

Wir können Matrizen zur Lösung von linearen Gleichungssystemen verwenden. Zum Beispiel können wir das System

$$3x + 4y + 5z = -154$$
$$-x + 10z = 0$$
$$3x + 7y + 12z = -385$$

als

$$\begin{bmatrix} 3 & 4 & 5 \\ -1 & 0 & 10 \\ 3 & 7 & 12 \end{bmatrix} \begin{bmatrix} x \\ y \\ z \end{bmatrix} = \begin{bmatrix} -154 \\ 0 \\ -385 \end{bmatrix}$$

schreiben. Die Matrix

$$\begin{bmatrix} x \\ y \\ z \end{bmatrix}$$

ist ein Vektor, und wir bezeichnen ihn mit v. Wenn wir außerdem die (3×3)-Matrix mit A bezeichnen und den konstanten Vektor auf der rechten Seite mit c, dann lautet das System

$$Av = c .$$

Dieses System können wir lösen, indem wir beide Seiten mit der Inversen von A multiplizieren. Wenn wir die Inverse von A (bezüglich der Matrizenmultiplikation) mit A^{-1} bezeichnen, dann ergibt sich

$$v = A^{-1}c\,.$$

Wann ist die Matrix

$$A = \begin{bmatrix} a_{11} & a_{12} \\ a_{21} & a_{22} \end{bmatrix}$$

invertierbar? Durch Auflösung des aus zwei Gleichungen bestehenden Systems $Av = c$ nach x und y erhalten wir

$$x = \frac{c_1a_{22} - c_2a_{12}}{a_{11}a_{22} - a_{12}a_{21}} \quad \text{und} \quad y = \frac{c_2a_{11} - c_1a_{21}}{a_{11}a_{22} - a_{12}a_{21}}\,.$$

Die Größe $a_{11}a_{22} - a_{12}a_{21}$ heißt die *Determinante* der Matrix. Das System ist dann und nur dann eindeutig lösbar, wenn die Determinante nicht gleich 0 ist.

Die *Determinante* einer $(n \times n)$-Matrix $A = [a_{i,j}]$ ist durch

$$\det A = \sum_{\sigma} \operatorname{sgn}(\sigma) a_{1,\sigma(1)} a_{2,\sigma(2)} \cdots a_{n,\sigma(n)}$$

definiert, wobei die Summe über alle $n!$ Permutationen σ der Menge $\{1, 2, \ldots, n\}$ läuft und $\operatorname{sgn}(\sigma)$ das Vorzeichen von σ ist; es hat also den Wert $+1$, wenn σ eine gerade Permutation ist, und -1, wenn σ eine ungerade Permutation ist.

Betrachten wir nun eine Matrix als eine geometrische Transformation. Eine solche Transformation ist zum Beispiel eine Drehung des kartesischen Koordinatensystems um den Winkel θ (in Bogenmaß) gegen den Uhrzeigersinn um den Ursprung. Wie wir feststellen können, wird diese Transformation durch eine Matrix erzeugt. Dazu zeigt zunächst die Trigonometrie, dass

$$\begin{bmatrix} 1 \\ 0 \end{bmatrix}$$

in den Punkt

$$\begin{bmatrix} \cos\theta \\ \sin\theta \end{bmatrix}$$

gedreht wird und

$$\begin{bmatrix} 0 \\ 1 \end{bmatrix}$$

in den Punkt

$$\begin{bmatrix} -\sin\theta \\ \cos\theta \end{bmatrix}.$$

Aus der Definition der Matrizenmultiplikation folgt, dass diese Drehung durch die Rotationsmatrix

$$R_\theta = \begin{bmatrix} \cos\theta & -\sin\theta \\ \sin\theta & \cos\theta \end{bmatrix}$$

gegeben ist. Derartige Berechnungen werden also durch unsere Definitionen transparenter.

9 Erhellende Untersuchungen

Die einzige Möglichkeit, Mathematik zu lernen, ist Mathematik zu machen.
PAUL HALMOS (1916–2006)

In diesem Anhang finden Sie einige Aufgaben, die sich auf die im Buch diskutierten Themen beziehen. Können Sie die Aufgaben lösen?

9.1 Aufgaben

1. Erinnern Sie sich an die *Lemniskate* aus Kap. 1. Eine kartesische Gleichung dieser Kurve lautet

$$\left(x^2 + y^2\right)^2 = x^2 - y^2 .$$

Wir betrachten x und y als ganze Zahlen modulo p, wobei p eine ungerade Primzahl ist. Zählen Sie mithilfe eines Computeralgebrasystems die Anzahl der geordneten Paare (x, y), welche die Gleichung der Lemniskate modulo p erfüllen. Stellen Sie dann eine Vermutung über eine Formel für die Anzahl der Lösungen in Abhängigkeit von p auf.

2. Erinnern Sie sich an die Diskussion eines Googols im Abschn. 1.2 aus Kap. 1. Welches ist die kleinste Anzahl von Cent-Münzen mit mehr als einem Googol an Teilmengen?
3. Erinnern Sie sich an die Eigenschaften der komplexen Zahlen und der Determinanten, die in Kap. 1 diskutiert wurden.
   (a) Beweisen Sie, dass zwei Dreiecke, deren Ecken in der komplexen Ebene an den Punkten α, β, γ und α', β', γ' liegen, dann und nur dann ähnlich sind, wenn

$$\begin{vmatrix} \alpha & \beta & \gamma \\ \alpha' & \beta' & \gamma' \\ 1 & 1 & 1 \end{vmatrix} = 0$$

gilt.

M. Erickson, *Mathematische Appetithäppchen*, DOI 10.1007/978-3-662-45459-6_9

(b) Beweisen Sie, dass die komplexen Zahlen α, β und γ dann und nur dann die Ecken eines gleichseitigen Dreiecks bilden, wenn

$$\alpha + \beta\omega + \gamma\omega^2 = 0$$

gilt, wobei

$$\omega = -\frac{1}{2} + \frac{\sqrt{3}}{2}i$$

eine dritte Einheitswurzel ist.

4. In dieser Aufgabe betrachten wir eine flache Version der *quadratischen Pyramidalquadratzahl* aus Kap. 2. Finden Sie eine natürliche Zahl größer als 1, die sowohl eine Quadratzahl als auch eine Dreieckszahl ist.
5. Im Abschn. 2.3 haben wir gesehen, dass eine „kleine" Hypersphäre mit dem Radius $\sqrt{d} - 1$ aus einem d-dimensionalen Hyperwürfel der Kantenlänge 4 herausquillt, wenn $d > 9$ ist. Wie verhält sich der Quotient aus dem Volumen dieser Hypersphäre zu dem Volumen des Hyperwürfels, wenn d anwächst? Verwenden Sie dafür die Formel aus dem Abschn. 3.8.
6. Erinnern Sie sich an den *zweigefärbten Graphen* aus Kap. 2. Zeichnen Sie eine Dreifärbung der Kanten des vollständigen Graphen mit 16 Ecken, sodass es kein Dreieck gibt, dessen Kanten alle dieselbe Farbe haben. Einen Hinweis dazu finden Sie im Abschn. 2.6.
Beweisen Sie, dass eine Dreifärbung der Kanten eines vollständigen Graphen mit 17 Ecken ein Dreieck enthalten muss, dessen Kanten alle dieselbe Farbe haben. Verwenden Sie dazu das Schubfachprinzip aus dem Abschn. 4.11.
Diese Ergebnisse spielen eine wichtige Rolle in dem Teilgebiet der Kombinatorik, das als *Ramsey-Theorie* bekannt ist.
7. Erinnern Sie sich an den *Hyperwürfel* aus Kap. 2. Wenn wir einen Hyperwürfel in fünf Dimensionen definieren, wie viele Ecken wird er dann haben? Wie viele benachbarte Ecken gibt es zu jeder gegebenen Ecke? Wie viele Kanten hat der Hyperwürfel?
8. Erinnern Sie sich an den *Quadrierplan* aus Kap. 2. Bestimmen Sie die Anzahl der Komponenten des Graphen und die Größe des größten Attraktors im Fall $n = 10^6$. Dazu werden Sie vielleicht einen Computer benötigen.
9. Erinnern Sie sich an die *Riemann'sche Zahlenkugel* aus Kap. 2. Welche Operation auf der Zahlenkugel wird von der Abbildung $z \mapsto 1/z$ der komplexen Ebene erzeugt? Welche geometrische Beziehung besteht zwischen den Punkten z und $-1/\overline{z}$?
10. Erinnern Sie sich an die *heronischen Dreiecke* aus Kap. 3. Finden Sie zwei nicht kongruente Dreiecke mit ganzzahligen Seitenlängen, die denselben Flächeninhalt und denselben Umfang haben. Dazu werden Sie vielleicht einen Computer benötigen.
11. Verwenden Sie die Technik aus dem Abschn. 3.2, um das Volumen eines Tetraeders in Abhängigkeit von seinen Seitenlängen anzugeben.

12. Erinnern Sie sich an die Produktformel für $\sin x$ aus dem Abschn. 3.6. Beweisen Sie die folgende unendliche Produktformel für den Sinus Hyperbolicus:

$$\prod_{n=1}^{\infty} \frac{n^2+1}{n^2} = \frac{\sinh \pi}{\pi}\,.$$

13. Verwenden Sie vollständige Induktion, um Cassinis Identität aus dem Abschn. 3.7 zu beweisen:

$$F_n^2 - F_{n+1}F_{n-1} = (-1)^{n+1}\,, \quad n \geq 1\,.$$

Verwenden Sie dann die Identität und die Formel für den Tangens einer Differenz, um die Formel für die Partialsummen zu beweisen:

$$\sum_{n=1}^{k} \arctan \frac{1}{F_{2n+1}} = \frac{\pi}{4} - \frac{1}{F_{2k+2}}\,.$$

14. Erinnern Sie sich an die Definition der Fibonacci-Folge aus dem Abschn. 3.7. Finden Sie die erzeugende Funktion der Folge. Finden Sie außerdem die erzeugende Funktion für die Folge der fünften Potenzen der Fibonacci-Zahlen, $\{F_n^5\}$.
15. Erinnern Sie sich an die *kleinste Taxicab-Zahl* aus Kap. 3. Finden Sie die kleinste natürliche Zahl, die sich auf mehr als eine Art als die Summe zweier vierter Potenzen darstellen lässt.
16. In der Diskussion der *Zetafunktion und Bernoulli-Zahlen* in Kap. 3 sagten wir, dass wir die Bernoulli-Zahlen zur Bestimmung des Werts der Reihe

$$\sum_{m=1}^{\infty} \frac{1}{m^4}$$

benutzen können. Ergänzen Sie die Details dieser Berechnung.
17. Erinnern Sie sich an die *Riemann'sche Zetafunktion* aus Kap. 3. Beweisen Sie

$$\zeta(-n) = -\frac{B_{n+1}}{n+1}\,, \quad n \geq 1\,.$$

Das bedeutet insbesondere, dass $\zeta(-n) = 0$ ist, falls n eine gerade natürliche Zahl ist.
18. Geben Sie einen Abzählbeweis für die Rekursionsformel der Anzahl der *Turmpfade* in Kap. 3:

$$\begin{aligned}
&r(0,0) = 1,\; r(0,1) = 1,\; r(1,0) = 1,\; r(1,1) = 2\,;\\
&r(m,n) = 2r(m-1,n) + 2r(m,n-1) - 3r(m-1,n-1)\,,\\
&m \geq 2 \text{ oder } n \geq 2\,.
\end{aligned}$$

19. Erinnern Sie sich an den Satz über *ein Quadrat in jedem Dreieck* aus Kap. 4. Beschreiben Sie, wie die Konstruktion eines dem Dreieck einbeschriebenen Quadrats mit Zirkel und Lineal durchgeführt wird.
20. Erinnern Sie sich an die Aussage aus dem Abschn. 4.9, dass es zu jeder endlichen Gruppe ein Polynom gibt, dessen Symmetrien diese Gruppe bilden. Finden Sie ein derartiges Polynom für die Dieder-Gruppe D_6 (wie in Abb. 8.1 dargestellt).
21. Erinnern Sie sich an die Definition von *Königen und Dienern* eines Turniergraphen aus Kap. 4. Eine Ecke, von der aus jede andere Ecke in einem Schritt erreicht werden kann, heißt *Kaiser* des Turniergraphen. Zeigen Sie:
    (a) Ein Turniergraph ohne Kaiser hat mindestens drei Könige.
    (b) Ein Turniergraph mit $n > 4$ Ecken kann jede Anzahl an Königen zwischen 1 und n außer 2 haben.
22. Wie viele Permutationen der Menge $\{1, 2, 3, \ldots, 16\}$ haben weder eine wachsende noch eine fallende Teilfolge der Länge 5? Erinnern Sie sich dazu an die Diskussion nach dem *Satz von Erdős und Szekeres* in Kap. 4.
23. Verwenden Sie den *Satz von Minkowski* aus Kap. 4, um zu zeigen, dass es zu allen reellen Zahlen a, b, c, d mit

$$\Delta = \begin{vmatrix} a & b \\ c & d \end{vmatrix} \neq 0$$

ganze Zahlen x und y gibt, die nicht beide gleich 0 sind und die

$$|ax + by| \leq \sqrt{\Delta} \quad \text{und} \quad |cx + dy| \leq \sqrt{\Delta}$$

erfüllen.
24. Erinnern Sie sich an den Graphen der Lemniskate aus dem Abschn. 4.16. Bestimmen Sie die von ihm eingeschlossene Fläche.
25. Die Substitution $r = \sin t$ macht aus dem Integral für die Bogenlänge der Lemniskate, also aus

$$L = 4 \int_0^{\pi/2} \frac{dt}{\sqrt{1 + \sin^2 t}},$$

das Integral

$$L = 4 \int_0^1 \frac{dr}{\sqrt{1 - r^4}}.$$

Verwenden Sie dieses Integral, um zu zeigen, dass

$$L = 4\left(1 + \frac{1}{2 \cdot 5} + \frac{1 \cdot 3}{2 \cdot 4 \cdot 9} + \frac{1 \cdot 3 \cdot 5}{2 \cdot 4 \cdot 6 \cdot 13} + \ldots\right)$$

gilt. Die letzte Zahl in jedem Nenner ist gleich dem Doppelten der vorletzten Zahl plus 1.

26. Untersuchen Sie die Fibonacci-Folge $\{F_n\}$ modulo Potenzen von 2. Können Sie eine Vermutung über die Periodenlänge der Folge $\{F_n \bmod 2^m\}$ aufstellen, wobei m eine natürliche Zahl ist? Wie sieht es mit der Folge $\{F_n \bmod 5^m\}$ aus? Diese Aufgabe stammt aus der Diskussion der *ganzzahligen Dreiecke* in Kap. 5.
27. Erinnern Sie sich an die *ungeraden Binomialkoeffizienten* aus Kap. 5. Finden Sie eine Formel für die Anzahl der ungeraden Einträge in der n-ten Zeile des Pascal'schen Dreiecks.
28. Verwenden Sie die Methode zur Konstruktion von *perfekten fehlerkorrigierenden Codes* aus Kap. 5, um einen Binärcode der Länge 8 zu konstruieren, der aus 16 Codewörtern mit einem gegenseitigen Abstand von mindestens 4 besteht. Beginnen Sie mit einem zyklischen Graphen der Länge 4. Welchen Code erhalten Sie, wenn Sie eine Koordinate des so konstruierten Codes löschen?
29. Erinnern Sie sich an die Aufgabenstellung aus dem Abschn. 6.14. Auf wie viele Arten kann man eine Million Euro in Kleingeld umtauschen, wenn jetzt zusätzlich noch die Zwei-Euro-Münzen erlaubt sind?
30. Beweisen Sie die Behauptung über die erwartete Anzahl der Schritte im eindimensionalen Häppchenalgorithmus aus dem Abschn. 7.1.
31. Konstruieren Sie einen Körper mit neun Elementen. Erinnern Sie sich dafür an die Beschreibung der Konstruktion endlicher Körper aus Kap. 8. Beginnen Sie mit dem Körper $\mathbb{Z}_3$ und finden Sie ein Polynom vom Grad 2, das sich über diesem Körper nicht faktorisieren lässt.
    Erinnern Sie sich außerdem an die Diskussion von *projektiven Ebenen* aus den Kap. 2 und 4. Führen Sie vor, wie man den neunelementigen Körper zur Konstruktion einer projektiven Ebene mit 91 Punkten und 91 Geraden verwenden kann.

9.2 Lösungen

1. Wenn $p \not\equiv 1 \pmod 8$ ist, dann enthält die Kurve p ganzzahlige Punkte, und wenn $p \equiv 1 \pmod 8$ ist, enthält sie $p - 4$ ganzzahlige Punkte.
   Wir versuchen, eine Parametrisierung der Lemniskate mit rationalen Funktionen zu finden. Dazu erinnern wir uns an die Technik von Diophantos aus dem Abschn. 5.9 und verwenden die rationale Parametrisierung des Einheitskreises

$$\cos t = \frac{2v}{1+v^2}, \quad \sin t = \frac{1-v^2}{1+v^2}, \quad v \in \mathbb{Q}\,.$$

   Wenn wir diese Kurve für eine reelle Variable v in der Ebene zeichnen, dann sehen wir, dass sie die gesamte Lemniskate durchläuft, wobei jeder Punkt genau einmal getroffen wird. Für Elemente v aus dem Körper $\{0, 1, 2, \ldots, p-1\}$

müssen wir erklären, wie die Division in der Formel gemeint ist und was geschieht, wenn der Nenner gleich 0 ist. Falls der Nenner ungleich 0 ist, interpretieren wir die Division als eine Multiplikation mit der multiplikativen Inversen.

Wann können die Nenner $1 + v^4$ gleich 0 modulo p werden? Für eine Primzahl p bilden die Elemente ungleich 0 modulo p eine zyklische Gruppe der Ordnung $p - 1$ bezüglich der Multiplikation modulo p. Es sei g ein Generator dieser Gruppe. Dann ist $-1 = g^{(p-1)/2}$, und wir sehen, dass -1 genau dann eine vierte Wurzel hat, wenn $(p-1)/8$ eine ganze Zahl ist, wenn also $p \equiv 1 \pmod 8$ ist. In diesem Fall hat $1 + v^4 = 0$ die vier Lösungen $g^{(p-1)/8}$, $g^{3(p-1)/8}$, $g^{5(p-1)/8}$ und $g^{7(p-1)/8}$. Für jede Primzahl p sind alle Punkte der Parametrisierung, soweit sie definiert sind, unterschiedlich. Das bedeutet, dass es p Punkte auf der Lemniskate gibt, wenn $p \not\equiv 1 \pmod 8$ ist, und $p-4$ Punkte, wenn $p \equiv 1 \pmod 8$ ist. Um zu zeigen, dass alle Werte unterschiedlich sind, nehmen wir an, dass

$$\frac{v_1\left(1+v_1^2\right)}{1+v_1^4} = \frac{v_2\left(1+v_2^2\right)}{1+v_2^4}, \quad \frac{v_1\left(1-v_1\right)}{1+v_1^4} = \frac{v_2\left(1-v_2\right)}{1+v_2^4}$$

gilt. Wenn wir den ersten Ausdruck durch den zweiten teilen und vereinfachen, erhalten wir

$$\frac{1+v_1^2}{1-v_1^2} = \frac{1+v_2^2}{1-v_2^2},$$

also

$$-1 + \frac{2}{1-v_1^2} = -1 + \frac{2}{1-v_2^2},$$

was sich zu $v_1^2 = v_2^2$ vereinfacht. Wenn wir das in die ursprünglichen Gleichungen einsetzen, erhalten wir $v_1 = v_2$.

2. Eine Rechnung auf dem Computer zeigt, dass $n = 333$ die kleinste ganze Zahl mit

$$2^n > 10^{100}$$

ist.

3. (a) Zwei Dreiecke sind dann und nur dann ähnlich, wenn das eine so gestreckt, gedreht und verschoben werden kann, dass es auf der Position des anderen zu liegen kommt. Falls

$$(\alpha, \beta, \gamma) = a\left(\alpha', \beta', \gamma'\right) + b\,(1, 1, 1)$$

gilt, ist die erste Zeile der gegebenen Matrix eine Linearkombination der zweiten und der dritten Zeile (sodass die Determinante gleich 0 ist). Der Faktor a sorgt für die Streckung und Drehung (die mit einer komplexen Zahl realisiert werden können), und $b\,(1, 1, 1)$ stellt eine Verschiebung in die Richtung der komplexen Zahl b dar.

(b) Die komplexen Zahlen α, β und γ sind dann und nur dann die Ecken eines gleichseitigen Dreiecks, wenn

$$\omega\,(\gamma - \beta) = \alpha - \gamma$$

gilt. Um das einzusehen, skizzieren Sie die Vektoren $\gamma - \beta$ and $\alpha - \gamma$ und beobachten Sie, was passiert, wenn der erste Vektor um 120° gegen den Uhrzeigersinn gedreht wird (bewirkt durch ω). Aus der Beziehung $1 + \omega + \omega^2 = 0$ erhalten wir dann

$$\alpha + \beta\omega + \gamma\omega^2 = 0\,.$$

4. Es lässt sich leicht nachprüfen, dass 36 die kleinste derartige Zahl ist: Es gilt

$$36 = 6^2 = 1 + 2 + 3 + \ldots + 8\,.$$

Sämtliche quadratischen Dreieckszahlen sind durch die Rekursionsgleichung

$$a_0 = 0,\ a_1 = 1, \quad a_n = 6a_{n-1} - a_{n-2},\ n \geq 2\,,$$

also $\{a_n\} = \{0, 1, 6, 35, 204, \ldots\}$ gegeben, denn dann ist jedes a_n^2 sowohl Quadrat- als auch Dreieckszahl.

5. Der Quotient aus dem Volumen der d-dimensionalen Kugel mit Radius $\sqrt{d} - 1$ und dem Volumen des Hyperwürfels mit Kantenlänge 4 beträgt

$$\frac{\pi^{d/2}\left(\sqrt{d} - 1\right)^d}{(d/2)!\,4^d}\,.$$

Wenn d anwächst, fällt dieser Quotient erst bis nahe 0 und startet dann durch in Richtung Unendlich.

6. Abbildung 9.1 zeigt einen Graphen, der eine der drei Farbklassen darstellt. Man kann ihn aus dem fünfdimensionalen Hyperwürfel bilden, bei dem jede Ecke auch mit der ihr diagonal gegenüberliegenden Ecke verbunden ist. In der Binärdarstellung bedeutet das, dass jeder Binärstring mit den Strings verbunden ist, die sich von ihm in einer Koordinate unterscheiden, sowie mit seinem Komplementärstring.

Die drei Farbklassen müssen nun so zusammengesetzt werden, dass der vollständige Graph mit sechzehn Ecken entsteht. Das überlasse ich Ihnen als Übungsaufgabe.

Nun zeigen wir, dass jede Dreifärbung der Kanten des vollständigen Graphen mit siebzehn Ecken ein monochromatisches Dreieck enthält. Wählen Sie eine Ecke. Sechzehn Kanten führen aus ihr heraus. Da uns für die Kanten drei Farben zur Verfügung stehen, folgt mit dem Schubfachprinzip, dass wenigstens sechs von ihnen dieselbe Farbe haben müssen, etwa blau. Wenn irgendeine

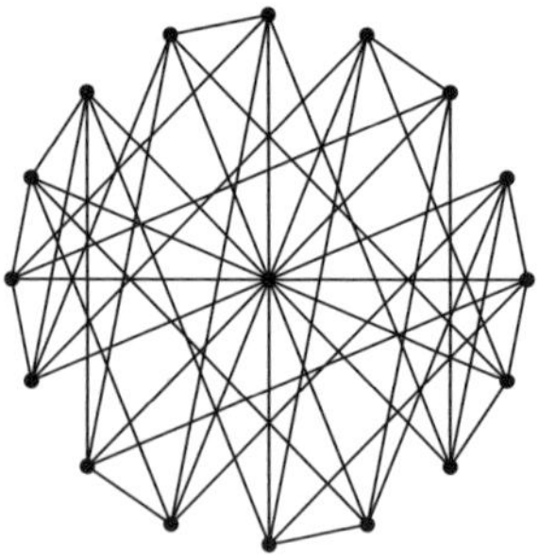

Abb. 9.1 Eine der drei Farbklassen

Kante, die zwei Endpunkte dieser Kanten verbindet, ebenfalls blau ist, haben wir ein blaues Dreieck gefunden und sind fertig. Also nehmen wir an, dass jede Kante des vollständigen Graphen auf diesen sechs Endpunkten eine der anderen beiden Farben, rot oder grün, hat. Dann muss es aber aufgrund des Satzes von Ramsey, der im Abschn. 2.5 erwähnt wird, in diesem Teilgraphen ein rotes oder ein grünes Dreieck geben, und wir sind fertig.

7. Direkt aus dem Modell eines Hyperwürfels in n Dimensionen als der Menge von Binärstrings der Länge n können wir erkennen, dass es in fünf Dimensionen $2^5 = 32$ Ecken geben muss. Die Nachbarn einer Ecke sind diejenigen Strings, die sich von ihr in genau einer Koordinate unterscheiden. Da es für diese Koordinate fünf Möglichkeiten gibt, hat jede Ecke fünf Nachbarn. Wenn wir die Anzahl der Ecken mit der Anzahl der Nachbarn pro Ecke multiplizieren, erhalten wir die Gesamtzahl der Kanten doppelt gezählt (aus der Perspektive jedes der beiden Endpunkte). Also hat der Hyperwürfel $32 \cdot 5/2 = 80$ Kanten. Die Eckenmenge eines n-dimensionalen Hyperwürfels besteht aus allen binären n-Tupeln. Zwei Ecken sind durch eine Kante verbunden, wenn sie sich in genau einer Koordinate unterscheiden. Ein k-dimensionales Randelement eines n-dimensionalen Hyperwürfels (mit $0 \leq k \leq n$) beruht auf einer k-elementigen Auswahl von Koordinaten und besteht aus allen zugehörigen Ecken mit den Kantenverbindungen zwischen ihnen, sodass ein k-dimensionaler Hyperwürfel entsteht. Die Anzahl der k-dimensionalen Randelemente eines n-dimensionalen Hyperwürfels ist

$$\binom{n}{k} 2^{n-k}, \quad 0 \leq k \leq n \,,$$

denn es gibt $\binom{n}{k}$ Möglichkeiten, die k Koordinaten für den k-dimensionalen Hyperwürfel auszuwählen; die anderen $n-k$ Koordinaten haben einen festen Wert, entweder 0 oder 1.

Zum Beispiel hat ein vierdimensionaler Hyperwürfel $2^4 = 16$ Ecken, $\binom{4}{1}2^3 = 32$ Kanten, $\binom{4}{2}2^2 = 24$ Seitenflächen, $\binom{4}{3}2 = 8$ dreidimensionale Randelemente und $\binom{4}{4} = 1$ vierdimensionales Randelement (den gesamten Hyperwürfel). Führen Sie diese Berechnung einmal für den dreidimensionalen Würfel durch.

8. Es gibt einen einfachen Algorithmus, um die Anzahl der Komponenten und die Größe eines größten Attraktors im Quadrierplan modulo n zu finden. Man beginne mit den n einelementigen Mengen $\{0\}, \{1\}, \{2\}, \ldots, \{n-1\}$. Für k von 0 bis $n-1$ vereinige man die Menge, die k enthält, mit der Menge, die $k^2 \bmod n$ enthält. Die resultierenden Mengen sind die Komponenten des Graphen. Um die Größe des Attraktors in jeder Menge zu bestimmen, wähle ein Element daraus und berechne die Folge seiner Quadrate modulo n. Sobald dieser Prozess in eine Schleife gerät, zähle die Anzahl der Schritte in der Schleife. Wenn wir diesen Algorithmus (mithilfe eines Computers) im Falle $n = 10^6$ anwenden, stellen wir fest, dass es vierzehn Komponenten gibt und dass der größte Attraktor die Größe 2500 hat.
9. Die Abbildung dreht die Riemann'sche Zahlenkugel um 180° um die reelle (x-)Achse. Um das einzusehen, können Sie zeigen, dass die Abbildung $z \mapsto 1/z$ in der Ebene die Abbildung $(x', y', z') \mapsto (x', -y', -z')$ auf der Zahlenkugel induziert. Die Zahlen z und $-1/\overline{z}$ liegen sich auf der Riemann'schen Zahlenkugel antipodisch gegenüber.
10. Ein einfaches Computerprogramm findet die beiden kleinsten derartigen Dreiecke: $\{17, 25, 28\}$ und $\{20, 21, 29\}$, die beide den Umfang 70 und die Fläche 210 haben. Sie können diese Lösung auch von Hand mit etwas zielgerichtetem Raten finden. Die heronische Formel besagt, dass die Fläche eines Dreiecks mit den Seitenlängen $\{a, b, c\}$ gleich $\sqrt{s\,(s-a)\,(s-b)\,(s-c)}$ mit $s = (a+b+c)/2$ ist. Wenn wir $a' = s-a$, $b' = s-b$ und $c' = s-c$ setzen, wird daraus $\sqrt{sa'b'c'}$. Da $a' + b' + c' = s$ ist, läuft die Aufgabe darauf hinaus, zwei verschiedene Tripel $\{a', b', c'\}$ mit gleichem Produkt und gleicher Summe zu finden. Durch Experimentieren mit den Primfaktoren 2, 3, 5 und 7 finden wir zwei solcher Tripel: $\left\{2 \cdot 3^2, 2 \cdot 5, 7\right\}$ und $\{3 \cdot 5, 2 \cdot 7, 2 \cdot 3\}$, die beide die Summe $5 \cdot 7$ haben und für die das Produkt $sa'b'c'$ eine Quadratzahl ist. Die Tripel $\{a', b', c'\}$ bestimmen dann die Tripel $\{a, b, c\}$.
11. Das Tetraeder habe die Seitenlängen a, b, c, a', b', c', wobei a' gegenüber a liege, b' gegenüber b und c' gegenüber c. Weiter sei a durch den Vektor $\mathbf{a}$ dargestellt und so weiter. Das Volumen des Tetraeders ist

$$V = \frac{1}{6}\,|\det M|\;,$$

wobei M die (3×3)-Matrix mit den Zeilen $\mathbf{a}$, $\mathbf{b}$ und $\mathbf{c}$ sei. Da die Transponierte M^T dieselbe Determinante wie M hat, gilt

$$36V^2 = \det M \det M^T = \det M M^T = \begin{vmatrix} a^2 & \mathbf{a}\cdot\mathbf{b} & \mathbf{a}\cdot\mathbf{c} \\ \mathbf{a}\cdot\mathbf{b} & b^2 & \mathbf{b}\cdot\mathbf{c} \\ \mathbf{a}\cdot\mathbf{c} & \mathbf{b}\cdot\mathbf{c} & c^2 \end{vmatrix}\,.$$

Wenn wir das Skalarprodukt mithilfe der Seitenlängen ausdrücken, erhalten wir

$$36V^2 = \begin{vmatrix} a^2 & (a^2+b^2-c'^2)/2 & (a^2+c^2-b'^2)/2 \\ (a^2+b^2-c'^2)/2 & b^2 & (b^2+c^2-a'^2)/2 \\ (a^2+c^2-b'^2)/2 & (b^2+c^2-a'^2)/2 & c^2 \end{vmatrix},$$

$$288V^2 = \begin{vmatrix} 2a^2 & a^2+b^2-c'^2 & a^2+c^2-b'^2 \\ a^2+b^2-c'^2 & 2b^2 & b^2+c^2-a'^2 \\ a^2+c^2-b'^2 & b^2+c^2-a'^2 & 2c^2 \end{vmatrix}.$$

Ein Computeralgebrasystem kann beim Berechnen der Determinante behilflich sein. Es ergibt sich

$$\begin{aligned} 144V^2 = {} & a^2b^2a'^2 + a^2b^2b'^2 + a^2c^2a'^2 + a^2c^2c'^2 \\ & + b^2c^2b'^2 + b^2c^2c'^2 + a^2a'^2b'^2 + a^2a'^2c'^2 \\ & + b^2a'^2b'^2 + b^2b'^2c'^2 + c^2b'^2c'^2 + c^2a'^2c'^2 \\ & - a^2b^2c'^2 - a^2c^2b'^2 - b^2c^2a'^2 - a'^2b'^2c'^2 \\ & - a^2a'^4 - b^2b'^4 - c^2c'^4 - a'^2a^4 - b'^2b^4 - c'^2c^4 \,. \end{aligned}$$

Die ersten zwölf Terme sind Produkte von Quadraten von Seitenlängen, die weder ein Dreieck bilden noch eine gemeinsame Ecke haben. Die nächsten vier Terme sind Produkte von Quadraten von Seitenlängen, die ein Dreieck bilden. Die letzten sechs Terme sind Produkte von Quadraten von Seitenlängen mit den vierten Potenzen der ihnen gegenüberliegenden Seitenlängen.

12. Nach Definition ist

$$\sinh z = \frac{e^z - e^{-z}}{2}\,.$$

Die Nullstellen von $\sinh z$ sind $z = in\pi$ für ganze Zahlen n. Also lautet eine unendliche Produktentwicklung für diese Funktion

$$\sinh z = z\prod_{n=1}^{\infty}\left(1 + \frac{z^2}{n^2\pi^2}\right).$$

Wenn wir $z = \pi$ setzen, erhalten wir die unendliche Produktformel.

13. Für $n = 1$ gilt Cassinis Identität wegen

$$F_1^2 - F_2F_0 = 1 - 1\cdot 0 = 1 = (-1)^2\,.$$

Wir setzen nun voraus, dass sie für n gilt. Dann folgt

$$\begin{aligned} F_{n+1}^2 - F_{n+2}F_n &= F_{n+1}^2 - (F_n + F_{n+1})\, F_n \\ &= F_{n+1}\,(F_{n+1} - F_n) - F_n^2 \\ &= F_{n+1}F_{n-1} - F_n^2 \\ &= -\,(-1)^{n+1} \\ &= (-1)^{n+2}\ , \end{aligned}$$

und wir stellen fest, dass die Identität auch für $n + 1$ richtig ist. Mit vollständiger Induktion gilt Cassinis Identität also für alle $n \geq 1$.
Mit der Formel für den Tangens einer Differenz und Cassinis Identität erhalten wir

$$\begin{aligned} \arctan\frac{1}{F_{2n}} - \arctan\frac{1}{F_{2n+2}} &= \arctan\frac{(1/F_{2n}) - (1/F_{2n+2})}{1 + (1/F_{2n})\,(1/F_{2n+2})} \\ &= \arctan\frac{F_{2n+2} - F_{2n}}{F_{2n}F_{2n+2} + 1} \\ &= \arctan\frac{F_{2n+1}}{F_{2n+1}^2} \\ &= \arctan\frac{1}{F_{2n+1}}\ . \end{aligned}$$

Daraus folgt, dass die Partialsummen die Teleskopeigenschaft haben:

$$\begin{aligned} \sum_{n=1}^{k}\arctan\frac{1}{F_{2n+1}} &= \sum_{n=1}^{k}\left(\arctan\frac{1}{F_{2n}} - \arctan\frac{1}{F_{2n+2}}\right) \\ &= \arctan\frac{1}{F_2} - \arctan\frac{1}{F_{2k+2}} \\ &= \frac{\pi}{4} - \arctan\frac{1}{F_{2k+2}}\ . \end{aligned}$$

14. Um die erzeugende Funktion der Fibonacci-Folge zu finden, verwenden wir die bekannte Formel

$$F_n = \frac{\phi^n - \hat{\phi}^n}{\sqrt{5}}, \quad n \geq 0\,,$$

mit $\phi = \left(1+\sqrt{5}\right)/2$ und $\hat{\phi} = \left(1-\sqrt{5}\right)/2$. Damit gilt

$$\sum_{n=0}^{\infty} F_n x^n = \frac{1}{\sqrt{5}} \sum_{n=0}^{\infty} \left(\phi^n - \hat{\phi}^n\right) x^n = \frac{1}{\sqrt{5}} \left(\frac{1}{1-\phi x} - \frac{1}{1-\hat{\phi} x} \right)$$
$$= \frac{x}{1-x-x^2}\,.$$

Diese Reihe konvergiert für $|\phi x| < 1$.
Auf ähnliche Weise finden wir die erzeugende Funktion für die fünften Potenzen der Fibonacci-Zahlen. Mit dem binomischen Satz und der Identität $\phi\hat{\phi} = -1$ erhalten wir

$$F_n^5 = \frac{1}{\left(\sqrt{5}\right)^5} \left(\phi^n - \hat{\phi}^n\right)^5$$
$$= \frac{1}{25\sqrt{5}} \left(\phi^{5n} - 5\phi^{4n}\hat{\phi}^n + 10\phi^{3n}\hat{\phi}^{2n} - 10\phi^{2n}\hat{\phi}^{3n} + 5\phi^n\hat{\phi}^{4n} - \hat{\phi}^{5n}\right)$$
$$= \frac{1}{25\sqrt{5}} \left(\left(\phi^5\right)^n - 5\left(-\phi^3\right)^n + 10\phi^n - 10\hat{\phi}^n + 5\left(-\hat{\phi}^3\right)^n - \left(\hat{\phi}^5\right)^n\right)\,.$$

Also lautet die erzeugende Funktion

$$\frac{1}{25\sqrt{5}} \left(\frac{1}{1-\phi^5 x} - \frac{5}{1+\phi^3 x} + \frac{10}{1-\phi x} - \frac{10}{1-\hat{\phi} x} + \frac{5}{1+\hat{\phi}^3 x} - \frac{1}{1-\hat{\phi}^5 x} \right).$$

Wenn wir die beiden äußeren Brüche kombinieren, dann die beiden Brüche daneben und schließlich die beiden inneren Brüche, dann erhalten wir

$$\frac{1}{5} \left(\frac{x}{1-11x-x^2} + \frac{2x}{1+4x-x^2} + \frac{2x}{1-x-x^2} \right)\,.$$

Dabei verwenden wir die Tatsache, dass die Lucas-Zahlen, L_n, die durch die Rekursionsgleichung $L_0 = 2$, $L_1 = 1$ und $L_n = L_{n-1} + L_{n-2}$ für $n \geq 2$ gegeben sind, die Identität $L_n = \phi^n + \hat{\phi}^n$ für $n \geq 0$ erfüllen. Die erzeugende Funktion ist gültig für $\left|\phi^5 x\right| < 1$.

15. Leonhard Euler fand die Lösung

$$635.318.657 = 59^4 + 158^4 = 133^4 + 134^4\,.$$

Eine direkte Methode, diese Lösung mithilfe eines Computers zu finden, besteht darin, eine Liste der ersten 200 vierten Potenzen zu erzeugen und dann daraus eine zweite Liste zu bilden, die aus den Summen zweier Terme der ersten Liste bestehen. Die Lösung wird in der zweiten Liste zweimal auftauchen.

16. Aus der Formel

$$\zeta(2n) = (-1)^{n+1} \frac{(2\pi)^{2n}}{2\,(2n)!} B_{2n}$$

erhalten wir mit $n = 2$ den Wert

$$\zeta(4) = -\frac{(2\pi)^4}{2\,(4)!} B_4\,.$$

Da $B_4 = -1/30$ ist, ergibt sich

$$\zeta(4) = \frac{\pi^4}{90}\,.$$

17. Wenn wir die Funktionalgleichung

$$\zeta(s) = 2^s \pi^{s-1} \sin\left(\frac{\pi s}{2}\right) \Gamma(1-s)\zeta(1-s), \qquad \operatorname{Re} s < 0\,,$$

mit $s = -n$ anwenden, erhalten wir

$$\zeta(-n) = 2^{-n} \pi^{-n-1} \sin\left(\frac{\pi\,(-n)}{2}\right) \Gamma(n+1)\zeta(n+1)\,.$$

Für gerades n ist der Faktor mit dem Sinus gleich 0, also auch $\zeta(-n) = 0$. Für ungerades n können wir die Formeln

$$\zeta(2k) = (-1)^{k+1} \frac{(2\pi)^{2k}}{2\,(2k)!} B_{2k}, \qquad k \geq 1\,,$$

und

$$\Gamma(n+1) = n!$$

benutzen und erhalten

$$\zeta(-n) = -\frac{B_{n+1}}{n+1}\,.$$

18. Aus der Definition von $r(m,n)$ erhalten wir

$$\begin{aligned}
&2r(m-1,n) + 2r(m,n-1) - 3r(m-1,n-1)\\
&= r(m-1,n) + r(m-1,n) + r(m,n-1)\\
&\quad + r(m,n-1) - 3r(m-1,n-1)\\
&= \sum_{a=0}^{m-1} r(a,n) + \sum_{b=0}^{n-1} r(m-1,b) + \sum_{b=0}^{n-1} r(m,b) + \sum_{a=0}^{m-1} r(a,n-1)\\
&\quad - 3r(m-1,n-1)
\end{aligned}$$

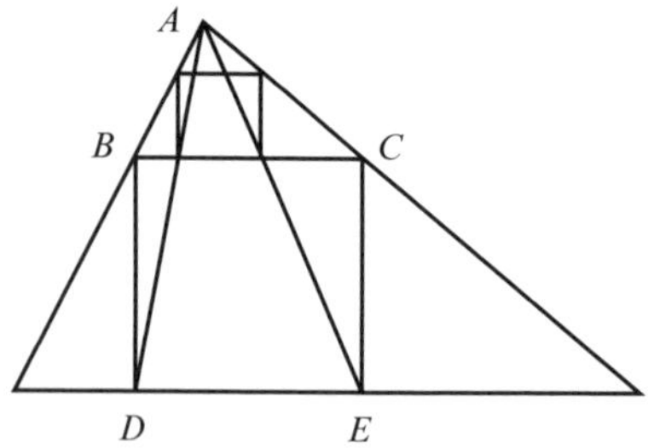

Abb. 9.2 Konstruktion eines Quadrats in einem Dreieck

$$
\begin{aligned}
&= \sum_{a=0}^{m-1} r(a,n) + \sum_{b=0}^{n-1} r(m,b) + \sum_{b=0}^{n-1} r(m-1,b) + \sum_{a=0}^{m-1} r(a,n-1) \\
&\quad - 3r(m-1,n-1) \\
&= \sum_{a=0}^{m-1} r(a,n) + \sum_{b=0}^{n-1} r(m,b) + 3r(m-1,n-1) - 3r(m-1,n-1) \\
&= r(m,n)\,.
\end{aligned}
$$

19. Die Konstruktion eines Quadrats ($BCED$) mit Zirkel und Lineal ist wohlbekannt. Zeichnen Sie die Verbindungsgeraden von D und E zu A. Deren Schnittpunkte mit BC liefern eine Seite des zu konstruierenden Quadrats. Ein Ähnlichkeitsargument zeigt jetzt, dass das $\triangle ABC$ einbeschriebene Rechteck ein Quadrat ist.
    Abbildung 9.2 zeigt ein Diagramm der Konstruktion.
20. Ein solches Polynom ist

$$x_1x_2 + x_2x_3 + x_3x_4 + x_4x_5 + x_5x_6 + x_1x_6\,.$$

21. (a) Der Turniergraph habe keinen Kaiser. Es sei v ein König, es sei A die Menge der Ecken, zu denen eine Kante von v führt, und es sei B die Menge aller anderen Ecken. Da v ein König ist, kann v jede Ecke in B in zwei Schritten erreichen. Da v kein Kaiser ist, ist B nicht leer. Warum ist A nicht leer? Es sei nun v_A ein König in dem auf A eingeschränkten Turniergraphen, und es sei v_B ein König in dem auf B eingeschränkten Turniergraphen. Dann sind v_A und v_B auch Könige in dem gegebenen Turniergraphen, sodass dieser mindestens drei Könige hat.
    (b) Wenn der Turniergraph einen Kaiser hat, gibt es genau einen König, und wir sind fertig. Wenn der Turniergraph keinen Kaiser hat, muss es aufgrund von Teil (a) mindestens drei Könige geben. Also müssen wir jetzt zeigen, dass jede Anzahl an Königen zwischen 3 und n möglich ist. Es sei $3 \leq k \leq n$. Mit dem Satz von Maurer beträgt die Wahrscheinlichkeit, dass in einem Turniergraphen mit k Ecken nicht jede Ecke ein König ist,

höchstens

$$\binom{k}{2}\left(\frac{3}{4}\right)^{k-2}.$$

Für $k \geq 21$ ist das kleiner als 1. Also existiert für alle $k \geq 21$ ein Turniergraph mit k Ecken, in dem jede Ecke ein König ist. Als Übungsaufgabe können Sie Turniergraphen mit dieser Eigenschaft für $3 \leq k \leq 20$ konstruieren. Es sei nun T ein Turniergraph mit k Ecken, bei dem jede Ecke ein König ist. Zeichnen Sie eine Kante von jeder Ecke von T zu $n - k$ weiteren Ecken. Verbinden Sie diese Ecken untereinander mit Kanten in beliebiger Richtung. Dieser Turniergraph hat genau k Könige.

22. Nach der Hakenformel ist die Anzahl der Standardbelegungen eines (4×4)-Rasters mit den Zahlen von 1 bis 16 gleich

$$\frac{16!}{1 \cdot 2 \cdot 2 \cdot 3 \cdot 3 \cdot 3 \cdot 4 \cdot 4 \cdot 4 \cdot 4 \cdot 5 \cdot 5 \cdot 5 \cdot 6 \cdot 6 \cdot 7} = 24.024\,.$$

Die Anzahl der Permutationen der Zahlen von 1 bis 16, die weder eine wachsende noch eine fallende Teilfolge der Länge 5 haben, beträgt daher

$$24.024^2 = 577.152.576\,.$$

23. Es sei K die Menge der geordneten Paare (x, y) reeller Zahlen mit

$$-\sqrt{\Delta} \leq ax + by \leq \sqrt{\Delta}\,,$$
$$-\sqrt{\Delta} \leq cx + dy \leq \sqrt{\Delta}\,.$$

Die Transformation $(x, y) \mapsto (ax + by, cx + dy)$ ist linear und hat die Determinante Δ. Es folgt, dass die Fläche von K gleich 4 ist. Wenn die Fläche von K größer als 4 wäre, könnten wir mithilfe des Satzes von Minkowski den Schluss ziehen, dass K neben dem Ursprung noch einen weiteren Gitterpunkt enthält. Da K jedoch sogar eine abgeschlossene Menge ist, gilt dieselbe Schlussfolgerung auch hier. Warum ist sie hier gültig?

24. Die Fläche innerhalb einer Kurve mit der durch $x(t)$ und $y(t)$ (für $\alpha \leq t \leq \beta$) gegebenen Parameterdarstellung beträgt

$$\int_{\alpha}^{\beta} y(t)x'(t)\,dt\,.$$

Für die Lemniskate lautet das Integral

$$4\int_{\pi/2}^{0} \frac{4\cos t\,\sin^2 t\,(5+\cos(2t))}{(-3+\cos(2t))^3}\,dt\,.$$

Eine zugehörige Stammfunktion ist

$$F(t) = \frac{-4\sin^3 t}{(-3+\cos(2t))^2},$$

und nach dem Fundamentalsatz der Analysis beträgt die Fläche dann

$$4\,(F(0) - F(\pi/2)) = 1\,.$$

25. Isaac Newton (1643–1727) zeigte, wie man den binomischen Satz mithilfe der Summenformel

$$(1+x)^\alpha = \sum_{n=0}^{\infty} \binom{\alpha}{n} x^n, \quad |x| < 1\,,$$

auf alle reellen Exponenten ausdehnen kann, wobei

$$\binom{\alpha}{n} = \frac{\prod_{i=0}^{n-1}(\alpha - i)}{n!}, \quad n \geq 1, \quad \text{und} \quad \binom{\alpha}{0} = 1$$

ist. Der Integrand ist dann

$$\frac{1}{\sqrt{1-r^4}} = 1 + \frac{1}{2}r^4 + \frac{1\cdot 3}{2\cdot 2\cdot 2!}r^8 + \frac{1\cdot 3\cdot 5}{2\cdot 2\cdot 2\cdot 3!}r^{12} + \ldots,$$

und mit Integration über $0 \leq r \leq 1$ ergibt sich die gewünschte Reihe.

26. Die Periode von $\{F_n \bmod 2^m\}$ ist $3\cdot 2^{m-1}$. Die Periode von $\{F_n \bmod 5^m\}$ ist $4\cdot 5^m$. Eine allgemeine Formel für die Periode von $\{F_n \bmod m\}$ für $m \geq 2$ ist nicht bekannt.
27. Erinnern Sie sich, dass k von n dominiert wird, wenn die Binärdarstellung von n an allen Positionen eine 1 hat, an denen auch in der Binärdarstellung von k eine 1 steht. Es sei $d(n)$ die Anzahl der Einsen in der Binärdarstellung von n. Dann dominiert n genau $2^{d(n)}$ Zahlen, da dies die Anzahl der Teilmengen einer Menge mit $d(n)$ Elementen ist. Also gibt es $2^{d(n)}$ ungerade Einträge in der n-ten Zeile des Pascal'schen Dreiecks.
28. Die ersten vier Koordinaten der Codewörter repräsentieren eine Teilmenge der Ecken des zyklischen Graphen mit Länge 4. Es gibt $2^4 = 16$ solche Teilmengen. Die letzten vier Koordinaten stellen den charakteristischen Vektor derjenigen Ecken dar, die zu der ersten Menge nicht benachbart sind. Der dabei entstehende Code hat den Abstand 4. Wenn wir eine Koordinate löschen, erhalten wir einen Code der Länge 7 und mit dem Abstand 3, bestehend aus 16 Codewörtern. Es ist ein Hamming-Code.
29. Mit ähnlichen Überlegungen wie im Abschn. 6.14 von Kap. 6 ergibt sich die gesuchte Anzahl als die Summe

$$\sum_{j=0}^{9} \binom{10.000 - j + 10}{10} p_{2000j}$$

mit

$$\begin{aligned}
p_0 &= 1 \\
p_{2000} &= 189.013.561.333\,, \\
p_{4000} &= 27.417.590.399.895\,, \\
p_{6000} &= 409.933.596.427.602\,, \\
p_{8000} &= 1.458.511.777.471.319\,, \\
p_{10.000} &= 1.558.000.383.889.614\,, \\
p_{12.000} &= 504.906.077.745.257\,, \\
p_{14.000} &= 40.642.964.184.170\,, \\
p_{16.000} &= 398.595.625.288\,, \\
p_{18.000} &= 695.521\,.
\end{aligned}$$

Insgesamt gibt es also

$$\begin{aligned}
&11.033.331.699.591.995.527.507.995.935.189.406.285.361.028.707.501 \\
&\approx 1{,}1 \times 10^{49}
\end{aligned}$$

Möglichkeiten.

30. Es bezeichne $e(n)$ die erwartete Anzahl der Schritte im Häppchenalgorithmus beginnend mit n. Die erste gewählte Zahl ist entweder 1 (mit Wahrscheinlichkeit $1/n$) oder nicht 1 (mit Wahrscheinlichkeit $(n-1)/n$). Das führt auf die Rekursionsformel

$$\begin{aligned}
e(1) &= 1; \\
e(n) &= \frac{1}{n}\,(e(n-1)+1) + \frac{n-1}{n} e(n-1) = e(n-1) + \frac{1}{n}, \qquad n \geq 2\,.
\end{aligned}$$

Aus ihr folgt

$$e(n) = 1 + \frac{1}{2} + \frac{1}{3} + \ldots + \frac{1}{n}\,.$$

31. Das Polynom $f(x) = x^2+x+2$ lässt sich über $\mathbb{Z}_3 = \{0, 1, 2\}$ nicht faktorisieren. Um das einzusehen, setzen Sie 0, 1 und 2 ein und stellen fest, dass niemals 0 herauskommt. Ließe sich f faktorisieren, hätte es zwei Linearfaktoren und damit Nullstellen in $\mathbb{Z}_3$. Es sei θ eine Nullstelle von f. Man erhält nun einen Körper K mit neun Elementen, indem man die Potenzen von θ sowie die 0 in einer Menge zusammenfasst. Die Elemente des Körpers sind also

$$0,\ 1,\ \theta,\ \theta^2 = 2\theta+1,\ \theta^3 = 2\theta+2,\ \theta^4 = 2,\ \theta^5 = 2\theta,\ \theta^6 = \theta+2,\ \theta^7 = \theta+1.$$

Zur Konstruktion einer projektiven Ebene der Ordnung 9 nehmen wir als Punkte die geordneten Paare (x, y) mit $x, y \in K$ sowie die Fernpunkte $m \in K$ und

∞. Damit haben wir $9^2 + 9 + 1 = 91$ Punkte. Es gibt drei Sorten von Geraden: die Mengen der Punkte (x, y), die eine Gleichung der Form $y = mx + b$ mit $m, b \in K$ erfüllen, zusammen mit dem Fernpunkt m, die Mengen der Punkte (a, y) für $a \in K$ zusammen mit ∞, und die Ferngerade, die aus den Punkten $m \in K$ und ∞ besteht. Damit haben wir $9^2+9+1 = 91$ Geraden. Als Übungsaufgabe können Sie überprüfen, dass jeder Punkt auf zehn Geraden liegt, dass jede Gerade zehn Punkte enthält, dass jedes Paar zweier Punkte eine eindeutige Gerade bestimmt und dass sich je zwei Geraden in genau einem Punkt schneiden.

Es gibt drei weitere projektive Ebenen der Ordnung 9, welche nicht aus einem Körper entstehen ([7]).

Literatur

1. M. Aigner und G. M. Ziegler. *Das BUCH der Beweise*. Springer Spektrum, Springer-Verlag, Berlin, Heidelberg, vierte Auflage, 2015.
2. C. Alsina und R. B. Nelsen. A visual proof of the Erdős–Mordell inequality. *Forum Geometricorum*, 7:99–102, 2007.
3. G. E. Andrews und K. Eriksson. *Integer Partitions*. Cambridge University Press, Cambridge, 2004.
4. W. S. Anglin. The square pyramid puzzle. *The American Mathematical Monthly*, 97(2):120–124, 1990.
5. R. Bacher und S. Eliahou. Extremal matrices without constant 2-squares. *Journal of Combinatorics*, 1(1):77–100, 2010.
6. L. W. Beineke und R. J. Wilson (Hrsg.). *Graph Connections*. Clarendon Press, Oxford, 1997.
7. M. K. Bennett. *Affine and Projective Geometry*. Wiley, New York, 1995.
8. D. Bindner und M. Erickson. Alcuin's sequence. *The American Mathematical Monthly*, 119(2):115–121, 2012.
9. G. Boros und V. H. Moll. *Irresistible Integrals: Symbolics, Analysis and Experiments in the Evaluation of Integrals*. Cambridge University Press, Cambridge, 2004.
10. E. Brown. Three Fermat trails to elliptic curves. *The College Mathematics Journal*, 31(3):162–172, 2000.
11. S. A. Burr. On moduli for which the Fibonacci sequence contains a complete system of residues. *The Fibonacci Quarterly*, 9:497–504, 1971.
12. K. Ciesielski. *Set Theory for the Working Mathematician*, volume 39 of *London Mathematical Society Student Texts*. Cambridge University Press, Cambridge, 1997.
13. J. H. Conway, H. Burgiel und C. Goodman-Strauss. *The Symmetries of Things*. A K Peters, Wellesley, 2008.
14. J. H. Conway und N. J. A. Sloane. *Sphere Packings, Lattices, and Groups*. Springer-Verlag, New York, dritte Auflage, 1999.
15. M. Erickson. *Pearls of Discrete Mathematics*. Chapman & Hall/CRC Press, Boca Raton, 2009.
16. M. Erickson, S. Fernando und K. Tran. Enumerating rook and queen paths. *Bulletin of the Institute of Combinatorics and Its Applications*, 60(37-48), 2010.
17. M. J. Erickson. *Introduction to Combinatorics*. Wiley, New York, 1996.

M. Erickson, *Mathematische Appetithäppchen*, DOI 10.1007/978-3-662-45459-6

18. M. J. Erickson und J. Flowers. *Principles of Mathematical Problem Solving*. Prentice Hall, Upper Saddle River, 1999.

19. S. Glaz und J. Growney (Hrsg). *Strange Attractors: Poems of Love and Mathematics*. A K Peters, New York, 2009.

20. A. M. Gleason. Angle trisection, the heptagon, and the triskaidecagon. *The American Mathematical Monthly*, 95(3):185–194, 1988.

21. R. L. Graham, D. E. Knuth und O. Patashnik. *Concrete Mathematics: A Foundation for Computer Science*. Addison-Wesley, Reading, MA, zweite Auflage, 1994.

22. R. L. Graham, B. L. Rothschild und J. H. Spencer. *Ramsey Theory*. Wiley, New York, zweite Auflage, 1990.

23. G. Hardy und E. Wright. *An Introduction to the Theory of Numbers*. Clarendon Press, Oxford, fünfte Auflage, 1989.

24. J. Hemmeter. On an iteration diagram. *Congressium Numeratium*, 60:59–66, 1987.

25. I. N. Herstein. *Abstract Algebra*. Prentice Hall, Upper Saddle River, dritte Auflage, 1996.

26. R. Honsberger. *Mathematical Gems I*. Mathematical Association of America, Washington, DC, 1973. Deutsche Ausgabe: *Mathematische Edelsteine*. Vieweg und Teubner, Braunschweig, 1981.

27. D. L. Johnson. *Presentations of Groups*. Cambridge University Press, New York, 1990.

28. T. Koshy. *Fibonacci and Lucas Numbers with Applications*. Wiley-Interscience, New York, 2001.

29. C. F. Laywine und G. L. Mullen. *Discrete Mathematics Using Latin Squares*. Wiley-Interscience, New York, 1998.

30. M. Levi. *The Mathematical Mechanic: Using Physical Reasoning to Solve Problems*. Princeton University Press, Princeton, 2009.

31. B. Lindstrom und H.-O. Zetterstom. Borromean circles are impossible. *The American Mathematical Monthly*, 98(4):340–341, 1991.

32. J. H. van Lint und R. M. Wilson. *A Course in Combinatorics*. Cambridge University Press, Cambridge, 1992.

33. W. Miller. The maximum order of an element of a finite symmetric group. *The American Mathematical Monthly*, 94(6):497–506, 1987.

34. G. Minton. Three approaches to a sequence problem. *Mathematics Magazine*, 84(1):33–37, 2011.

35. E. Nagel und J. R. Newman. *Gödel's Proof*. New York University Press, New York, 2001. Deutsche Ausgabe: *Der Gödelsche Beweis*. Oldenbourg Wissenschaftsverlag, München, 2010.

36. P. J. Nahin. *An Imaginary Tale: The Story of* $\sqrt{-1}$. Princeton University Press, Princeton, 1998.

37. I. Niven, H. Zuckerman und H. Montgomery. *An Introduction to the Theory of Numbers*. Wiley, New York, fünfte Auflage, 1991.

38. H. Noon und G. van Brummelen. The non-attacking queens game. *The College Mathematics Journal*, 37(3):223–227, 2006.

39. C. D. Olds, A. Lax und G. Davidoff. *The Geometry of Numbers*. The Mathematical Association of America, Washington, DC, 2000.

40. R. W. Owens. An algorithm to solve the Frobenius problem. *Mathematics Magazine*, 76(4):264–275, 2003.

41. V. Pambuccian. The Erdős–Mordell inequality is equivalent to non-positive curvature. *Journal of Geometry*, 88:134–139, 2008.

42. M. Petkovsek, H. Wilf und D. Zeilberger. *A=B*. A K Peters, New York, 1996.

43. C. Petzold. *Code: The Hidden Language of Computer Hardware and Software*. Microsoft Press, Redmond, 1999.

44. T. N. Phan and N. M. Mach. Proof for a conjecture on general means. *Journal of Inequalities in Pure and Applied Mathematics*, 9(3), 2008.

45. V. Pless. *Introduction to the Theory of Error-Correcting Codes*. Wiley, New York, dritte Auflage, 1998.

46. S. Schwartzman. *The Words of Mathematics: An Etymological Dictionary of Mathematical Terms Used in English*. Mathematical Association of America, Washington, DC, 1994.

47. H. Shniad. On the convexity of mean value functions. *Bulletin of the American Mathematical Society*, 54:770–776, 1948.

48. D. Smith, M. Eggen und R. St. Andre. *A Transition to Advanced Mathematics*. Brooks/Cole, Chicago, siebte Auflage, 2009.

49. A. Stacey und P. Weidl. The existence of exactly m-coloured complete subgraphs. *Journal of Combinatorial Theory, Series B*, 75:1–18, 1999.

50. P. D. Straffin. *Game Theory and Strategy*. Mathematical Association of America, Washington, DC, 1993.

51. L. W. Tu. *An Introduction to Manifolds*. Springer, New York, 2008.

52. H. Walser. *Der Goldene Schnitt*. Edition am Gutenbergplatz, Leipzig, 2013.

53. L. C. Washington. *Elliptic Curves: Number Theory and Cryptography*. Chapman & Hall/CRC Press, Boca Raton, 2003.

54. D. B. West. *Introduction to Graph Theory*. Prentice Hall, Upper Saddle River, 1995.

55. P. Yiu. Heronian triangles are lattice triangles. *The American Mathematical Monthly*, 108:261–263, 2001.

Sachverzeichnis

H

I

Printing: Ten Brink, Meppel, The Netherlands
Binding: Ten Brink, Meppel, The Netherlands